本书获得以下项目资助：
内蒙古自治区畜牧业经济重点研究基地
内蒙古自然基金项目（面上项目）：
草地退化的影响因素研究：以锡林郭勒盟为例(2016MS0724)。

An Empirical Study on the Temporal and Spatial Pattern of Grassland Degradation and Its Determinants: the Case of XilinGuoles

草地退化的时空变化格局及其驱动因素的实证研究
——以锡林郭勒盟为例

马　梅　乔光华/著

中国财经出版传媒集团
经济科学出版社
Economic Science Press

图书在版编目（CIP）数据

草地退化的时空变化格局及其驱动因素的实证研究：以锡林郭勒盟为例/马梅，乔光华著．—北京：经济科学出版社，2017.6

ISBN 978－7－5141－8207－1

Ⅰ.①草…　Ⅱ.①马…②乔…　Ⅲ.①退化草地－研究－锡林郭勒盟　Ⅳ.①S812.3

中国版本图书馆CIP数据核字（2017）第163028号

责任编辑：刘　莎
责任校对：隗立娜
责任印制：邱　天

草地退化的时空变化格局及其驱动因素的实证研究
——以锡林郭勒盟为例
马　梅　乔光华　著
经济科学出版社出版、发行　新华书店经销
社址：北京市海淀区阜成路甲28号　邮编：100142
总编部电话：010－88191217　发行部电话：010－88191522
网址：www.esp.com.cn
电子邮件：esp@esp.com.cn
天猫网店：经济科学出版社旗舰店
网址：http：//jjkxcbs.tmall.com
北京密兴印刷有限公司印装
710×1000　16开　15印张　270000字
2017年9月第1版　2017年9月第1次印刷
ISBN 978－7－5141－8207－1　定价：52.00元
（图书出现印装问题，本社负责调换。电话：010－88191510）

前　言

草地退化引致的草地生态系统恶化，已引起世界各国的广泛关注。草地退化研究已成为国内外学术界的热点问题。中国北方干旱、半干旱区草地是国家重要的生态屏障及牧区畜牧业发展的重要物质资源。草地退化问题不仅威胁到人类的生存环境，而且也威胁到当地草地畜牧业的生产与牧民生计。草地退化的时空变化格局，是由全球性气候变化、生产经营活动（包括农业经济与非农业经济活动）及相关草地政策和制度等多种因素的综合影响所致，分析甄别这三类因素对草地退化的影响及其贡献率，对实现生态、社会、经济的和谐发展及草地资源的可持续利用具有重要意义。

基于上述背景，本书综合运用多学科的相关理论与方法，以锡林郭勒盟牧区 1981～2013 年的草地退化状况为研究对象，对锡林郭勒盟牧区草地退化的时空变化格局及其驱动因素进行实证研究，旨在厘清造成草地退化的人为原因与自然原因及其贡献率，并为寻求抑制和治理草地退化的路径与措施提供依据。

（1）本书利用 1981～2001 年年最大 NOAA/AVHRR NDVI 与 2001～2013 年年最大 MODIS NDVI 合成遥感数据（首先以重合的 2001 年年最大 NOAA/AVHRR NDVI 与 MODIS NDVI 数据为基础，将 NOAA/AVHRR NDVI 采用尺度上推的方法匹配于 MODIS NDVI），运用植被像元二分模型反演锡林郭勒盟牧区 1981～2013 年逐年的草地植被覆盖度，以 1981～1985 年的最大植被覆盖度为“基准”，以前人的草地退化等级及标准为依据，对草地退化的等级进行划分，获取由植被覆盖度反应的草地退化数据；并计算研究区总体与各旗市的逐年草地退化指数，综合分析锡林郭勒盟牧区 1981~2013 年草地退化的时空变化格局。结果显示，2000 年之前，锡林郭盟牧区草地处于退化加剧态势，退化面积所占比例持续攀升，是整个研究时期内草地退化不断加强且涉及范围较广的时段；2000 年之后，草地生态系统的状态在逐渐好转，尤其是 2010~2013 年，草地退化面积不断萎缩。

（2）利用 1961~2013 年 15 个自动气象观测站的气象资料，计算气温距平、降水量距平百分率，并在线性趋势法的基础上，采用最小二乘法模拟气温、降水量与年份的趋势线斜率，分析锡林郭勒盟 1961~2013 年年际、季际平均气温与降水量的时间变化规律与趋势；在 2km 尺度的栅格水平上，采用克里格空间插值法，分析锡林郭勒盟 1961~2013 年年际、季际平均气温与降水量的空间变动规律及趋势。同时，研究气候变化对草地植被的影响机理，采用 pearson 相关系数法计算不同时间尺度的气候因子与草地退化指数的相关系数，分析气候要素与草地退化之间的相关关系。结果表明：从总体看，锡盟呈现暖干化气候变化趋势；降水量与草地退化指数的相关系数总比同一时间尺度平均温度大，降水量与草地退化指数的相关性比平均气温与草地退化指数的相关性更强，其中，夏季降水量与夏季平均气温总体较其他时间尺度的相关系数均高。

（3）草地生产经营活动主要包括农业经济活动与非农业经济活动，而人是生产经营活动的主体，在生产经营活动与草地退化的关联性分析中，本书首先分析了人口对草地的影响机理；用放牧强度和草地开垦数量来分析农业经济活动度对草地退化的驱动因素；用非农 GDP 的变化反映非农经济活动对草地退化的驱动因素。通过研究近几十年来锡林郭勒盟牧区的人口数量、牲畜规模、耕地面积、非农 GDP 的变动特征及趋势，分析了它们与草地退化之间的关联性。研究表明，锡林郭勒盟牧区的草地退化与其生产经营活动的开展关系密切。

（4）在查阅大量历史资料和政策文件的基础上，将内蒙古自治区自 1947 年成立以来的草地制度变迁历程划分为三个大的时期，并将改革开放以来的草地政策划分为草畜承包为主的“放任式”管理、强化管理及综合治理三个小的阶段。在此基础上，采用内蒙古自治区近三次草地普查资料，以及用生态学方法计算的草地退化指数，分析研究了各时段内锡林郭勒盟牧区的草地资源变化趋势，并分析其与这三个时段的草地政策、制度之间的内在关联性。结果表明，草地退化与草地政策、制度变迁息息相关。

（5）在以上研究的基础上，依据草地退化驱动因素的相关理论，将草地退化指数作为被解释变量，建立其与农业经济活动因素、非农经济活动因素、气候因素的多元线性回归计量模型，量化分析不同驱动因素对锡林郭勒盟牧区草地退化的贡献率。结果表明，夏季降水量对草地退化指数产生极显著负向影响，是影响草地质量状况的第一关键因素，研究区夏季降水量每增加100mm，草地退化指数将下降0.53，降水量增加草地退化状况得到遏制。单位草地羊单位年初承载量、人均非农GDP、夏季平均气温对草地退化指数产生极显著正向影响。并且，单位草地羊单位年初承载量与人均非农GDP每上升1%，草地退化指数分别增加0.1822和0.1141，草地实际载畜量过大，超过草地的理论载畜量，会导致草地退化状况越严重，非农活动对草地生态系统也能产生很大的负面影响；草地退化指数会随着夏季平均气温的升高而增加，而且，夏季平均气温每上升1℃，草地退化指数上升0.0528。

（6）草地退化驱动因素的实证结果表明，草地载畜量是影响草地退化的主要因素之一。对草地载畜量的驱动因素进行深入研究，就能提出更有针对性的抑制和治理草地退化的政策与建议。基于此，本书采用柯布道格拉斯生产函数，通过构建“经济—政策—气候”模型，实证研究了影响草地载畜量的驱动因素。结果表明，滞后一期劳动力数量、物资资本投入额每增加1%，将引起单位草地羊单位年初载畜量分别增加0.4430%和0.0872%；滞后一期的草地生态系统保护政策将会引起年初承载载畜量下降0.2897%；滞后一期降水量每增加100mm，羊单位年初载畜量将增加0.03%；滞后两期草地退化指数每增加1时，羊单位年初载畜量将减少0.0581%。

通过对草地退化直接驱动因素以及以草地载畜量为传导，挖掘载畜量背后、影响草地退化的真正因素的实证研究，发现气候因素、草地生态系统保护政策、乡村劳动力、物质资本投入及非农经济活动是影响草地退化的主要因素。根据以上研究结论，本书提出了建立草地生态系统动态监测体系、不断进行草地生态系统保护制度/政策的创新探索等相应的有助于保护草地生态系统、抑制草地退化的政策与建议。

目　录
CONTENTS

第1章 导 论

1.1 研究背景

1.1.1 草地是中国北方的生态屏障和牧民不可或缺的生产资料

内蒙古自治区（以下简称“内蒙古”）101 个县市中，牧业和半牧业县有 54 个，其中牧业县 33 个，半农半牧业县 21 个，从事畜牧业生产的主要是蒙古族，另外还包括满族、鄂温克族等，人口有 400 多万。内蒙古牧区少数民族人民的生产与生活极大地依赖于天然草原，具有经营畜牧业的悠久历史，并在历史的长河中形成了牧区的草原文化。

内蒙古草原面积 7 587.47 万公顷（其中，可利用草地 6 377.48 万公顷），占内蒙古面积的 64.14%[①]，草原面积 2 倍于耕地面积，3.5 倍于森林面积，占全国草原面积的 22%，居全国第二位，仅次于西藏自治区，可利用草地面积居全国首位。由于受东南海洋性季风影响，气候水热条件不一，加之大兴安岭等山地隆起的影响，出现了复杂多样的草原类型与景观，形成了丰富的牧草种类和多样的草地类型。草原类型丰富多样，包括 8 个草原类、21 个草原亚类、134 个组和 476 个型，其中，草原类包括温性草甸草原类、温性典型草原类、温性荒漠草原类、温性草原化荒漠类、温性荒漠类、山地草甸类、低平地草甸类、沼泽类。内蒙古草地资源丰富、类型多样，物种丰富，发育着近 131 个科、660 个属，2 167 种植物，其中 36.59% 的物种可作为饲用植物。内蒙古优良牧草品种丰富，且在天然草地上有较大面积的分布，是中国北方重要的生态屏障。从内蒙古成立至今，牲畜存栏逐年递增，1949 ~ 1978 年间，由 968.6 万头（只）增长到 3 586.5 万（头）只，递增速度平均每年为 9.0%。到 20 世纪 80 年代初期，内蒙古畜产品中的 60% 源于天然草地，牧区在饲料与畜产品供给方面均占主导地位。20 世纪 80 年代后，由于牧区草畜双承包政策的实施，农区畜牧业不断发展，集约化等生产方式的发展，

---

① 数据由内蒙古草原勘察设计规划院提供。

为畜牧业生产注入新的元素，使得农区与牧区牲畜规模的差距逐渐缩小。到2000年末，内蒙古牲畜存栏达到4 912.0万头（只），牧区约占79.03%。此后，草原牧区牲畜所占比例趋于下降，2013年末，内蒙古牲畜存栏为6 743.3万头（只），牧区所占的比例约为46%，仍占全区牲畜年末存栏量将近一半。在内蒙古的草原牧区，牧民主要以天然草地作为饲料的主要来源地进行畜牧业生产，其仍是牧区发展畜牧业的重要物质源泉。

1.1.2 草地退化问题依然严峻

自然资源的严重破坏和过渡耗竭已成为全球问题，引起世界各个国家的高度重视，不管是发达国家还是发展中国家都在努力探索自然资源可持续利用的有效途径。中国作为发展中国家，已为自然资源的破坏性利用付出了惨重代价。

目前，内蒙古草地资源面临着退化的挑战。根据内蒙古草地资源第五次普查（2010年）资料，内蒙古草地资源面积7 587.47万公顷，其中，可利用草地6 377.48万公顷，退化草地总面积为4 626.03万公顷，占全区草地总面积的60.97%[①]。21世纪初，内蒙古退化草地总面积为4 682.47万公顷，占全区草地总面积的62.44%，2010年的退化状况与21世纪初相比，内蒙古草原的退化趋势已有一定的缓解和遏制，草地状况不断地改善，草地面积有所增加。但与20世纪80年代的草地状况（20世纪80年代初，内蒙古草地总面积为7 880.65万公顷，草地退化面积为2 503.68万公顷，退化草地面积占全区草地总面积的31.77%）相比，长期来看，内蒙古草地资源退化问题依然严峻。

1.1.3 草地退化的危害

从长期看，草地退化依然严峻的局面使得人类社会诸多方面受到威胁，具体主要体现在人类的生存环境受到威胁、草地畜牧业生产受到威胁以及牧

① 数据由内蒙古自治区草原勘察设计规划院提供。

民生计受到威胁三方面。

危害之一：人类的生存环境受到威胁。

人类在对待自身生存环境的问题上，始终要关注生态环境保护这一问题。20世纪80年代以来，由于人口的不断增长和人类活动强度的加剧，加上气候变化等因素的影响，中国草地不断退化，土地风蚀沙化，水土流失加剧，沙尘暴频发。1993年5月5日，横扫新疆、甘肃、宁夏和内蒙古中西部的一场罕见的沙尘暴，并影响到华北与东部沿海区域。这场风暴造成近300人死伤，85万头（只）牲畜伤亡，37万公顷农作物受损，直接经济损失达7.25亿多元人民币[1]。1998年4月15~21日，发生了一场自西向东席卷中国干旱、半干旱与亚湿润区域的强沙尘暴，途经新疆、甘肃、宁夏、陕西、内蒙古、河北和山西西部。宁夏、银川因连续的沙尘天气，飞机停飞，民众连呼吸都感觉困难[2]。2009年的前5个月中，中国北方共发生8次沙尘，与往年同期比偏少，但对局部地区依然造成较严重的灾害。如当年4月23~25日出现的一次最强的沙尘天气，造成了西北地区空气被污染，涉及范围大概73万平方公里，2 000万人受到影响，其中，29万平方公里受沙尘暴的直接影响①。以上由于气候变化及人类活动强度的加剧，草地植被生态系统遭到破坏，不仅使得人类生存环境受到威胁，而且导致了生命和财产的巨大损失。

危害之二：草地畜牧业生产受到威胁。

草地退化最明显的标志是植被的退化[3]，草地的第一性生产力大幅降低，草群质量下降，不可食杂草、毒草数量不断增加。另外，草地退化造成植被覆被下降，20世纪80年代，内蒙古的草地产草量与20世纪50年代相比下降的平均幅度为29.2%。草地类型不同则其产草量的下降幅度也各不相同，若按下降幅度由小到大排序，森林草原下降幅度最小为25.0%，草甸草原次之，为27.3%，半荒漠草原为30.0%，干旱草原的下降幅度最大，为33.3%[4]。20世纪80年代初到21世纪初期间，内蒙古天然草原整体NDVI（归一化植被指数）>0.6的区域减少，NDVI<0.6的区域增加，即植被覆盖度高、产量多的区域减少，覆盖度低、产量少的区域增多，植被整体呈变差趋势[5]。进入21世纪之后草地质量在不断恢复，但长期看来，植被盖度和产

① http://www.weather.com.cn/static/html/article/20090613/34958/shtml.

量仍不及20世纪80年代初的水平，草地仍处于退化趋势。

产草量下降与草群质量的变化同时发生，优质牧草在草群中的比例下降。以锡林郭勒盟为例，优等牧草可利用草地面积由20世纪80年代占草地可利用总面积的22.05%，发展到2000年全部消失殆尽，进入2000年后，由于国家出台的一系列草地生态保护和治理政策，2010年的优等牧草在可利用草地面积中的占比增加到18.2%，但与20世纪80年代初的水平相比，优等牧草的比例仍处于降低状态[①]。草地质量的下降阻碍了牛羊等放牧牲畜的生长发育，并对草地畜牧业的发展产生威胁。

由于草地退化，内蒙古的打草量下降，致使草料短缺。对内蒙古的牧业生产旗县来说，饲草是牧业生产发展的基本生产资料，饲草产量的下降造成放牧牲畜随着草地的枯荣而形成“冬瘦、春乏、夏饱、秋肥”的牧业生产景象。以锡林郭勒盟为例，从1985~2002年，暖季适宜载畜量从1 525.12万羊单位（牛、骆驼按1∶5折算羊只）下降到1 028.8万羊单位[②]，到2013年适宜载畜量比2002年有所增加，为1 075.16万羊单位[③]，但与1985年相比相差近450万羊单位，下降率高达29.5%。草地资源是草地畜牧业生产的最基本生产资料，草地资源的退化导致草地生产力和草地载畜量的不断下降，严重阻碍了草地畜牧业生产的可持续发展，对草地畜牧业的生产造成威胁。

危害之三：牧民生计受到威胁。

改革开放尤其是西部大开发战略实施以来，中国西北部各省区响应国家发展经济的号召，资源的开发力度加大，同时，当地人民的生产生活需要也得到了极大的满足，牧区的经济社会也得到了快速发展。快速的经济增长，带动了基础设施的改善和牧民生活水平的提高，但与此同时也造成了牧区草地生态系统的破坏——草地退化。这种片面追求经济增长速度的减贫，造成了牧区生态系统的破坏，社会矛盾凸显。为此，国家实施了草畜平衡、禁牧等一系列草地政策，在一定程度上形成了生态系统恶化和地区贫困化并存的状态。改变这些状况，但草地退化的问题没有得到根本的解决，牧民的贫困问题亟待解决。

---

① 资料来源：内蒙古自治区锡林郭勒盟草原监测管理局。

② 资料来源：锡林郭勒盟草原站内部资料整理。

③ 资料来源：锡林郭勒盟草原监督管理局，锡林郭勒盟2013年草原监测报告。

根据中国贫困化程度量化概算，草地退化、荒漠化给西部民族地区生产和生活造成了各种危害。如在关于内蒙古牧区生态减贫的研究中，沿边境线的少数民族牧区贫困的主要原因之一被认为是：长期以来，草地生态资源被无偿或廉价的开发利用，形成重视劳动价值，而忽视生态与环境价值的错误观念。由于这种错误观念的驱使，草地资源长期处于过度利用的状态，致使草地退化、荒漠化范围不断蔓延[6]。而且，气候变化、人口压力、草地退化等多种因素的综合作用，致使区域内的农牧民生计变得较脆弱[7]。因此，草地退化、荒漠化是区域经济发展和生态环境治理的制约因素，直接影响农业、畜牧业生产和牧民生活，导致草原地区贫困化[8]，牧民生计受到威胁。

1.1.4 草地退化治理进入新时期

草地在陆地生态系统中占主体地位，其具有多种不可替代的生态功能，是保护生态环境的天然屏障。但是，由于草地的过度利用和气候异常而引发了一系列环境、社会问题之后，草地退化成为国家乃至国际层面的问题，国家非常重视草地退化问题的治理，对天然草地的政策已发生重大变化，将草地的“保护”与“治理”放在了第一位。草原区的战略工作重点由发展经济为主要目标转向“生态、经济、社会目标并重，生态优先”上来。国务院于2002年发布了专门针对草原工作的第一个政策性文件——《关于加强草原保护与建设的若干意见》，这足以体现国家开始对草地退化问题产生高度重视。从2000年之后，国家相继出台了一系列草畜平衡、退耕还草、禁牧、休牧及轮牧等草地生态治理政策和措施。尤其进入2011年，国家更是对草地退化的治理加大了力度，从2011年开始，在内蒙古、新疆、西藏、青海、四川、甘肃、宁夏和云南8个主要草原牧区省（自治区）全面建立了草原生态保护补助奖励机制，五年一个周期。2012年草原生态保护补助奖励政策实施范围扩大到山西、河北、黑龙江、辽宁和吉林5省和黑龙江农垦总局的牧区半牧区县，全国13个省（区）所有牧区半牧区全部纳入到了政策实施范围。并且，补贴资金也从2011年的134亿元增加到2012年的157.69亿元。2015年10月召开的十八届五中全会又将“加强生态文明建设”首度写入《中华人民共和国国民经济和社会发展第十三个五年规划纲要》中，这预示着国家对保护和改善草地生态系统的重视程度再次得到了提升和发展。在国家生态治理力度不断加大的背景下，内蒙古非常重视草地生态系统的保护和改善，出台了相应的管理办法，如《内蒙古自治区禁牧和草畜平衡监督管理办法》等。这些都为草地退化状况的缓解和遏制提供了良好的政策环境和机遇，显示了国家对草地生态问题的重视。

1.2 研究的目的和意义

1.2.1 研究目的

如何动态地分析草地退化的时空变化特征与趋势？如何将影响草地退化的各驱动因素进行定量分析，如何能定量化各驱动因素对草地退化的影响权重？如何能厘清影响草地退化的主要因素之一的载畜量背后、影响草地退化的真正原因？为了回答并解决以上问题，本书以草地退化状况为研究对象，在测定草地退化时空变化特征与趋势的基础上，实证研究草地退化的直接驱动因素，并基于此研究结论——草地载畜量是影响草地退化的主要因素之一，然后，实证研究草地载畜量的驱动因素，深入挖掘草地载畜量背后、影响草地退化的真正原因。全书的主要目标如下：

（1）采用生态学的研究方法，模拟草地植被覆盖度，获取由草地植被覆盖度反应的草地退化数据，并计算草地退化指数，获取反映草地退化状况的详细数据，分析研究区草地退化的时空变化格局，并为草地退化驱动因素的实证分析提供模型参数。

（2）基于草地退化驱动因素的相关理论及在前人的研究基础上，采用多元线性回归模型，对草地退化的直接驱动因素进行实证研究和检验，定量化草地退化驱动因素的贡献率，并为寻求抑制和治理草地退化的路径与措施提供依据。

（3）依据生产函数理论，构建“经济—政策—气候”模型，对草地载畜量的驱动因素进行实证分析，厘清草地载畜量背后、影响草地退化的真正原因，为提出更有针对性的、抑制和治理草地退化的政策与措施而服务。

1.2.2 研究意义

内蒙古草原地处欧亚大陆草原带的中部，是西北干旱区向东北湿润区和华北旱作农业区的过渡地带。自然条件的严酷性、气候的波动性，以及社会经济条件的复杂性使这一地区成为对全球变化响应的敏感带。草地退化使得植被迅速减少（甚至消失），土表裸露，土地沙化，水土流失严重，鼠虫灾害频发，沙尘暴肆虐，生态系统功能严重失调，从而制约了牧区的经济发展。草地退化是由于生产经营活动的加剧，对草地不合理的利用和管理，草地政策、制度力量以及全球性气候变化等多种因素的综合影响所致。因此，关于这三类驱动因素对草地退化的影响研究具有重要的理论与现实意义。

全球气候变化是全球变化研究的核心内容之一。由于 CO_2 等温室效应气体的不断排放，全球气候条件正在发生急剧的、前所未有的变化，这已得到大量的证据表明。根据联合国政府间气候变化专门委员会（IPCC）第3次评估报告的预测结果，威格雷和拉帕（Wigley & Raper，1990）结合其他有关资料分析认为，在气候不断变化的条件下，全球平均气温从1990～2100年将升高1.7℃～4.9℃，降水量状况也将发生10%的变化。但是，降水量增加并不意味着干旱化气候特征的减缓，相反，可能会出现由于温度上升而带来的潜在蒸发量的增加，一些地区将出现更加干燥的现象。温度与降水等是植被生长的两个重要的关键影响因子，它们单独或交互的变化可能导致植被在不同尺度上的改变，全球气候暖干化的变化趋势将持续对全球、中国及内蒙古的自然生态系统及社会经济发展带来不容忽视的影响。加之内蒙古受生产经营活动的影响，环境条件变化显著，由此而带来的草地生态问题已经引起了广泛的关注。另外，中国草畜双承包及“双权一制”的逐步推进和落实，使得草地集体经营模式转变为单户经营模式，这是内蒙古草地退化的另一重要的产权制度力量。因此，气候变化、生产经营活动与草地政策、制度对草地退化影响的实证研究具有重要意义。

然而，一系列问题也摆在我们面前。在全球气候变暖的背景下，如何调控驱动草地退化的因素来有效地抑制草地退化？不同区域、不同类型的草地如何调配和组织其生产经营活动的开展，可以在保护并改善生态环境的条件下，在内蒙古发挥更大的经济功能？如果掌握了牧区气候变化的时空特征，准确地测算出气候因素、生产经营活动因素及草地政策、制度因素对草地退化的影响，就能识别出草原退化的驱动力，并能量化其影响程度的大小。因此，基于以上研究目的，运用草地退化驱动因素的相关理论，将生态学与经济学方法有机结合，甄别气候变化、生产经营活动及草地政策、制度三类因素对草地退化的影响程度，对推动草地退化的研究具有现实意义。在此研究基础上，提出切实可行的解决草地退化的路径与措施，对促进草地资源的可持续利用，实现生态、经济、社会的和谐发展具有十分重要的意义。基于此，本书搜集、整理并采用遥感、气象和社会经济等不同类型的数据，开展本项研究。

1.3 研究思路和主要内容

1.3.1 研究思路

草地退化是在气候条件、生产经营活动及草地政策、制度等因素共同作用下的环境劣变所致。本研究首先采用生态学的科学方法，利用1981～2001年年最大NOAA/AVHRR NDVI与2001～2013年年最大MODIS NDVI合成遥感数据，采用植被像元二分模型反演植被覆盖度，以1981～1985年最大的植被覆盖度最为“基准”，对草地退化进行等级划分，获取由植被覆盖度反应的草地退化数据，并计算草地退化指数，分析草地退化的时空变化特征及趋势；其次，在分析了气候因素与生产经营活动相关指标的变化特征和趋势，梳理草地政策、制度的变迁过程后，分别对草地退化状况与这三类因素之间的相关性与内在关联性进行了分析；再次，采用多元线性回归的计量经济模型，实证研究气候因素、农业经济活动因素与非农业经济活动因素对草地退化的驱动影响，并量化这三类因素对草地退化的影响程度；最后，基于草地退化驱动因素的实证结果——草地载畜量是草地退化的主要因素之一，为挖掘载畜量背后、影响草地退化的真正原因，在柯布道格拉斯生产函数的基础上，构建“经济—政策—气候”模型，实证研究草地载畜量的驱动因素。通过以上分析甄别气候条件、生产经营活动及草地政策、制度等因素对草地退化的影响，为政府部门寻求抑制和治理草地退化的路径与措施提供决策参考。

1.3.2 主要内容

根据本研究的目标与研究思路，以内蒙古锡林郭勒盟10个牧区旗市为研究区，主要研究内容包括：草地退化的时空变化特征及趋势；气候变化的特征及其与草地退化之间的相关关系；生产经营活动、草地政策、制度与草地退化之间的关联性分析；以以上研究为基础，对草地退化的驱动因素进行综合实证分析，以实证结果为依据提出抑制与治理草地退化的主要政策建议。

一是研究草地退化的时空变化格局。本研究以1981～2001年年最大NOAA/AVHRR NDVI与2001～2013年年最大MODIS NDVI合成遥感数据为数据源，首先以2001年重合的年最大NOAA/AVHRR NDVI与MODIS NDVI为基础，将NOAA/AVHRR NDVI采用尺度上推的方法匹配于MODIS NDVI，运用植被像元二分模型反演锡林郭勒盟牧区1981～2013年逐年的草地植被覆盖度，以1981～1985年最大植被覆盖度作为“基准”，然后以前人的草地退化等级及标准为依据，划分草地退化等级，获取由植被覆盖度反应的草地退化数据；在草地退化等级划分的基础上，采用草地退化指数公式，计算研究区总体与各旗市的逐年草地退化指数，综合分析1981～2013年锡林郭勒盟牧区草地退化的时空变化特征及趋势。

二是分析气候变化的时空变化特征及其与草地退化之间的相关关系。利用1961～2013年15个自动气象观测站的气象资料，计算气温距平、降水量距平百分率分析温度与降水量的变化程度，并在线性趋势法的基础上，采用最小二乘法模拟气温、降水量与年份的趋势线斜率，分析锡林郭勒盟1961～2013年年际、季际平均气温与降水量的时间变化规律与趋势；在2km尺度的栅格水平上，采用克里格空间插值法，对锡林郭勒盟牧区1961～2013年年际、季际平均气温与降水量的空间变动规律及变化趋势进行研究。同时，研究气候变化对草地植被的影响机理，采用pearson相关系数法计算不同时间尺度的气候因子与草地退化指数的相关系数，分析气候变化与草地退化之间的相关关系。

三是分析生产经营活动的变动特征与趋势及其与草地退化之间的关联性。生产经营活动主要包括农业经济活动与非农业经济活动，而人是生产经营活动的主体，在生产经营活动与草地退化的关联性分析中，本书首先分析了人口对草地的影响机理；影响草地退化的农业经济活动主要体现在两方面：放牧强度和草地开垦数量；影响草地退化的非农业经济活动主要采用人均非农GDP来衡量。首先分析生产经营活动因素对草地的作用机理，其次采用统计分析的方法，分析近几十年来锡林郭勒盟的人口数量、牲畜规模、耕地面积、非农GDP的变动特征及趋势，在此基础上分析它们与草地退化之间的关联性。

四是系统梳理了草地政策和制度的变迁，并分析其与草地退化的关联性。在查阅大量历史资料和政策文件的基础上，将内蒙古自1947年成立以来的草地产权制度变迁历程分为三个大的时期，并进行了系统梳理。其中，将改革开放新时期的草地政策和制度划分为2000年之前以草畜承包为主的“放任式”管理、2000~2010年以草畜平衡、禁牧、休牧、轮牧、退牧还草、围封转移等一系列政策为主旨在保护草地生态环境的草地强化管理，以及2011年至今旨在强化管理与奖励并重的、以草地生态保护补助奖励机制为主的综合治理三个小的阶段。在此基础上，采用内蒙古近三次草地普查资料及用生态学方法计算的草地退化指数，分析研究时段内锡林郭勒盟牧区草地资源的变化趋势，并分析其与这三个时段的草地政策和制度之间的内在关联性。

五是综合实证研究草地退化的驱动因素。在以上四个主要研究内容的基础上，依据草地退化驱动因素的相关理论，将草地退化指数作为被解释变量，建立其与农业经济活动因素、非农经济活动因素、气候因素的多元线性回归计量模型，研究草地载畜量、草地开垦、矿产资源开采及气候条件变化对草地退化的影响程度大小；然后，基于草地退化驱动因素的实证结果——草地载畜量是草地退化的主要驱动因素之一，为挖掘载畜量背后、影响草地退化的真正原因，采用柯布道格拉斯生产函数，构建“经济—政策—气候”模型，将单位草地羊单位年初承载量作为被解释变量，实证研究滞后一期的乡村劳动力、草地物质资本投入额、草地政策虚拟变量及气候因素对草地载畜量的影响程度。通过以上分析甄别出气候因素、生产经营活动及草地政策和制度等因素对草地退化的影响程度。

最后提出主要的政策及建议。在实证研究的基础上，识别影响草地退化的驱动因素，为锡林郭勒盟乃至内蒙古、中国草地生态保护及未来的生态规划提供科学支撑和依据，针对此提出合理的政策选项和建议，以实现抑制和治理草地退化的目标。

1.4 研究的关键问题、方法与技术路线

1.4.1 研究的关键问题

研究的关键问题包括以下三个方面的内容：

第一，本研究以 1981 ~ 2001 年年最大 NOAA/AVHRR NDVI 与 2001 ~ 2013 年年最大 MODIS NDVI 合成遥感数据为数据源，首先以 2001 年重合的年最大 NOAA/AVHRR NDVI 与 MODIS NDVI 为基础，将 NOAA/AVHRR NDVI 采用尺度上推的方法匹配于 MODIS NDVI，运用植被像元二分模型反演 1981 ~ 2013 年逐年锡林郭勒盟牧区草地植被覆盖度，以 1981 ~ 1985 年最大植被盖度作为“基准”，然后以草地退化等级及标准为依据，划分草地退化的等级，获取由植被覆盖度反应的草地退化数据；在草地退化等级划分的基础上，采用草地退化指数公式，计算研究区总体与各旗市的逐年草地退化指数，综合分析 1981 ~ 2013 年锡林郭勒盟牧区草地退化的时空变化特征及趋势。

第二，基于以上应用生态学方法测算的草地退化指数结果，将其作为被解释变量，建立其余农业经济活动、非农业经济活动、气候因素的多元线性回归模型，将生态学方法模拟的参数指标与生产经营活动指标、气候因素指标进行整合，实证研究影响草地退化的驱动因素，并量化这些驱动因素的影响程度。

第三，基于柯布道格拉斯生产函数模型，引入草地政策与气候因素，构建“经济—政策—气候”模型，将单位草地羊单位年初承载量作为被解释变

量，实证研究滞后一期的乡村劳动力、草地物质资本投入额、草地政策虚拟变量及气候因素对草地载畜量的影响程度，挖掘草地载畜量背后、影响草地退化的真正原因。

1.4.2 研究方法和数据来源

1. 研究方法

科学的研究方法是获取准确结论的前提条件和基本保障。本书将经济学、管理学、生态学、气象学及统计学等多学科领域的知识进行综合分析，在研究方法上，主要包括以下几种：

（1）规范分析法

规范分析是在一定的价值判断基础上，研究社会经济活动或现象"应该是什么"，或研究社会经济活动或现象"应该怎样解决"，即是一种以问题分析者的主观价值判断为导向的研究方法。本书采用规范分析的方法，借鉴已有研究成果提出气候变化、生产经营活动及草地政策、制度分别对草地退化的影响，将影响草地退化的气候、生产经营活动及草地政策、制度因素结合起来，搭筑气候变化、生产经营活动因素及草地政策、制度等因素影响草地退化的理论框架，为实证研究提供理论依据。并根据实证研究的结论提出抑制和治理草地退化的政策选择与建议。

（2）统计分析法

根据内蒙古草原勘察设计院、锡林郭勒盟草原监测局提供的近三次草地普查数据，详细分析了近三十多年来内蒙古草地资源状况、草地退化的特征及变化趋势；依据《内蒙古统计年鉴》《内蒙古自治区畜牧业统计资料》及《锡林郭勒盟统计年鉴》及其资料的相关数据，详细分析了近几十年间锡林郭勒盟人口、牲畜、耕地及非农产业产值的发展情况与变化趋势。

（3）遥感数据处理的方法

首先采用尺度上推的方法，将 NOAA/AVHRR NDVI 匹配于 MODIS NDVI；然后运用植被像元二分模型反演锡林郭勒盟牧区 1981 ~2013 年的草地植被覆盖度，以 1981 ~1985 年最大植被覆盖度作为"基准"，然后以草地退化等级及标准为依据，划分草地退化的等级，获取由植被覆盖度反应的草地退化数据；在草地退化等级划分的基础上，并采用草地退化指数公式，计算研究区总体与各旗市的逐年草地退化指数，综合分析 1981 ~ 2013 年锡林郭勒盟牧区草地退化的时空变化特征及趋势。

（4）气象数据处理的方法

根据中国气候中心与锡林郭勒盟气象局提供的 15 个气象站的气象数据，计算气温距平、降水量距平百分率，更准确的分析温度与降水量的变化程度，并在线性趋势法的基础上，采用最小二乘法模拟气温、降水量与年份的趋势线斜率，分析锡林郭勒盟 1961 ~ 2013 年年际、季际平均气温与降水量的时间变化规律与趋势；在 2km 尺度的栅格水平上，采用克里格空间插值法，对锡林郭勒盟牧区 1961 ~ 2013 年年际、季际平均气温与降水量的空间变动规律及变化趋势进行研究。详细分析了近 53 年来锡林郭勒盟牧区的温度与降水量的时空变化特征与发展趋势。

（5）比较分析法

草地政策、制度与草地退化的关联性问题分析方面，将草地政策、制度划分为三个阶段进行定性描述，系统地梳理了草地政策、制度的变迁过程，对比分析了三个阶段草地政策、制度之间的区别，并将其与草地退化的变化特征之间的关联性分析有机结合，服务于关联性问题的分析。

（6）计量经济模型法

运用 pearson 相关系数法，计算不同时间尺度的降水量、平均气温与草地退化指数之间的相关关系，分析气候因素与草地退化指数之间的相关关系。采用多元线性回归模型与改进的柯布道格拉斯生产函数，分别实证研究草地退化与草地载畜量的驱动因素及其影响程度大小。为提出合理、有效的抑制和治理草地退化的政策选择与建议提供依据。

2. 数据来源

本研究所用数据包括三大类：第一类是内蒙古草地资源和草地退化数据，及锡林郭勒盟草地资源及草地质量方面的数据；第二类是遥感及气候要素等生态学数据；第三类是社会经济数据。其中，内蒙古草地资源和草地退化数据，及锡林郭勒盟草地资源及草地质量方面的数据包括以下两个部分：

（1）内蒙古草地资源和草地退化数据：内蒙古草原勘察设计院提供的内蒙古第三（1981~1985年）、第四（2000年）、第五（2010年）次草地普查的数据，包括内蒙古12个盟市的草地总面积、不同草地类型的面积及不同退化程度的面积；还包括部分年度的草原监测报告。

（2）锡林郭勒盟草地资源及草地质量方面的数据：锡林郭勒盟草原监测管理局提供的锡林郭勒盟第三（1981~1985年）、第四（2000年）、第五（2010年）次草地普查的数据，包括锡林郭勒盟12个旗市县的草地总面积、不同草地类型的面积、不同退化程度的面积、草地不同“等”和“级”的草地面积、部分年度的草原监测报告数据等；锡林郭勒盟草原站提供的关于鼠害受灾面积。

遥感及气候要素等生态学数据包括以下几个方面：

（1）遥感数据：由中国农业科学研究院提供的关于锡林郭勒盟1981~2001年2km分辨率NOAA/AVHRR月合成NDVI产品；由NASA（National Aeronautics and Space Administration）https：//wist. echo. nasa. gov提供的锡林郭勒盟2001~2013年的MOD09A1数据产品。

（2）气象数据：锡林郭勒盟气象局提供的6个基本气象站和一般气象站，及从中国气象科学数据共享服务网下载获取的9个国家基准气候站共15个气象站1961~2013年逐月气象数据。

（3）其他数据：内蒙古草原勘察设计规划院提供的锡林郭勒盟行政区划图、锡林郭勒盟植被图、锡林郭勒盟地貌图及锡林郭勒盟草地矢量图等。

社会经济数据包括以下几个方面：

（1）统计年鉴数据：《内蒙古统计年鉴》（2010~2014年）中有关锡林郭勒盟及研究区中包括的11个旗市的人口、乡村劳动力、牲畜、耕地及第二、第三产业方面的数据；锡林郭勒盟统计局编著的《1949~2009年锡林郭勒奋进六十年》中的耕地面积；《内蒙古自治区畜牧业统计资料》（1946~2000年）中关于锡林郭勒盟各旗市的牲畜数量。

（2）畜牧业生产物质资本投入数据：锡林郭勒盟农牧业局的调研数据及内部资料。

1.4.3 研究的技术路线

依据研究的内容及其思路，本研究的技术路线如图 1-1 所示。

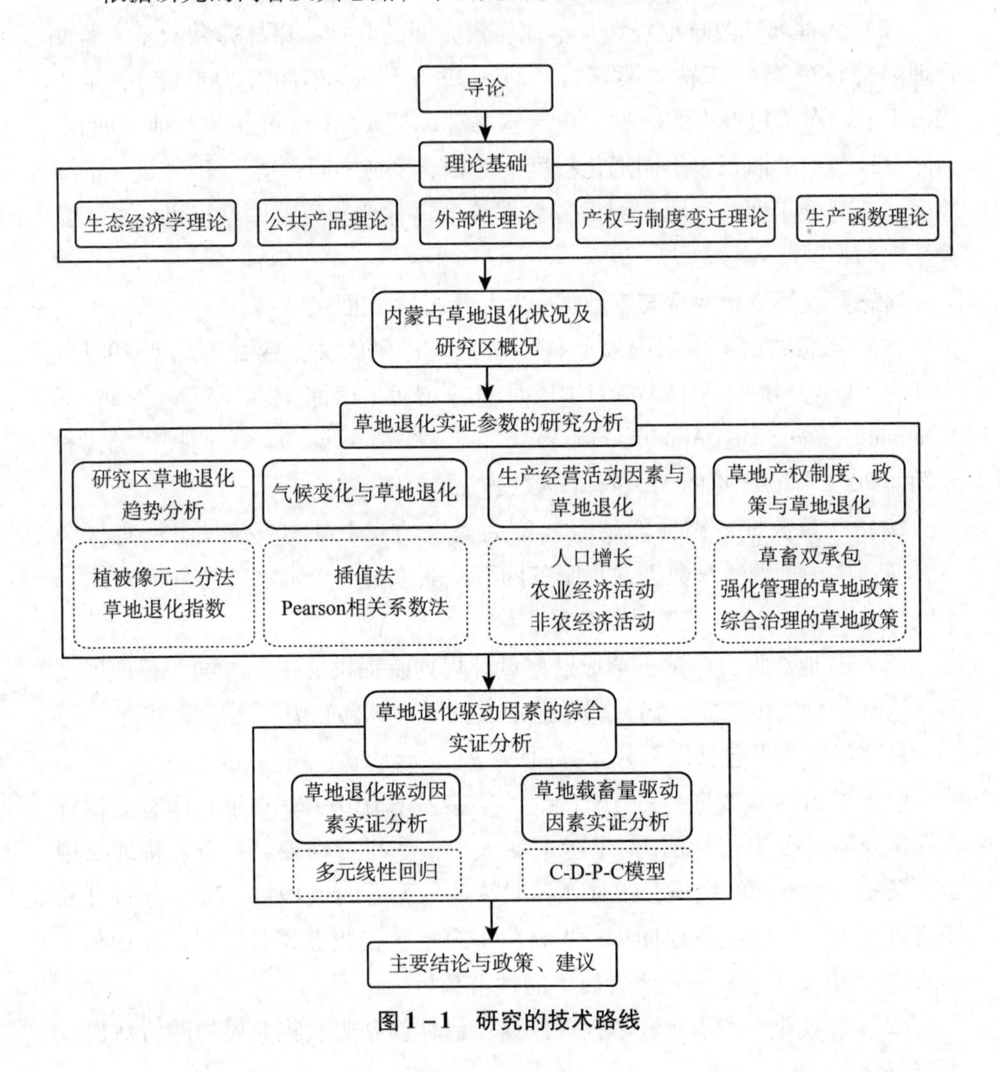

图 1-1 研究的技术路线

1.5 可能的创新和不足

1.5.1 可能的创新

本项目的研究特色在于采用多学科的相关理论与方法，从气候变化、生产经营活动、草地政策和制度三方面与草地退化的互动关系进行了分析，并对定量化这些驱动因素对草地退化影响的贡献率做了创新研究，为草地生态系统保护及未来的生态规划提供了科学支撑和依据，提出合理的政策选项和建议。

第一，草地退化的时空变化格局的数据获取。在已有的研究成果中，大多数遥感数据均采用非连续性的研究时期，有些遥感资料两期时间甚至达到10~20年间隔，无法完整地反映草地退化的动态变化特征。而本书有别于以上研究，利用1981~2013年合成遥感数据，运用植被像元二分模型反演1981~2013年逐年锡林郭勒盟牧区草地植被覆盖度，以1981~1985年最大植被覆盖度为“基准”，以前人的草地退化等级及标准为依据，对草地退化的等级进行划分，获取由植被覆盖度反应的草地退化数据；并计算研究区总体与各旗市的逐年草地退化指数，综合分析锡林郭勒盟牧区1981~2013年草地退化的时空变化格局，获得研究时间段内完整的草地退化指数和退化面积的时间序列值。结果显示，2000年之前，锡林郭勒草原处于退化加剧态势，退化面积所占比例持续攀升，是整个研究时期内草地退化不断加强且涉及范围较广的时段；2000年之后，草地生态系统的状态在逐渐好转，尤其是2010~2013年期间，草地退化面积不断萎缩，而且在退化草地中，以中度、轻度退化草地占主导。

第二，用生态学方法测度的反映草地退化状况的指标与生产经营活动及气候因素指标进行跨学科研究。基于以上应用生态学方法测算的草地退化指数，构建气候和生产经营活动因素（农业经济活动与非农业经济活动）对草地退化影响的多元线性回归计量模型，将生态学与经济学指标进行整合，研究影响草地退化的驱动因素，并对不同退化因素进行了定量化研究。结果表明，夏季降水量对草地退化指数产生极显著负向影响，研究区夏季降水量每增加 100mm，草地退化指数将下降 0.53，降水量有利于草地质量状况好转，降水量增加则草地退化状况得到遏制。单位草地羊单位年初承载量、人均非农 GDP、夏季平均气温对草地退化指数产生极显著正向影响。并且，单位草地羊单位年初承载量、人均非农 GDP 每上升 1%，草地退化指数分别增加 0.1822 和 0.1141，草地实际载畜量过大，超过草地的理论载畜量，会导致草地退化状况越严重。人均非农 GDP 中，如作为第二产业的矿产开采和作为第三产业的交通运输等行业的经济发展对草地生态系统有很大的影响。草地退化指数会随着夏季平均气温的升高而增加，而且，夏季平均气温每上升 1℃，草地退化指数上升 0.0528。

第三，依据草地退化驱动因素实证分析的结果，草地载畜量是影响草地退化的主要因素之一，能实证分析载畜量的驱动因素，就能挖掘载畜量背后、影响草地退化的真正原因。为此，采用柯布道格拉斯生产函数，构建“经济—政策—气候”模型，研究草地畜牧业生产中，劳动力与物质资本的投入、草地政策及气候变化等因素对草地载畜量的影响关系及影响程度。结果表明，滞后一期劳动力数量、物资资本投入额每增加 1%，将引起单位草地羊只年初载畜量分别增加 0.4430% 和 0.0872%；滞后一期的草地生态系统保护政策将会引起年初载畜量下降 0.2897%；滞后一期降水量每增加 100mm，羊单位年初载畜量将增加 0.03%；滞后两期草地退化指数每增加 1 时，羊单位年初载畜量将减少 0.0581%。

通过以上的研究，将实证分析的结果与理论经济模型结合，理论先行、辅以实证验证，深入探讨气候因素、生产经营活动及草地政策、制度因素对草地退化的影响机理和规律性问题；然后，基于草地载畜量与草地退化的密切相关性，进一步探求影响草地载畜量的驱动因素，挖掘载畜量背后、影响草地退化的真正原因。为中国草地生态系统保护及未来的生态规划提供科学支撑与依据，并为进一步完善草原承包经营制度、草地生态奖补机制，以及化解因草场载畜量过大而引发的牧区草原生态与经济社会的矛盾提供政策参考。

1.5.2　研究的不足

草地退化的驱动因素集是一个涉及面广，且复杂的系统研究，学科交叉性较强，但由于资料获取、个人精力、知识结构及时间等因素的局限，本研究主要存在以下几方面的不足：

第一，草地退化与草地政策、制度的关联性分析。本研究仅采用简单的数据统计分析与文献查阅的方法分析了草地退化与草地政策、制度间的关联性，未采用微观实证的方法就某一个草地政策、制度进行具体深入地研究，未从定量的角度分析草地退化与某一草地政策、制度间的关系研究，在今后的研究中将针对某一草地政策（如草地生态保护补助奖励机制）与草地退化之间的互动关系，采用微观实证的方法进行定性和定量研究。

第二，草地退化驱动力的实证研究。草地退化的驱动力本是一个庞杂的大系统，但由于数据获取的局限性及所研究样本的有限性，本书草地退化驱动力的实证研究中仅采用了较综合的几个指标，并采用统计数据与部分调研数据进行研究分析，未做实地的入户调查研究。在今后的研究中，将小尺度范围内的调查研究与遥感数据的反演优势结合，采用空间插值的方法将可能的驱动因素插值到空间尺度上，可更科学、更准确地研究草地退化的驱动因素，及各驱动因素的定量影响程度。

第三，草地退化驱动因素实证研究的指标选取。在草地退化驱动因素的实证研究中，将人均非农 GDP 作为研究其对草地退化影响程度的工矿业生产指标，这种指标替代方式稍显粗糙，可能存在一定的局限性，今后积累有关草原牧区工矿业生产方面的相关数据，以使研究结果更可靠。

第2章　理论基础与文献综述

2.1 理论基础

2.1.1 生态经济学理论

20世纪60年代以来，为了解决生态资源保护、环境问题以及社会经济协调发展等重大问题而兴起的一门新兴边缘交叉学科——生态经济学，其是对生态与经济系统的叠加系统的结构、功能以及运动规律进行研究的学科。1968年，美国经济学家肯尼斯·鲍尔丁在其《一门新兴科学——生态经济学》论文中第一次正式提出了生态经济学的概念，这标志生态经济学概念的诞生。

生态经济学大大超出了生态学和经济学的简单融合，其目的是依据生态学与经济学的原理，在结合生态规律和经济规律的基础上，研究自然生态与经济活动的相互作用和相互影响关系，探索生态、经济复合系统可持续发展的规律性问题，同时为保护资源、管理环境和发展经济提供理论依据及分析方法，并指导制定出正确的发展战略和经济政策。具体地讲，生态经济学是以生态经济规律作为其理论基础，并以自然资本理论作为其最重要的理论支撑。经济系统是生态经济学的子系统，作为其核心的研究对象，采用整体论的系统分析方法，在研究层次上既包括微观分析，又包括宏观分析，在研究内容上包括了人口、技术、经济、制度及政策等社会经济活动的主要方面。

草地资源的利用是由草地生态系统与其经济社会系统耦合而成、具备特定结构与功能，并具有综合效益的草地生态经济系统的统一整体。草地资源自身是一个完整的自然生态系统，而草地资源的利用则是人类通过多种投入于草地，以获得其生存和发展需要的活动过程，构成了经济社会系统，此二者互相作用。因此，草地资源的利用（即指草地生态经济系统）事实上是生态经济学的重要研究对象之一。从草地资源利用的角度看，草地自然生态系统对人类社会具有双重影响。其一指，在草地生态系统临界范围内的合理利用，生态系统可处于相对平衡状态，草地资源实现可持续利用，且生态系统趋于不断改善。其二指，草地生态系统平衡遭到破坏，会引起系统的紊乱，阻碍经济社会的有序发展，从而导致人类生存遭受威胁。人类作为草地社会经济系统中的核心要素，其不仅决定着草地资源使用行为对自然生态子系统与经济社会子系统影响程度的强弱，而且还决定着草地生态经济系统运行发展的走向。因而，草地使用的本质在一定意义上讲，其既是一个能动系统，也是一个可调控系统，以生态经济学理论为导向，人类应创建其与自然的和谐统一，为科学地游刃于草地生态经济系统，实现草地资源的合理使用，近而使生态系统免遭破坏，实现经济社会的可持续发展而服务。

2.1.2 公共产品理论与外部性理论

1. 公共产品理论

19 世纪 80 年代，公共产品理论以一种系统理论的形象最初出现，是由奥地利和意大利的学者们将边际效用价值理论运用到财政领域，形成了公共产品理论。

在公共产品理论中，1919 年的林达尔均衡是最早的成果之一，其使人们在公共产品的供给水平问题上达成一致，即成本分摊与边际收益成比例变化。个人对公共产品的供给状况以及它们之间的成本摊配讨价还价，以达到讨价还价的均衡即指林达尔均衡。

公共产品的概念最初由兰度尔（E. R. Lindahl）提出，随后出现了具有三种最具代表性的定义：①保罗·萨缪尔森于 1954 和 1955 年发表的两篇论文中（《公共支出的纯粹理论》和《公共支出理论的探讨》），对公共产品做出严格的定义：当某人消费某种产品或劳务不会导致别人对该种产品或劳务的消费减少时，这种产品或劳务即为纯粹的公共产品或劳务[9]。②美国经济学家奥尔森（M. Olson）于 1965 年在他的《集体行动的逻辑》一书中给出公共产品的定义，他指出，“任何物品，假如一个集团 X_1，…，X_i，…，X_n 中的任何个人 X_i 能够消费它，那么它就不能排斥其他人消费该产品”[10]，则该产品就是公共产品。③美国经济学家詹姆斯·M·布坎南在 1967 年的《民主财政论》一书中，首次对非公共产品（准公共产品）进行了探讨，拓宽了公共产品的概念，“任何集团或社团因为任何原因通过集团组织提供的商品或服务，都将被定义为公共产品”[11]。其中，萨缪尔森的定义经过经济学家长时间的发展，是现代经济学普遍接受的定义。

在以上定义的前提下，一种产品或服务是否被界定为公共产品，需要判断其是否兼备两方面的特性，即受益的非排他性与消费的非竞争性。其中，受益的非排他性是指我们无法阻止人们对于某项产品或服务的消费，或者说，要阻止人们对于某项产品或服务的消费所要耗费的成本无限大；消费的非竞争性是指当一个人消费某种产品或服务时，并不对其他人同时也消费这种产品或服务产生任何影响。依据上述两个标准，不同物品可划分为纯公共产品、准公共产品以及私人产品三种类型。同时具备前述两个特征的物品是纯公共产品，两个特征都不具备的是私人产品，只具备其中一个特征的是准公共产品。准公共产品包括两种情况：一种是只有非排他性但具有竞争性的公共资源，例如草牧场产品；另一种是只有排他性而不具有竞争的产品，如俱乐部产品。因此，经济产品可分为纯公共产品、俱乐部产品、公共资源和私人产品四类，如图 2－1 所示。

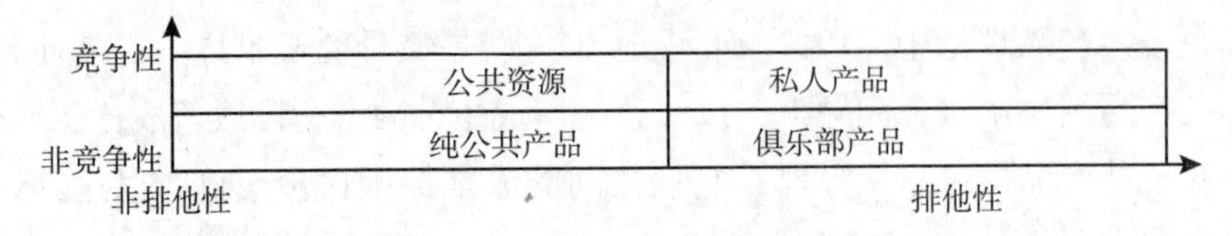

图 2－1 经济产品的种类划分

由于公共产品为非排他性产品，导致消费公共产品的人无须为享有该产品所提供的服务而付费，往往会使公共产品在使用中很容易产生“公共悲剧”和“搭便车”问题。由于公共产品是不能通过市场来出售的，也不能通过市场交换获得补偿，因此，公共产品无法根据市场供求确定一个合理的价格，出现市场失灵。

根据公共产品理论，草地资源作为一种公共产品，产权不明晰导致的非竞争性造成对草地生态系统的保护缺乏动力，非排他性不能有效控制对草地资源的掠夺式开发和利用，出现草原牧区草地退化严重的问题。因此，公共产品理论适用于对草地退化驱动因素的研究。

2. 外部性理论

从经济角度考察，环境损害的实质是外部不经济，而环境保护的实质是消除外部不经济。因此经济外部性就成了环境问题的核心经济理论[12]。

马歇尔、庇古和科斯在外部性理论发展过程中具有里程碑意义。新古典经济学代表者马歇尔在其 1890 年的巨著《经济学原理》一书中，首次对外部经济和内部经济进行定义。并在论述作为生产要素之一的“工业组织”时指出：“我们可把因任何一种货物的生产规模之扩大而发生的经济分为两类：一类是有赖于工业一般发达的经济；另一类是有赖于从事工业的个别企业的资源、组织和效率的经济。我们可称前者为外部经济，后者为内部经济。”并得出以下两个一般论断：“第一，任何货物总生产量的增加，一般会增大这样一个代表性企业的规模，因而就会增加它所有的内部经济；第二，总生产量的增加，常会增加它所获得的外部经济，因而使它能花费在比例上较以前少的劳动和代价来制造货物。”马歇尔虽未明确提出内部不经济和外部不经济的概念，但依据其对内、外部经济的阐述，从逻辑上可领会内、外部不经济的概念及其含义。马歇尔对内、外部经济概念的发现和阐述，为在公共经济领域中发展新的理论奠定了重要基础。

马歇尔的得意门徒、福利经济学的创始人庇古于1920 年出版的名著《福利经济学》中，首次应用现代经济学的方法，对外部性问题从福利经济学的角度进行了系统地研究，提出了“内部不经济”和“外部不经济”的概念，并从最优配置社会资源的立足点出发，采用边际分析法，提出了边际社会净产值和边际私人净产值，最终形成了外部性理论。庇古认为，经济活动中出现社会边际成本收益与私人边际成本收益背道而驰时，不能依赖于合约中规定的补偿办法去解决[13]。市场机制在这种情况下无法发挥作用，即出现市场失灵。这时就必须借助外部力量——政府采取适当的经济政策来加以解决。他认为，政府通过税收与补偿等经济干预手段，即可达到外部效应的内部化。这种政策选择被称为“庇古税”。

如图 2 - 2 所示，假设生产某种产品会产生负外部性影响，图中横轴为该产品产量，纵轴为产品成本及其价格。私人边际成本为 PMC，社会边际成本为 SMC，由于负外部性的产生所引起的外部边际成本为 BC，那么，SMC =

PMC + BC。两种情况下产品产量分别为 Q1、Q2，价格分别为 P1、P2，在 Q2 点达到帕累托最优状态。此时，应该施加一项税收，税费为 t，则需求曲线由 D1 下降为 D2，与 PMC 交于 C 点，产量为 Q2，相应的价格为 P3，则有 P2 = P3 + t。在新的均衡处，Q2 的产出效率是有效的，达到了帕累托最优状态。

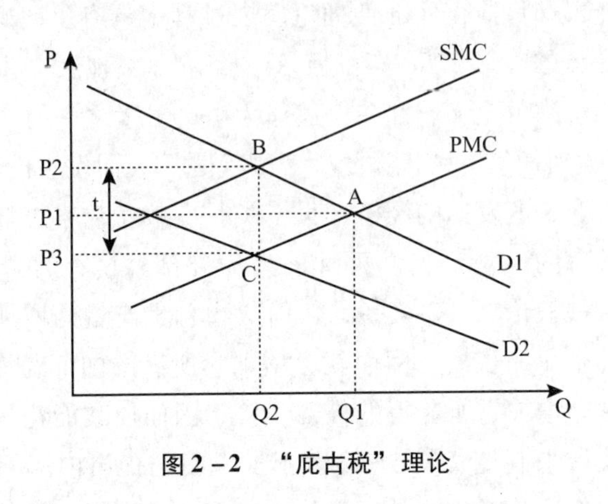

图 2－2 “庇古税”理论

“庇古税”在草地生态系统保护补偿的实践中得到应用，如中国目前的草畜平衡、禁牧、休牧补贴。

继庇古之后，许多经济学家对外部性问题展开了深入研究，但他们的研究都建立在“庇古理论”的基础之上。到 1960 年，新制度经济学奠基人科斯《社会成本问题》论文的发表，对传统外部性理论做出了突破。因为其“发现和澄清了交易费用和财产权对经济的制度结构和运行的意义”，并因此而获得了 1991 年度的诺贝尔经济学奖的殊荣。其主要思想被总结为著名的“科斯定理”，通过交易费用和产权理论，提出了通过资产产权明晰来解决外部性的问题。但科斯定理的应用需要满足以下三个假设条件：一是交易成本较低或为零；二是不论初始产权如何配置，产权必须明晰；三是外部性影响所涉及的范围较小。也就是说，在产权明晰、交易费用为零的前提下，市场力量足够强大，总能够使外部影响“内部化”，即消除外部性，从而实现帕累托最优状态。

“科斯定理”在生态保护补偿的实践中得到大量应用，一些国家通过明确自然资源的产权，如森林资源、渔业资源的私有化，有利于这些资源的可持续利用，取得良好效果。

但就草地这种公共资源来说，对科斯定理的适用性提出疑问。由于草地生态系统中的生态产品具有无形性、流动性和受益范围广泛性等特点，其产权保护和产权界定成本很高，而且受益者往往会隐瞒自己的真实需求，所以，草地经营者与众多的受益者通过直接磋商达成交易的可能性极小，这种情况下科斯定理失效，政府干预是唯一的解决方案。

2.1.3 产权与制度变迁理论

制度变迁理论大致经历了三个历史发展时期：第一时期以美国经济学家托尔斯坦·凡勃伦作为创始人的开创性历史时期；第二时期以美国经济学家约·莫·克拉克和特格维尔为代表对制度变迁理论继承和发展的时期；第三时期是以加尔布雷斯为代表的新制度经济学、并以科斯和诺斯等人为主要代表的新制度学派的蓬勃发展时期。其中，凡勃伦时期使得制度的概念得以创立，他认为“制度实质上就是个人或社会对有关的某些关系或某些作用的一般思想习惯，从心理学的角度来说，制度是一种流行的精神态度或一种流行的生活理论”[14]。其在制度和制度变迁的分析时，采用的是“累积因果论”的一种方法，即制度变迁是累积因果的过程，技术是这一变迁过程中的关键因素。这一时期的主要贡献者还包括康芒斯和米契尔。约·莫·克拉克和特格维尔时期，制度变迁理论的分析主要涉及对资本主义企业制度变迁的分析。这一时期，阿里斯研究发现制度和技术“相互重叠、相互渗透、互为条件、互为补充”的相互作用，认为有些制度对经济增长有促进作用，有些制度是经济增长的绊脚石。他对制度经济学起到了承旧启新的作用，使得新制度经济学派思想得以萌芽。

新制度经济学派蓬勃发展时期，研究成果卓著。其中道格拉斯·诺思可称得上是制度变迁理论的集大成者。他认为制度是一个社会的博弈规则，或者更规范地说，它们是一些人为设计的、型塑人们互动关系的约束。其构成了人们在政治、经济和社会各领域的交换激励。制度是由正式规则、非正式规则及二者的实施特征三个要素构成，这三个要素共同界定了社会的尤其是经济的激励结构。“变迁”是指制度的创立、变更及随时间而变化并被打破的一种方式。诺思认为制度变迁决定了社会的演化方式，是理解历史变迁的关键[15]。在诺思的制度变迁理论中，制度变迁是由制度不均衡引起的，其是指用一种效率较高的制度安排来替代效率较低的制度安排。

根据诺思的制度变迁理论，制度变迁可被分为诱致性与强制性制度变迁两种类型。诱致性制度变迁又称为“自下而上”的制度变迁，是指由一群人或一个人，在新制度获利机会的引诱下，自发倡导、组织和实现制度变更、替代，或新制度的创造。强制性变迁又称为“自上而下”的制度变迁，是指由政府以强制命令和法律形式在短期内迅速引入和实行的制度变迁，其以规范性、强制性和制度化水平高的明显特点而区别于诱致性制度变迁。但诱致性变迁也具有强制性变迁所不具备的优势：诱致性变迁是由一群人或一个人为主体采取的“自下而上”的变迁，省去了制度实施过程中与当下社会环境的磨合过程，大大降低了制度实施的成本，因此，与强制性制度变迁模式相比具有更高的社会效率。

诺思的一大理论贡献是将产权理论与制度变迁理论相结合。诺思认为，科斯等人所创立的产权理论有助于解释人类历史上谈判费用的降低和经济组织形式的更迭。依据产权理论，在现有的技术与信息成本及未来不可控等因素的限定下，能够解决问题、并且成本最小的产权形式对充满竞争与稀缺的社会来讲将是有效率的。有效率的产权应该具有竞争性或排他性的特性，为此，产权须被明确地界定，这将有利于减少未来的不确定性因素，从而降低可能产生机会主义行为的概率，否则，将出现交易或契约安排减少的现象。诺思认为，产权结构推动制度变迁主要表现在两方面：一方面是依靠产权结构创造有效率的市场，无效率市场的根源是无效率的产权结构，因此，产权结构创新是制度创新的一个重要内容；另一方面是依靠产权结构来推动技术进步。

诺思认为，制度变迁动力的一个重要源泉是个人期望在现存的制度下获取最大的潜在外部利润。除此之外，要关注的是制度变迁的成本。只有当潜在的外部利润超过预期成本时，一项新的制度才会被创新。制度创新的过程是一个错综复杂的过程，是实施制度的各个组织在相对价格或偏好变化的情况下，为谋取自身利益的最大化而进行的重新谈判，以达成更高层次的契约，改变旧规则，最终实现新规则建立的全部过程。在此过程中，当各组织的谈判力量及构成经济交换总体的一系列契约的谈判既定时，若无任何一个组织能从重建契约的资源投入中获得收益时，此时制度才会稳定，形成均衡的制度状态。但这一均衡状态只是一种局部的均衡，因此制度总是在渐进式的变迁中存在。

从20世纪80年代以来，中国草地产权从全民所有制的人民公社时期转变为草地集体所有，到农牧民拥有草地承包经营权的家庭联产承包责任制时期。这一过程，中国草地面积不断减少、草地退化严重、草地生态系统恶化等政策执行效果不佳的情况出现，从产权角度讲，主要是由于牧区草地产权制度本身的不完善，制度运行的成本高于其收益，因此，草地生态系统保护的制度需要不断地完善和创新。

2.1.4 生产函数理论

20世纪30年代，在生产理论逐渐形成的过程中，作为新古典经济学理论之一的生产函数理论，已经被现代经济学家作为经济分析的基础和工具[16,17]。生产理论分析生产中所投入的生产要素与其产出之间的关系，研究说明生产者的最大化行为，揭示此行为的规律性特征。而生产函数则表明在一定的技术水平下，生产过程中一组要素的投入组合同其所能生产出的最大产出数量之间存在依存关系的函数关系。

在农业经济研究中，建立农产品的生产函数是一种常用的技术。其一，农业生产函数反映了技术上的投入—产出关系，此关系是评价农业生产活动效益高低的基础；其二，由经营者决策的生产活动投入与产出结果，可解释经营者的行为；其三，农业生产的投入与产出数据容易获取和处理。因此，农业生产函数应用广泛。以牧区牲畜为例，生产函数表达式如下：

$$Q = f(A, L, K, N) \tag{2-1}$$

在式（2-1）中，Q代表产出数量（或价值）；A代表牧区草地面积；L代表投入的劳动；K代表生产中投入的各种物质要素量；N代表其他影响因素，如气候、政策等。实际中，依据具体的经济问题特点，可设定不同的函数形式f。

柯布—道格拉斯生产函数即是众多函数形式中的一种，而且是本书所要借鉴到的函数形式。该函数于1928年建立，是实践中应用最为广泛的生产函数数学表达形式，其形式被广泛应用于计量经济学与数理经济学的研究和应用中，采用边际分析的方法，可以用来分析规模收益、要素投入对产出的贡献率及其他一系列问题。其函数形式如下：

$$Q = AK^{\alpha}L^{\beta}\mu \tag{2-2}$$

式（2-2）中，α、β 表示K与L的产出弹性，μ 表示随机干扰外，其余变量均与式（2-1）中的相同。

在研究实践中，研究者们根据自己研究问题的需要，在柯布-道格拉斯生产函数的基础上，对投入和产出要素进行设定和细分，获得能解决自己研究问题的函数形式。

2.2 文献综述

2.2.1 草地退化的概述

1. 草地退化的含义

草地退化是荒漠化的主要表现形式之一。1994年，在联合国签署的防治荒漠化公约中，将荒漠化定义为由于气候变化和人为活动而导致的干旱、半干旱与偏干亚湿润地区的土地退化，主要表现为农田、草原、森林中的生物或经济生产力及其多样性的降低甚至丧失，包括土壤物质的流失和理化性状的劣变，以及在长期内自然植被的丧失[18]。可见，草地退化是指土地物理与生物因子的变化所致的生产力、经济潜力、服务性能及健康状况的下降甚至丧失。

在长期的草地退化研究中，国内外众多学者从不同角度出发，赋予草地退化不同的定义，概括为3种理解：①以草地退化的过程来定义。黄文秀等（1991）[19]将草地退化定义为草地承载力下降，进而引致畜产品生产力下降的过程；瑟因德和德希龙（H. S. Thind & M. S. Dhillon，1994）[20]将草地退化分为可见的与非可见的两类，前者如土壤侵蚀和盐渍化，后者则指不利的物理、化学、生物因素的改变所致的土地生产力下降；陈敏（1998）[21]将草地退化定义为不合理的管理与超限度的使用，以及不利的自然地理条件所致的草地生产力衰退与生态系统恶化的过程；严作良等（2003）[22]将草地退化定义为草地承载力的下降，进而引致畜产品生产力下降的过程；何兴元（2004）[23]将草地退化定义为以草为主要植被类型的生态系统出现的逆行演替的变化过程，包括‘草’和‘地’的演替两种形态；章祖同（2004）[24]将草地退化定义为不合理的管理、超限度的利用以及不利的生态区位状况所致的草地生产力衰退与环境恶化的过程；高清竹等（2005）[25]则认为，草地退化是气候或人为干扰超过草地生态系统自我调节能力的阈值，使其难以恢复而向背向发展，出现逆行变化演替的现象。②以草地退化的状态来定义。李世英（1965）[26]把由于人为活动或不利的自然因素所引致的草地（包括植物和土壤）质量衰退，生产力、经济潜力及服务功能降低，环境变劣以及生物多样性或复杂程度降低，恢复功能减弱或丧失恢复功能定义为草地退化；陈佐忠等（1988）[27]认为草地退化不仅是草的退化，还包括地的退化，其结果是自然环境的退化……破坏草原生态系统物质良性循环的相对平衡，出现生态系统的逆向演替；李绍良（1995，1997）[28,29]认为土壤硬度增大，有机质含量降低，养分减少，土壤结构性劣变，土壤紧实度加大，通透性下降，出现个别向盐碱化方向发展的现象，是草原区土壤退化的指标；任继周（1998）[30]认为草地退化是指草场生产力降低、质量下降和生境变劣等；③兼顾草地退化过程—状态的定义。如祝廷成（1986）[31]认为草地退化是在自然与人为因素的共同作用下，草地发生的生产力下降过程及其结果；李博（1990，1997）[32,33]将草地退化定义为在放牧、开垦、搂柴等人的行为活动下，草地生态系统远离顶极状态，实质是指草地生态系统逆行演替的一种过程，在此过程中，该系统的组成、结构与功能发生明显变化，原有的能流规模缩小，物质循环失调，熵值增加，打破了原有的稳态和有序性，系统向低能量级转化，亦即维持生态过程所必需的生态功能下降甚至丧失，或在低能量级水平上形成偏途顶极，建立了新的亚稳态；陈佐忠等（2000）[34]将草地退化定义为草地生态系统在其演化过程中，其结构特征和能流、物质循环等功能过程的恶化，即生物群落（植物、动物、微生物群落）及其赖以生存环境的恶化。它包括“草”与土地的退化，其不仅反映于构成草地生态系统的非生物要素上，而且也反映于包括生产者、消费者及分解者在内的3个生物组分上，因而草地退化是整个草地生态系统的退化。魏兴琥等（2005）[35]也持有相同的观点，认为草地退化是生物群落及其赖以生存环境的恶化，既包括植被的退化，也包括土地的退化。由于人为活动或不利自然因素所引起的草地质量衰退，生产力、经济潜力及服务功能降低，环境变劣及生物多样性或复杂性降低，恢复功能减弱或失去恢复功能，都称之为草地退化。

综合以上概念，草地退化可定义为在自然环境的变化与人为活动的干扰下，引起草地生态系统逆行演替的过程及其结果。

草地退化不仅引起了各国政府的极大重视，并成为学者们研究的热点问题。草地退化是自然条件、社会经济活动等各方面因素共同作用的结果，不同学科的研究者分别依据各自学科的学理对引起草地退化的成因提出了各自的观点。本书以生态经济学理论为主，综述有关的研究观点与方法。

2. 草地退化的等级划分及标准

李博（1997）[33]按照植物种类组成、地上生物量与盖度、地被物与地表状况、土壤状况、系统结构和可恢复程度七个方面的标准，将草地退化的程度划分为四个等级，即轻度退化、中度退化、重度退化和极度退化。任继周院士（1998）[30]通过对高寒草地的研究，提出草地退化的级别等级，即轻度退化、明显退化、严重退化、极度退化。

参照李博对草地退化程度的等级划分标准，结合本书的实际研究需要，本书将草地退化划分为未退化、轻度退化、中度退化和重度退化四个等级。

2.2.2 气候变化对草地退化的影响研究

1. 气候变化的概念

由于学科类型及组织的不同，气候变化的定义范畴也不相同。气候学科认为气候变化是指由于自然和（或）人为因素的影响引起全球或局域的气候平均状态，在统计学意义上的巨大改变或持续较长一段时间（典型的为10年或更长）的气候变动。政府间气候变化专门委员会（IPCC）对气候变化的定义是无论由于自然变化抑或是人类活动所引致的任何气候变动。《联合国气候变化框架公约》中，气候变化是指“经过相当一段时间的观察，在自然气候变化之外由人类活动直接或间接地改变全球大气组成所导致的气候改变”。其将由于人类活动而致使大气组成改变所引起的“气候变化”和由自然原因所引起的“气候变率”相区分。

2. 气候变化对草地退化的影响研究

随着气候变化对生态系统影响研究的不断深入，草地退化问题也已成为重要的生态问题，学界和政府对其普遍关注。2013 年发布的 IPCC[36] 第五次第一组评估报告摘要中得出气候系统变暖是毋庸置疑的。观测到的 1951 ~ 2010 年 60 年内气候变暖的主要原因是由人为影响造成的。全球平均陆地和海洋表面温度的线性趋势计算结果表明：在 1880 ~ 2012 年间，温度升高了 0.85℃ ~ 1.06℃。过去的 3 个十年（1983 ~ 2012 年）连续比之前自 1850 年以来的任何一个十年都偏暖。

关于气候变化的研究，近 100 年来受到国内外学者的广泛关注，其中研究气候变化对植被及草地退化响应的研究也受到了密切关注[37]。方精云（2000）[38]的研究认为，温度升高对草原上绝大多数植物生长产生不利影响。牛建明（2001）[39]通过研究不同草地对两种气候变化方案——年均温增加 2℃、年均降水量增加 20% 和年均温增加 4℃、年均降水量增加 20%——的响应。结果表明，气温与降水两个气象要素的变化对内蒙古草地植被可能产生重要影响。一方面草原面积显著减少；另一方面草地生产力明显下降，荒漠草原的减产最突出。李林（2002）[40]对环青海湖地区 1976 ~ 1998 年的气温、降水、蒸发等气候因素的变化趋势进行了分析和检验。结果表明，年平均及四季气温均呈上升趋势，自 90 年代后年际、春、夏、冬季降水量呈减少趋势，秋季降水量一直呈减少趋势，各季及年蒸发量呈增大趋势。这些气候趋势，加剧了环青海湖地区荒漠化的蔓延，致使草地退化，生态环境受到严重影响。王馥堂等（2003）[41]的研究表明，已有的气候变化导致内蒙古草地生产力普遍下降。丁勇等（2006）[42]分析了 1953 ~ 1999 年 47 年来内蒙古多伦县的气候变化特征，发现该县气温呈较明显的上升趋势，年际间的降水量呈较大变化，并且气温与降水量呈负相关关系，这一气候变化特征使得草地植被在高温少雨的年份遭到严重破坏；另外，降水量与平均风速之间呈负相关关系，即降水量多的年份风速小，反之亦然，这使得土壤风蚀的现象极易出现，因而出现土壤沙化、草地退化现象。研究结论：该县草地退化的主要原因是其气候变暖、降水波动大的气候变化特征引致。郭洁等（2007）[43]以若尔盖高原湿地为研究对象，利用其 1971 ~2000 年的气温和降水资料，分析了研究区年和各季的气候特征及变化趋势。得出近 30 年来若尔盖湿地气温上升、降水量减少、蒸发量增大的暖干化趋势。这种气候变化趋势加速了该地区草地退化和沙化。王建兵等（2008）[44]以玛曲县为例，通过分析该县 1967 ~2005 年近 40 年的气候变化情况，其气候变化的主要特征表现为秋季降水量从 1984 年开始减少，年均温以每 10 年 0. 34℃ 的速率升高，日照时数增加，尤其是秋、冬两季气温升高和日照时间增加更明显。这些气候因素的变化对玛曲县草地退化有重要影响。郭连云等（2008）[45]采用气候变化分析的数学方法，包括气象要素时间序列趋势方程、高桥浩一郎蒸发公式及采用滑动 t 检验法和 Mann - Kendall 法等方法进行气候突变统计研究等，分析了共和盆地近 50 年的气候变化特征，如气温、降水、大风、沙尘暴和草地蒸发力等，结果显示气温出现明显的上升趋势，蒸发量和草地蒸发力不断上升，气候总体趋势呈现暖干化，这种气候趋势可能是导致塔拉滩区草地荒漠化的主要因素。周伟等（2014）[46]采用 1982 ~2006 年的 GIMMS NDVI 数据与 2001 ~2010 年的 MODIS NDVI 数据，反演中国草地覆盖度的时空变化特征及趋势，并结合中国气象站点 1982 ~2010 年的降水与气温数据，分别从不同时空尺度与不同草地类型分析中国草地覆盖度的月际及其年际变化对气候变化的响应。结果表明：水热因子的季节波动对牧草生长的影响较大；荒漠草地、平原草地、高山亚高山草甸、高山亚高山草地、坡面草地和草甸草地各类型植被覆盖度与上月降水量和气温的相关系数最大，时滞效应明显；水热因子的年际波动与草地覆盖度均呈不显著正相关关系；荒漠草地和平原草地覆盖度受年降水量影响较大，然而高山亚高山草甸、高山亚高山草地、坡面草地和草甸草地覆盖度与年平均气温相关性较大。褚林等（2014）[47]将处理后的 2000 ~2010 年 MODIS NDVI 数据，与长期气候观测数据，采用最小二乘法对玛曲湿地的变化与气候之间的相关关系进行分析与探讨。结果表明，玛曲高寒湿地变化与温度及降水量的年际变化均有关系，但与降水量的相关性更强。孙政国等（2015）[48]在模拟了3种不同草地类型的NPP（净初级生产力）和NEP（净生态系统生产力）后，结果表明，3种类型草地NPP与温度呈显著正相关关系，NEP与气温之间呈显著负相关关系，而NPP和NEP与年降水量的相关性不显著。刘等（Xianfeng Liu et al.，2016）[49]采用1960~2013年日气温数据和野外物候数据，研究三江河流域最近几十年生长季节的时空变化及其与高寒草地的响应关系。

一些学者从气候变化对草地生产力的影响角度入手，采用定量研究的方法研究气候因素对草地退化的影响。李晓兵等（2002）[50]利用1961~2000年的气温、降水和遥感数据，分析了植被受气候变化的影响。结果表明，由于气温升高加剧了土壤的干旱化，在过去的40年中制约中国北方地区植被生长的根本原因是降水与土壤含水量，并是导致这一地区近年来草场退化严重、总体上使土地荒漠化加剧的重要原因之一。吕晓英（2003）[51]在研究中国西部草原1980~2000年气候变化情况的基础上，分析了气候变化对草地生产力变化的影响。研究结果表明：降水量增加1mm，曲麻莱县每亩无人为活动的优良天然草地牧草产量增加1.6千克；平均气温升高1℃，甘肃省夏河县相同的草地产草量平均减少122.6千克/亩。因此，得出气候暖干化趋势是导致中国草地退化的根本原因。李镇清等（2003）[52]以内蒙古典型草原为研究对象，根据中国科学院内蒙古草原生态系统定位研究站从1982~1998年近20年的观测资料，研究气候变化对净第一生产力的影响。研究表明，近20年来，中国科学院内蒙古草原生态系统定位研究站所在地区有变暖的趋势，冬季增温尤为明显。冬季增温使研究区春季干旱进一步加剧，并使典型草原的生产力有所下降。边多等（2008）[49]的研究认为，近年来藏北高寒牧区的气候变化是草地退化的主要原因之一。瑟普等（Thorpe et al.，2008）[50]对加拿大草原草地生产力与气候关系进行了模拟，并据此分析讨论了气候变化对草地载畜量可能的影响。曹立国等（2011）[51]以锡林郭勒盟为研究对象，基于该区1958~2008年的逐月气候和降水资料，采用两种不同的模型分析得出：51年来，年平均气温上升了2.19℃，平均降水量递减率6.35mm/10a，气候总体趋于暖干化。在此气候变化的背景下，各季的草地生产潜力均呈不同程度的减少趋势。张存厚等（2012）[52]模拟内蒙古典型草原1953~2010年地上净初级生产力发现，降水减少、温度升高及干旱事件频发的共同作用导致过去58年研究区地上净初级生产力下降。陈辰等（2013）[53]通过分析中一高气体排放情景（A2）与区域经济、社会环境可持续发展情景（B2）的气候变化情境下内蒙古地区的气候变化特征，并基于CENTURY草地生态系统模型模拟了未来气候变化对内蒙古草地生产力的影响。结果表明：荒漠草原与草原化荒漠生产力呈下降趋势，其中荒漠草原生产力的变率随时段推移呈下降趋势；草原化荒漠的生产力变率在A2情景下随时段推移呈上升趋势，而B2情景下则呈下降趋势，荒漠草原和草原化荒漠生产力在B2情景下的变率均低于A2情景。李等（Zhiyong Li et al.，2015）[54]对内蒙古草原1981～2011年的植物物种丰度和群落组成的长期监测，并将其与区域内的温度与降水的相应关系进行研究发现，内蒙古草原的群落组成与物种丰度受气温与降水量的影响。此研究将有助于更好地理解，未来几十年不断暖干化的内蒙古高原草地生态系统与未来气候变化的响应。

影响草地退化的原因是由气候因素和人为因素共同作用的结果，其中草地退化的关键因素是人为因素，气候因素在草地退化中是次要因素。李青丰等（2002）[37]分析了1970～1999年30年间内蒙古草原区的气候变化状况，探讨了气候因素对草地退化的影响。研究结果表明，气候变化对草地系统的劣变仅起推波助澜的作用。郑伟等（2009）[59]以新疆草地为研究对象，通过对新疆草地生态系统分布规律、特征及利用状况的分析，研究自然与人为因素对草地荒漠化的影响。其中一个研究结果表明：气候变化是南疆和东疆盆地草地荒漠化的主要驱动因素之一。陈等（Baoxiong Chen et al.，2014）[60]将1982～2011年的青藏高原作为研究对象，采用陆地生态系统模型模拟气候影响下的高寒草地的潜在NPP，以及采用基于遥感技术的Carnegie－Ames－Stanford方法模拟在气候变化与人类活动共同影响的青藏高原高寒草地的实际NPP。研究结果表明，气候变化与人类活动主要改变的是草地的实际NPP，由气候变化引起的草地实际NPP变化的面积比例从1981～2001年的79.6%下降到2002～2011年的56.59%，然而人类活动引起的草地实际NPP变化的面积比例翻了一番，从20.16%增加到42.98%。周等（Wei Zhou et al.，2014）[61]在对中国西北部五个省区（包括新疆、西藏、甘肃、青海和内蒙古）的退化草地研究中，结果表明65.75%的草地退化是由人类活动造成的，而19.94%是由年际气候变化引起的。因此，人类活动对草地退化的贡献要大于气候变化。王云霞等（2015）[62]通过建立计量经济模型，综合研究内蒙古33个牧区旗县气候与放牧对草地退化的影响。结果表明：气温升高对草地退化有显著影响，单位草地承载牲畜数量也是牧区草地退化重要的影响因素。草地退化的驱动因素不仅包括自然条件，也包括人为活动，而且人为因素是导致草地退化的最主要的影响因素（Meinzen et al.[63]，2005；盖志毅[64]，2007；毛继荣等[65]，2014；李洁等[66]，2015；张希彪等[67]，2016）。

2.2.3 生产经营活动对草地退化的影响研究

在草地退化的影响研究中，生产经营活动也是许多学者一直以来的重点研究课题，因此，在进行此项研究时不会受到可查阅文献在时间上的限制。这也许是学者们更热衷于生产经营活动因素对草地退化影响研究的主要原因。在生产经营活动（农业、非农业经济活动）中人是执行主体和核心关键，其作为生物界中唯一具有主观能动性的群体，在不断的生产经营活动中，由于其对草地索取欲望的无限性与草地资源稀缺性之间的矛盾激化，最终导致草地退化。影响草地退化的生产经营活动归纳起来主要包括：人口增加、农业经济活动及非农业经济活动三方面的影响。草地政策、制度也是影响草地退化的因素之一，但是其对草地退化的影响是通过影响农业经济活动，而间接传导、影响草地系统，因此，本书中将草地政策、制度对草地退化的影响研究进行单独梳理。

1. 人口增加与草地退化

人口问题与草地环境问题紧密联系，人口迅猛增加给草地生态系统带来了巨大的压力。许多研究者认为过度放牧是影响内蒙古草地退化的主要因素，殊不知，过度放牧的根源是人口增加及其食物需求的增多，使得草地的利用强度加大，最终导致草地退化。

1928年内蒙古的人口密度是2.65人/km^2，1953年是5.08人/km^2，到1983年达到16.28人/km^2；而草原的适宜人口密度只有0.9人/km^2[68]。慈龙骏等（2000）[69]的研究认为，毛乌苏沙区解放以来人口增长速率较快，一方面导致了粮食需求的增加，另一方面导致燃料需求的增加。前者必然导致对草地的大量开垦，后者导致砍烧天然植被，这两者都促使了沙漠化程度的加剧。这说明，人口的快速增加，是土地荒漠化的直接驱动因素。因此，应从根源上着手，从控制人口数量为出发点，减缓其对土地的压力、退耕还牧，才能控制区域内的荒漠化趋势，实现保护天然草地资源的目的。包玉山(2001)[70]在分析内蒙古地区的草畜矛盾和人畜矛盾形成的历史过程基础上，指出解决这两个矛盾的根本途径是建设生态环境和严格控制该地区的人口规模。赵雪雁（2008）[71]采用定性和定量分析相结合的方法，分析高寒牧区玛曲县草地退化的人为因素影响，结果表明，人口数量对草地退化的作用最大。杨久春等（2009）[72]通过分析近 50 年呼伦湖水系草地退化的时空过程和成因，结果表明，从 1985 年以后，人口的急剧增长是该时期呼伦湖水系草地退化的主要原因。闫慧颖等（2010）[73]采用灰色关联法对甘南地区碌曲县草地退化的影响因素进行定量分析，研究结果表明牧业劳动力和牧民家庭人均支出是草地退化的主导因素。究其原因，主要由于随着牧业劳动力和牧民家庭人均支出的增加，他们只能通过过度放牧和不合理的开发来生存，最终导致草地生态的不断恶化。师定华等（2013）[74]对比分析了 30 年来蒙古国和内蒙古的 LUCC，结果表明，内蒙古 LUCC 扰动强度都强于蒙古国，扰动范围的分布也较广泛，造成这种局面的主要及直接驱动力是人口增加及社会经济的高速发展。研究认为，草地退化主要由过度放牧与人口增加这两个因素的共同作用造成。刘兴元（2012）[75]以藏北那曲高寒地区为例，主要分析了 1955 ~ 2005 年研究区草地、人口、家畜和社会经济现状与发展态势。结果表明，那曲高寒区的气候向暖化湿润方向变化，对缓减草地退化趋势具有积极作用，但牧业人口的增加和过度放牧是高寒草地退化的主要原因。

2. 农业经济活动与草地退化

在农业经济活动中，影响草地退化的活动有许多，但起主要影响作用的是过度放牧与草地开垦。

（1）过度放牧

造成草地退化的直接和主要原因，是牲畜数量的盲目发展，草原超载过牧。国内外很多研究者在这一点上达成共识，认为过度放牧是促使草地退化最重要的社会经济因素，全球退化土地面积中的 34.5% 是过度放牧所致[76]。姜恕（1988）[77]认为内蒙古草地退化最直接、起主导作用的因素是过度放牧。李博（1997a）[78]在研究中国草原退化状况的基础上，认为长期过牧是导致草地退化的主要因素之一。希尔纳克斯（Hiernaux P.，1998）[79]的研究结果表明，在某种程度上，随着放牧程度的增加，草地生产力、冠层高度及草地覆被降低。帕帕纳斯塔西斯（Papanastasis，1998）[80]研究认为，过度放牧可能是希腊几个地区土地退化的最重要因素。李胜功等（1999）[81]的研究指出，放牧，尤其是过度放牧，对草地植被的压力日益严重，使植被不断退化，草地出现明显的荒漠化。许志信等（2001）[82]的研究认为草地生态系统中的牧草、土壤和家畜是一个整体，它们互相影响和制约，草地退化导致中国草原地区土壤侵蚀比较严重，而过度放牧又是草地退化的主要原因。王玉辉等（2002）[83]通过研究放牧强度对 1991～1992 年吉林省长岭种马场全年自由放牧的天然羊草原植物群落组成、数量特征、生物量及土壤特性等的影响。结果表明，随着放牧强度的增强，该草原区以上四个方面的特性在不断地劣化。摆万奇等（2002）[84]的研究指出，造成黄河源区玛多县草地退化的主要因素是过度放牧。张培栋等（2007）[85]认为过度放牧是黄河上游甘肃段草地退化最主要的驱动因素。布里克（Brekke，2007）[86]的研究认为气候变化会导致草地产草量暂时下降，而长期的草地超载则会破坏草地生态系统的稳定性。伊巴奈兹等（Ibañez，J. et al.，2007）[87]认为造成放牧地的低植被覆盖度的原因之一是过度放牧。成平等（2009）[88]的研究指出，超载过牧是造成川西北草地退化的主要和直接原因。索内维德（Sonneveld，2010）[89]在东非干旱草原的研究表明，草地退化格局与草地超载过牧格局基本一致。樊江文等（2011）[90]的研究也指出，三江源区近 20 年来的过度放牧是导致草地退化的最主要因素之一。

很多学者也从自然科学的角度，研究植被、土壤及放牧之间的机理研究，认为过度放牧会劣化植被群落的组成、生物特性等方面的特征。杨松武（2013）[91]以协调博弈模型为起点，在对经典博弈使用局限性总结的基础上，采用演化博弈的方法来解释和分析作为草地退化主要人为因素的过度放牧问题；对过度放牧产生的动力机制与均衡结果通过建立牧户演化博弈最优反映动态模型予以揭示。徐等（Min-yun Xu et al.，2014）[92]以中国北方的河北省沽源县为研究区域，分别对不放牧、轻度放牧、中度放牧和重度放牧四块放牧样地进行了至少10年以上的研究，结果表明：随着放牧程度的增加，植被高度、冠层盖度、生物多样性及地上生物量都显著地降低。希克和托马斯等（Hilker & Thomas et al.，2014）[93]对蒙古国草地退化的研究表明，蒙古国草地退化的主要原因由超载放牧的累积效应造成。考斯马等（Costas Kosmas et al.，2015）[94]的研究认为，在希腊克里特岛南部的Asteroussia Mountains敏感于土壤侵蚀的土地上，过度放牧会导致水土流失，制约水的存储容量和植被生长，从而形成草地退化。王鑫厅等（2015）[95]从胁迫梯度假说为核心的正相互作用角度解读过度放牧所引起的草地退化，并从此角度解释了植物个体小型化的内在机理，由此揭开了由过度放牧引起的草地退化认识的崭新一页。

有些学者通过采用不同模型模拟植被生产力的方式，来研究草地退化的主要影响因素，研究结果得出过度放牧是影响草地退化的主要因素。赵志平等（2013）[96]以青海三江源区果洛藏族自治州作为研究区域，利用1961～2010年40年的历史资料，分析气候变化与放牧活动对草地生产力的影响，研究近50年来研究区草地退化的主要原因。结果表明，近50年来，研究区气温升高、年降水量和湿润程度下降，但采用三种不同模型模拟的该区域植被NPP均具有上升趋势，说明研究区近50年来的气候变化有利于草地生产力的改善；通过研究区1982～2006年的家畜年末存栏数与植被NDVI呈现显著负相关关系，说明长期超载过牧是研究区草地退化的主要因素。

还有些学者认为植被类型和区域不同，导致草地退化的影响因素也不尽相同，但在以往的致力于内蒙古草地退化生产经营活动因素的研究中，过度放牧是导致草地退化最重要的因素。即若放牧压力非常大，草地生物量变得枯竭[97]，草地退化严重。姜晔等（2010）[98]通过对内蒙古锡林河流域草地的退化趋势及其空间分布进行分析，将流域内的草地退化分为未退化、轻度退化、中度退化、重度退化和极度退化5种类型。研究结果表明，影响流域内不同区域和不同植被类型草地退化的原因也不尽相同，但从1984～2004年近20年的研究时间尺度来看，过度放牧和不合理的居民点布局是导致草地退化的主要驱动因子。

（2）草地开垦

草地退化的另一重要农业经济因素是草地开垦，有些学者认为草地退化及生态问题的根源是草地开垦[99~101]。长期以来，中国执政者是具有重农思想倾向的农耕文明的代表者，他们不了解或误解放牧条件下的草地特征，将农耕文明强制融入草原地区。在长期的农耕与放牧交融过程中，农耕文化根深蒂固，始终占统治地位，犁铧不断向草地腹地挺进[102]。清道光之后，清政府通过大量移民开垦草地，尤其是为偿还八国联军债务的晚清政府更是通过大面积开垦北方草地，来缓解内地社会矛盾及经济危难，这对北方干旱、半干旱的生态脆弱草地从此拉开了灾难性的破坏序幕。1949以后，农耕文化的主流心态依然被用来面对北方草地，再次开垦大量草地。于是，形成了无法挽回的草地大面积沙化的延续性局面[103]。据统计，国民党时期，尤其是1927~1949年间，仅内蒙古西部部分地区的21个旗被开垦面积总计3 259万亩[104]。1958~1976年间，内蒙古草地开垦面积共计4 500万亩[105]。20世纪50~70年代，中国北方地区曾出现3次大规模的草地开垦，面积达0.667亿hm^2，造成东起呼伦贝尔至浑善达克，直至青海共和盆地等地大量草地沙化[106]。1980年中期~1990年初期，内蒙古畜产品价格受市场经济的影响下跌、粮食价格因购销体制尚未放开而继续实行保护价收购，使得开荒种地比经营畜牧业更有利可图，同时在全国新一轮后备土地资源开发浪潮的推动下，许多牧民纷纷弃牧从农，大面积开垦区内林地及高覆盖草地，促使传统的林草地向耕地转变，十几年间累计开垦各类土地141万hm^2[107]。华北、黄土高原农牧交错带表现为既有大面积草地向农田转换现象，也存在局部地区退耕还林还草现象。被开垦为农田的草地及未利用地760余khm^2，其中2/3以上的被开垦地属于高覆盖草地，400khm^2多的耕地退耕还林还草，因此表现为农田扩张和草地收缩的整体特征[108]。21世纪初的5年，中国草地面积净减少118.61万hm^2，主要出现在内蒙古中部草原区、新疆沙漠绿洲带、黄土高原农牧交错带，以及西部的贵州、重庆等地。部分草地被开垦为农田是草地面积减少的主要表现，占总减少量的48%以上[109]。

草地由于长时间的过度开垦致使生态与环境日趋恶化，并严重影响到社会经济的发展。辛友俊等（2005）[110]通过对青海省草地退化与开垦关系的研究表明，天然草地大面积开垦，使本来很脆弱的草原生态系统受到了严重的干扰，导致了更为严重的草地退化。王晨野等（2008）[111]将RS和GIS相结合，分析吉林省西部1989~2004年4个时段的土地利用变化情况。结果表明，研究时段内该区域土地利用出现“四增三减”的现象，其中草地面积缩小的重要原因是由于农业用地与盐碱地扩张，湿地、水域萎缩和草地退化，并已成为吉林西部生态环境恶化的突出表现。张国坤等（2010）[112]基于地学信息图谱分析方法，运用 ARC/INFO 软件，以马尔柯夫空间概率模型为基础，对新开河流域土地利用格局变化图谱分析可看出，从 1969～2001 年 33 年间，该流域土地利用格局发生了显著变化。耕地大幅增加，草地大幅减少，土地格局日趋不合理，林地占地较小，土地盐碱化、沙化严重，草地退化非常严重。黄等（Lin Huang et al.，2013）[113]利用卫星遥感影响与田间采样数据，分析了 1982～2008 年间中国干旱、半干旱地区土地覆被变化与植被活动的机制。结果表明：草地覆盖度的变化与耕地面积密切相关，随着退耕还林的增加和农业开垦的减少，草地面积不断增加。杨依天等（2013）[114]基于遥感影像目视解译的方法，从空间耦合角度分析了和田绿洲 1980～2010 年土地利用变化及其环境效应。结果表明，研究区耕地面积显著增加，而灌丛与覆被草地面积明显减少，使得研究区土地利用发生较大变化。中游区的耕地扩张不仅破坏了绿洲—荒漠过渡地带植被，而且导致绿洲生态系统服务价值下降。张蕊等（2014）[115]由于土壤中的有机碳、氮素和磷素是生态系统中极其重要的生态因子，而土地利用变化会引起土壤中碳、氮、磷等元素含量的变化。因此，以祁连山北坡亚高山草地区域内三种利用方式（自由放牧天然草地、开垦 20 年的燕麦耕地、退耕 8 年的还林草混合植被）的土壤为研究对象，研究土壤中有机碳、氮素和磷素的含量。研究表明，退耕还林还草混合植被对土壤中的碳、氮、磷库具有重要的恢复与改善作用，而开垦耕地的土壤中这三个生态因子储量最低，因此，退耕还林还草工程可恢复和改善退化草地的生态系统。

3. 非农业经济活动与草地退化

在非农业经济活动中，影响草地退化的最主要的活动是工矿业的发展，除此之外，还有樵采、乱挖等破坏草地植被的非农业经济活动。

（1）采矿活动

随着中国能源经济的发展，环境容量限制与矿产开发增速之间矛盾的压力凸显。内蒙古由于矿产开发对土地的破坏程度不断加速。据 2003 年统计资料显示，内蒙古草原区上表储量的 1 018 处矿产地中，有 761 处已开发利用，25% 的尚未开发利用[116]。截止到 2007 年，内蒙古矿山开发破坏的土地面积为 75 801.27hm^2。按占用破坏的土地类型划分，其中草地占比最大，占到 44%。其中，在破坏土地面积的三大类矿产开发中煤矿为最大的矿业产业，约占矿山破坏总土地面积中的 60%[117]。截至 2010 年底，内蒙古矿山开采累计占用破坏土地约 40 万 hm^2，其中 2010 年新增占用破坏土地约 2.92 万 hm^2。二连油田开发区，开发前草地生产力为 21 105kg/hm^2，开发后变为 1 095kg/hm^2 左右，草原植被盖度由原来的 45% ~55% 降为 28% ~38%[118]。

很多学者研究认为，草地退化日趋严重与采矿活动有很大的关系。煤矿的开采中，一方面占用大量草地进行矿产开采；另一方面造成草地面积减少的原因是废渣堆积埋压草地，此外，草地质量下降是由于一些矿产开发污染草地，从而导致草地退化。杨艳等（2006）[119]应用生态足迹法对锡林郭勒盟 1981 ~ 2008 年生态足迹和生态承载力进行实证计算和研究，结果发现：最大的生态赤字来源于石化能源用地和草地。石化能源的开采为该区带来巨大经济效益的同时，对草地造成了很大的破坏，加剧草地的退化。臧淑英等（2007）[120]在定性描述大庆地区草地退化驱动因素的基础上，采用主成分分析和多元线性回归的方法，对大庆地区草地退化的影响因素进行研究。结果表明，石油开采加工的工业化进程占用大量草地是该地区草地退化的主要驱动因素。吴健生等（2012）[121]以辽源市为例，从自然生态系统压力度、敏感性、恢复力出发构建矿区自然生态系统脆弱性评价指标体系。结果表明，在用地分布格局上，采矿是影响生态脆弱性空间分异的主要因素之一。戴等（G. S. Dai et al.，2014）[122]通过对内蒙古锡林郭勒盟 864 名牧民的调查问卷，结果发现，煤炭资源开发不利于牧民增收，有可能牧民会承受必要的风险，如环境污染和草地生态系统服务的显著降低，而引发对牧民健康的负面影响。李等（N. Li et al.，2015）[123]基于 2000 年、2005 年、2010 年与 2013 年的 Landsat TM、ETM、和 OLI 影像，对中国北部毛乌素沙地由于煤炭资源开采活动的扩张，用开采区煤炭资源开采活动的扩张作为指标和土地覆被类型的改变进行了系统的监测。基于这些数据，通过引入矿区分类系统开发了矿区数据库，并用其讨论矿区活动的时空演化趋势。用所获取的结果为管理人员评估政府计划的执行和开采活动快速扩张对当地生态系统的影响服务。马士斌等（2015）[124]采用 2011 年与 2012 年两期的

IKONOS2 数据，对青海省木里煤田聚乎更煤矿区的矿山地质环境质量进行了动态评价。结果显示，由于煤矿开采，聚乎更煤矿区的矿山地质环境质量有明显下降的趋势，矿区地表植被直接或间接地受到破坏，而且矿山恢复治理进程远远跟不上矿山环境的恶化速度。

（2）樵采、乱挖

过度樵采是土地沙漠化的重要的非农经济因素之一，中国北方沙漠化土地总面积的 31.8% 是由其造成[125]。同时，过度樵采造成的土地沙漠化最迅速，类型多为强度或严重沙漠化，对土地的危害最大[126]。吴波等(1998)[127]通过对中国北方毛乌素沙地 6 个典型区 3 个时期（1958，1977，1993）航空像片的解译和制图，结合野外调查，对 50 年代以来研究区沙地沙漠化发展状况进行了对比研究。结果表明，50 年代末期 ~ 70 年代末期的沙漠化发展速度低于 70 年代末期 ~ 90 年代初期，出现逆转，而且滥樵是影响荒漠化的重要人为因素之一。张春来等（2005）[128]以青海贵南县草原为研究区域，采用风动模拟实验和 ^{137}Cs 示踪技术建立了沙漠化多因子方程，区分该区域沙漠化的主要因子。研究结果表明，樵采活动是人类不合理经济活动中继牲畜践踏和草地开垦之后的草地沙漠化的根本原因。李金霞等（2007）[129]对扎鲁特旗进行研究，结果表明：扎鲁特旗土地荒漠化严重，荒漠化率达 28.88%。过度樵采是土地荒漠的直接原因之一。

一些学者研究也表明，滥樵、滥采、滥挖均会破坏草地，是草地退化、沙化的一个重要原因[130~133]。据统计，内蒙古鄂尔多斯从 1960 ~ 1980 年的 20 年中，砍伐沙蒿、沙柳等数量估计每年在 50 多万吨，2 000km^2 的退化、沙化草地由于滥樵所致[134]。由于采挖甘草、麻黄等药材，鄂尔多斯高原土坑遍地，每挖 1kg 甘草要破坏 0.53 ~ 0.67hm^2 草地，由此而遭受破坏的草地该区每年达 2.67 万 hm^2[33]。

还有一些学者研究认为，滥樵、滥采是引起草地退化的非农经济因素中的重要表现形式。如董光荣等（1999）[134]在对中国荒漠化状况及其危害分析的基础上，提出了人口增长过快和生产经营方式落后是草地荒漠化的内在动因，这两者最终导致人类对草地不合理的开发利用，是加速扩展中国现代荒漠化的主要原因，其中滥樵、滥采是重要表现形式。戚登臣等（2008）[135]的研究认为超载过牧是甘南黄河上游水源补给区“黑土滩”型草地退化的直接驱动因素，鼠虫害是重要因素，滥樵、乱挖加速草地退化。

2.2.4 草地制度对草地退化的影响研究

草原生态环境恶化的原因是多方面的，错综复杂的，除了自然因素和生产经营活动因素外，制度因素也是一个不可忽视的重要因素。因为人是“社会人”，人的行为会受到社会规则制约，而各种社会规则的总和就是制度。人的行为与制度安排有着密不可分的内在联系[136]。

国外学者哈丁（Hardin）于1968年通过对公共草地的分析，提出了产权制度的不完善导致“公地悲剧”的理论[137]。约翰·朗沃斯和格里格·威廉姆森（1995）[138]的研究提及，过度放牧在表面上是导致草地退化的直接原因，但诱导牧民采用适应破坏性的草地利用方式的政策措施集才是真正原因。因此，为了抑制并改善草地退化状况，需要系统协商，并重新考虑与草地相关的国家及地方层面的政策。世界银行“中国：空气、土地和水”（2001）项目组[139]提出：“同中国的很多‘生态建设’一样，重心几乎完全放在投资上，却很少关注社会与管理这两个根本性的问题，但这些问题往往才是自然资源管理问题的核心。”需对这一问题引起重视。

中国的一些学者也对草地退化、荒漠化与草地产权制度安排之间的关系进行了研究[140~142]。很多学者认为草地产权是导致草地过度利用，最终导致草地退化的重要原因。吕晓英等（2003）[143]以中国六大牧区为研究区域，分析了这些牧区草地畜牧业面临的主要问题，认为气候暖干化是导致草地退化的自然因素，而草地制度安排导致对草地资源的过度利用和超载过牧的现象，并且草地制度安排是导致草地退化的主要原因。赵成章等（2005）[144]对甘肃省肃南县红石窝乡的草原产权制度变迁情况及该区域草地畜牧业生产情况调查的基础上，研究表明：草原产权制度与草地利用状况密不可分，产权制度设计的缺陷和制度供给的滞后诱导牧民不合理利用承包草地，是导致天然草地退化的根源性因素。刘俊浩等（2005）[145]的研究认为：游牧畜牧业的生产方式是导致草地退化的直接原因，而草地产权的“公有性”制度安排是导致草地退化的深层次原因。盖志毅（2006）[146]在研究英国圈地运动对中国草原生态系统可持续发展的启示中，认为中国不明晰的草原产权制度是导致草原生态系统退化的根源。牧区人口的长期超载，草原地区的过牧、滥垦、滥采、滥樵及无计划的开矿都与没有明晰的草原产权有关。建立明晰的草原产权，是实现草地永续利用的根本保证。

纵观草原产权制度的变迁史，古代游牧民族偏好草原产权内在制度的设计、完善和创新。草原产权内在制度的核心价值就是人与自然的和谐共处。长期以来，由于人口对资源的压力及经济利益的扩张，加之没有有效的草原所有权制度约束，是内蒙古草原生态系统退化、沙化的主要原因[147]。但不同的学者着眼点不同，结论也大相径庭。谭淑豪等（2008）[148]利用2005年西部6省区17县231个农户数据，以及2006年、2007年环青海湖地区的实地调研经历，采用相应的农户模型与计量经济分析方法，分析研究现有产权制度下牧民的草地管理行为对草地退化的影响。结果表明，有利于减轻草场退化的行为包括：牧民参与非农就业、围栏与舍棚建设及牧民草场规模的扩大。高雷等（2012）[149]以新疆传统牧区作为典型调查区，研究草地产权制度变革与草地退化的关联性。结果表明，目前推行的家庭承包责任制并不存在发生“公地悲剧”的前提条件，草地资源所有者的行为错位是导致产权制度作用有限，并引起草地退化的根本原因。杨阳阳（2012）[150]以青藏高原玛曲县为研究区域，研究该区域两种不同放牧模式（联户经营和单户经营）与草地退化的关系。结果表明，总体上看，青藏高原东缘草地退化的最主要因素是草地承包制度，而气候变化和超载过牧等造成草地退化的因素可能只在局部地区存在。李金亚等（2013）[151]采用“产权模糊”的概念性框架，并将个人行为能力、技术、社会制度与政策等因素纳入其中分析，剖析中国草畜双承包责任制实施后的草地退化问题。由入户调研数据证实，产权明晰的草地家庭承包责任制可遏制草地退化、保护生态系统。叶晗等（2014）[152]以内蒙古33个牧区旗县实施的京津风沙源和退牧还草工程作为研究区域，结合统计年鉴数据与相关资料分析，结果表明工程实施后生态效益和经济社会效益均有明显改善，但存在如工程实施的补偿标准偏低等诸多方面的问题，并提出七方面的对策建议，旨在为后期改善草地生态系统的生态工程实施提供保障。

2.2.5 主要研究方法

在研究过程中，许多的研究者采用不同的研究方法试着从自然因素与社会经济因素分别或共同的角度研究它们对草地退化的影响，因此，对草地退化的机理探究涉及多学科。而学科不同研究范式有别，因此，研究者所采用的方法也各具特点。一般来讲，自然学研究者多数基于遥感数据的回归分析法，社会科学的研究者多采用主成分分析法及层次分析法等一般评价和回归分析的方法。

伊万斯和吉尔肯（Evans & Geerken，2004）[153]基于 NDVI（Normalized difference vegetation index）遥感数据，利用残差分析的方法，区分气候因素与人为因素对叙利亚草原退化的影响，草原退化的现状与研究结果基本符合。曹鑫等（2006）[154]以内蒙古锡林郭勒草原为例，运用遥感数据发展了一种分时段的回归分析和残差分析相结合的方法，分析在草地退化中人为因素的影响趋势，其结果与该区草地退化现状基本吻合。许端阳等（2009）[155]采用遥感数据，以 CASA 模型为基础，构建了实际 NPP 和潜在 NPP 的计算方法。利用潜在 NPP 以及潜在 NPP 与实际 NPP 的差值来衡量气候变化和人类活动对沙漠化的影响，分别针对沙漠化逆转与发展过程，构建了不同气候变化和人类活动作用情境下相对作用的定量评价方法。结果表明：在沙漠化的逆转过程中，1981 ~ 1990 年时段内，气候变化是该时段内沙漠化逆转的主要因素；而在 1991 ~ 2000 年时段内，人类活动成为导致沙漠化逆转的绝对主导因素，这也是该区域 20 世纪 90 年代沙漠化治理措施加强的体现。在沙漠化发展过程中，人类活动主导了 1981 ~ 1990 年时段内的沙漠化发展，而气候变化则是 1991 ~ 2000 年时段内沙漠化发展的主导因素。徐广才等（2011）[156]以内蒙古锡林郭勒盟为研究区域，采用地理信息系统、遥感技术与数理统计等方法，分析了 1995 ~ 2000 年研究区的土地利用变化，并采用典范对应分析（CCA）法考察了相关因素与土地利用变化空间分布的关系。CCA 分析表明海拔高度、地形起伏度、坡向转换指数、年降水量及最近居民点距离等指标是土地利用变化空间格局的主要驱动因素。赵志平等（2013）[157]采用迈阿密模型、双斯维特模型和综合自然植被净第一性生产力模型模拟 1982 ~ 2010 年青海三江源区果洛藏族自治州的植被净初级生产力（NPP）具有上升趋势，采用相关关系法得出，近 30 年来研究区气候变化总体有利于研究区 NPP 与植被 NDVI 状况改善，但不显著；家畜年末存栏量与植被 NDVI 状况呈极显著负相关关系，即草地实际载畜量过大导致草地退化。

张登山（2000）[158]对青海共和盆地土地沙漠化的5个影响因子1953～1994年42年的数据资料进行主成分分析。结果表明：作为最主要综合指标的第一主成分中的人口、牲畜总数及耕地面积的贡献率是46.5%；第二主成分中的降水量和大风日数的贡献率为24.6%；第三主成分中的自然、人为因素的贡献率为14.9%。臧淑英等（2007）[120]运用主成分分析的方法，选取18个草地退化驱动因子作为变量，对大庆地区草地退化的主要影响因素进行了定量分析，并根据该地区1988～2001年不同退化程度的草地面积与驱动因子建立多元线性回归模型，分析不同退化程度草地面积变化的驱动机制。结果表明，不合理的人类活动与石油开采占用大量草场是大庆地区草地退化的主要驱动因素。周华坤等（2005）[159]利用层次分析法，以江河源区退化高寒草甸为对象，探讨高寒草甸的退化原因和恢复治理措施的有效性。在综合不同学科相关专家意见的基础上，将高寒草甸退化原因层次分为6个因素，恢复治理措施层次分为8个因素，构建判断矩阵，确定权重以达到区分不同因素对草地退化影响程度的目的。王云霞（2010）[160]以内蒙古33个牧区旗县和21个半农半牧区旗县为研究对象，将1980年和2000年初两个不同时期统计资料整理草地退化率，并作为因变量，构建草地退化与气候因素和人为因素的多元线性回归模型，对草地退化和气候因素与人为因素之间的关系进行实证分析。结果表明，研究时间段内，54个研究区草地退化率增加了30%，其中，气候因素和人为活动的作用分别是18%和52%。闫颖慧等（2010）[161]采用灰色关联法对碌曲县草地退化因素中的母、子因素的关系关联程度进行定量分析。结果表明，影响碌曲县草地退化的主要因素是人文因素，并将其归纳为三个因子。其中，牧业劳动力人口因子与牧民家庭支出因子会加快草地退化，而牧业结构调整因子则具有缓减草地退化的作用，但其减弱作用远低于前两个因子的加速作用。

不论采用何种研究方法分离引起草地退化的气候因素和人为因素，都会局限于相关资料的获取和研究者对该问题的认知。在草地退化问题的研究上，社会科学方法一般采用实际的调查数据分析研究，这决定了这类方法只能适用于小尺度范围内草地退化问题的研究。而自然科学研究方法通过利用遥感技术获得大尺度范围内的相关数据来研究，但该方法会夸大气候因子的作用，并且只能显示草地覆盖度的变化，而难以反映植物种类变化的缺陷。

2.2.6 文献评述

基于草地退化驱动因素的丰富研究成果可知：草地退化的驱动因素主要分为两大类，即自然气候因素与人为因素。研究视角主要集中于两个视角，即生态学与经济学。从生态学视角出发，大部分学者们利用大尺度范围内 2 期或多期非连续遥感数据，采用一定的生态学方法，反演植被覆盖度或植被生产力的方式，研究气候变化与草地植被状况的响应或相关性，或通过对草地开垦与土地利用格局的变化关系来研究草地退化；个别学者则将气候因素与人为因素分别作为影响草地退化的集合，区分气候、人为因素分别对草地退化的作用大小。从经济学视角出发，大部分学者利用小样本经济数据研究草地退化的人为影响，区分影响草地退化的主要因素。

研究方法多数采用定性分析的方法，从某个或某几个角度分析特定区域的草地退化成因及其解决措施。但近几年，采用定量研究法综合研究不同因素对草地退化的影响研究也不断增加。这些方法包括：一是自然科学角度的遥感技术的研究方法，二是社会科学角度的主成分分析、层次分析及多元线性回归模型方法。这些方法各有优势，但同时也存在研究层面上的局限性：遥感技术实现了大尺度范围内数据的获取，但在分析中夸大了气候因子的作用；层次分析法必须进行实地调研，只能局限于小尺度范围内的问题研究；主成分分析法虽然在定量评价草地退化过程中，驱动力作用更为客观，且其结果的可表达性更强，但该方法只关注气候变化和人类活动的综合作用，无法识别对草地退化影响较大的自然和人为因素；多元线性回归模型虽然成功地识别影响草地退化中影响较大的气候和人为因素，但只能采用几个时点上的草地普查资料整理后的数据作为变量来进行研究，难免出现误差。

草地生态系统是一个人与自然共同合成的复杂综合系统。越来越多的人认识到将生态、经济、社会多学科综合对草地生态系统演化进行研究的重要性。根据遥感技术获取大尺度范围、长时间数列植被覆盖度的模拟值，或直接采用此模拟值，或采用此模拟值进一步计算可衡量草地退化状况的指标，如草地退化指数，将其作为衡量草地退化状况的变量，建立其与气候、生产经营活动与草地制度因素的计量模型，既可避免由于时点数列带来的误差，又可识别出不同影响因素对草地退化的影响权重，用多学科的研究方法更准确地分离自然、生产经营活动及草地政策、制度因素对草地退化的具体作用强度，从而制定出科学的政策与措施来建设、管理、利用草地资源。目前，还鲜见有学者利用大尺度遥感数据反演草地退化状况，然后定量研究气候因素与生产经营活动因素对草地退化驱动力的大小，而这正是本书采用的研究方法和准备达到的目的。

2.3 本章小结

本章对所要研究的草地退化涉及的相关理论进行了介绍和解析，并将草地退化的影响因素分为三个方面，即气候因素、生产经营因素及草地政策、制度因素，对影响草地退化的这三类因素的研究进展进行综述和分析讨论。为之后的研究讨论奠定了理论基础，并试着总结和归纳已有研究所获得的成果和存在的不足，寻求研究的切入点。

第3章 内蒙古草地退化状况与研究区概况

3.1 内蒙古草地退化状况

3.1.1 内蒙古草地资源分布

内蒙古位于祖国北部边陲，处于欧亚大陆的腹地，南部与8省区接壤，北部与蒙古国和俄罗斯毗邻，地处中高纬度，北纬37°24′~53°23′，东经97°12′~126°04′，大部分地区远离海洋，地势高燥，具有明显的温带大陆性气候特征。内蒙古草地面积辽阔，主要分布于大兴安岭以西，阴山与贺兰山以北的内蒙古高原及边缘地带的丘陵和山地，以及鄂尔多斯高原上。内蒙古既是祖国北部最大的天然绿色生态防线，也是维护“三北”地区生态安全的绿色屏障，对维护国家生态安全具有突出的重要战略地位。

内蒙古东西直线距离长达2 400公里，南北最大跨度1 720公里，东南海洋季风对区域内不同区位的影响程度差异较大，导致水、热条件由东北—西南呈带状的明显变化，使得草地形成水平分布的格局，由东向西内蒙古草地形成水平分布的五大类地带性草地：温带草甸草原、温性典型草原、温性荒漠草原、温性草原化荒漠和温性荒漠。除以上五类地带性草地外，还主要分布有低平地草甸、山地草甸和沼泽等三类隐域性草地，其中以低平地草甸类最为重要。

根据内蒙古第五次草地资源普查资料显示，内蒙古拥有各类草地7 587.47万hm^2（其中，可利用草地6 377.48万hm^2），是欧亚大陆草原生态系统的典型区域和重要组成部，同时也是中国北方天然草原的主体组成部分，中国的五大牧区中最大的天然草牧场。中国重点牧区草原共11片，内蒙古包括4片（呼伦贝尔草原、锡林郭勒草原、科尔沁草原和乌兰察布草原）。草地是内蒙古的第一大资源，占内蒙古土地总面积的64.14%，是耕地面积的2倍，林地面积的3.5倍。内蒙古草地资源丰富、类型多样，发育着近131个科、660个属，2 167多种植物，其中可饲用植物793种。

按草地类型划分，根据内蒙古第五次草地资源普查资料数据可知（见表

3－1），温性典型草原类分布范围最广、面积最大，总面积为 2 655.06 万 hm^2（其中，可利用面积为 2 499.73 万 hm^2），占内蒙古草地总面积的 34.99%，是构成内蒙古草地的主体；温性荒漠类居于其次，集中主要分布在内蒙古西部最干旱的阿拉善高原，总面积为 1 763.12 万 hm^2（其中，可利用草地面积为 981.55 万 hm^2），占内蒙古草地总面积的 23.24%；处于过渡地带的温性草甸草原类、荒漠草原类和草原化荒漠分布范围比较狭窄，面积分别为 809.10 万 hm^2、1 072.39 万 hm^2 和 427.38 万 hm^2，分别占内蒙古草地总面积的 10.66%、14.13% 和 5.63%；非地带性的低平地草甸类分布也很广泛，总面积约为 801 万 hm^2（其中，可利用草地面积约为 712 万 hm^2），占内蒙古草地总面积的 10.56%，亦是内蒙古草地的重要组成部分。

表 3－1　　内蒙古牧区各类草地面积统计

草地类型	草地总面积		可利用草地面积	
	万公顷	%	万公顷	%
温性草甸草原类	809.10	10.66	764.98	12.00
温性典型草原类	2 655.06	34.99	2 499.73	39.20
温性荒漠草原类	1 072.39	14.13	986.32	15.47
温性草原化荒漠类	427.38	5.63	380.94	5.97
温性荒漠类	1 763.12	23.24	981.55	15.39
温性山地草甸类	47.20	0.62	42.67	0.67
低地草甸类	801.43	10.56	711.99	11.16
沼泽类	11.79	0.16	9.29	0.15
合计	7 587.47	100.00	6 377.48	100.00

资料来源：内蒙古草原勘察设计规划院。

若按行政区域划分，根据内蒙古第五次普查资料数据可知（见表 3－2），锡林郭勒盟草地面积最大，为 1 932.31 万 hm^2，占内蒙古草地总面积的 25.47%，是内蒙古草地畜牧业的主要基地；其次是阿拉善盟，面积为 1 840.75 万 hm^2，占内蒙古草地总面积的 24.26%，但其可利用面积相对较小，为 1 075.67 万 hm^2，占其草地总面积的 58.44%，是内蒙古养驼业的主要基地；呼伦贝尔市草地面积居于第三位，面积为 995.36 万 hm^2，占内蒙古草地总面积的 13.12%。

表 3-2　　内蒙古各盟市草地面积分布比例

盟市	排序	草原面积		可利用面积	
		万 hm^2	%	万 hm^2	%
锡林郭勒盟	1	1 932. 31	25. 47	1 828. 40	28. 67
阿拉善盟	2	1 840. 75	24. 26	1 075. 67	16. 87
呼伦贝尔市	3	995. 36	13. 12	922. 14	14. 46
鄂尔多斯市	4	652. 35	8. 6	582. 60	9. 14
巴彦淖尔市	5	527. 76	6. 96	454. 86	7. 13
赤峰市	6	470. 16	6. 2	434. 08	6. 81
乌兰察布市	7	368. 11	4. 85	345. 47	5. 42
通辽市	8	310. 71	4. 1	283. 20	4. 44
兴安盟	9	226. 86	2. 99	212. 30	3. 33
包头市	10	205. 17	2. 7	186. 56	2. 93
呼和浩特市	11	48. 36	0. 64	44. 32	0. 69
乌海市	12	9. 59	0. 13	7. 88	0. 12
全区总计		7 587. 47	100	6 377. 48	100

资料来源：内蒙古草原勘察设计院。

3. 1. 2　内蒙古草地退化的状况

1. 内蒙古草地退化现状

从内蒙古草地退化的总体情况看，根据内蒙古草地资源第五次普查资料可知，内蒙古草地退化总面积为 4 626. 03 万 hm^2，占其草地总面积的 60. 97%。在退化草地中，轻度退化草地面积为 2 331. 69 万 hm^2，占其草地总面积的 30. 73%，占其退化草地面积的 50. 40%，在退化程度上，轻度退化所占比例最大；中度退化草地面积为 1 780. 94 万 hm^2，占其草地总面积的 23. 47%，占其退化草地面积的 38. 50%；重度退化草地面积为 513. 39 万 hm^2，占其草地总面积的 6. 77%，占其退化草地面积的 11. 10%（见图 3-1）。

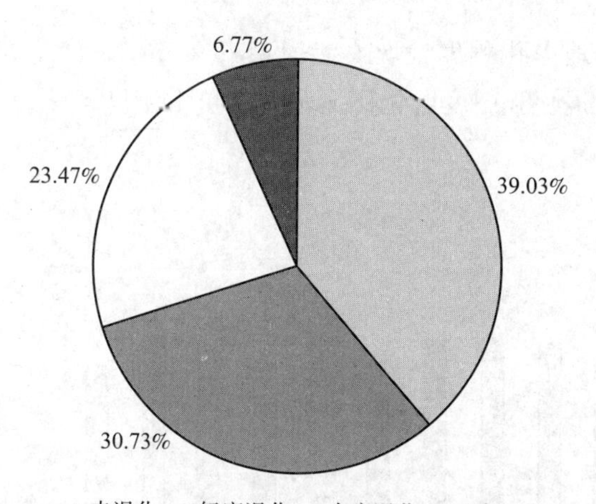

图 3－1　2010 年内蒙古草地退化程度饼状图

从各盟市草地退化整体情况来看，根据内蒙古第五次草地资源普查资料，各盟市草地退化面积占各盟市草地总面积比例幅度在 36.01% ~88.09% 之间（见图 3－2），阿拉善盟最低，呼伦贝尔市次低，分别为 36.01%、42.53%；乌兰察布市最高，赤峰市次高，分别为 88.09%、83.07%。

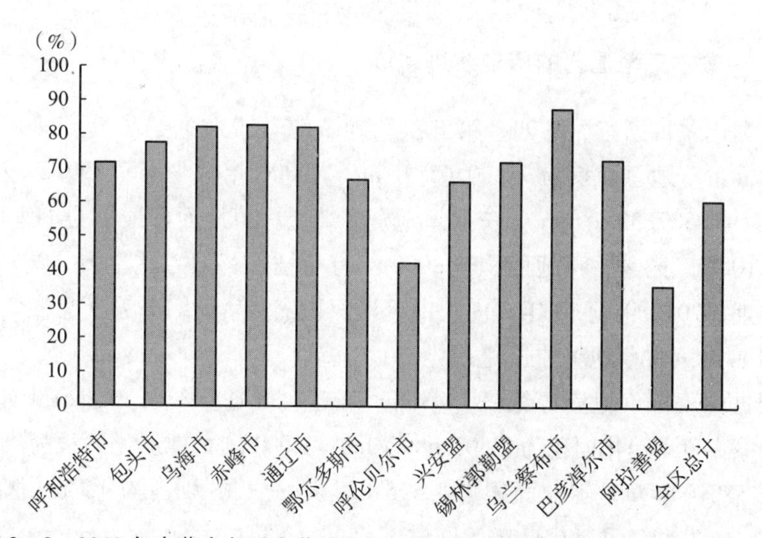

图 3－2　2010 年内蒙古各盟市草地退化面积占各盟市草地总面积的比例柱状图

从各盟市草地退化程度情况看，根据内蒙古第五次草地资源普查资料，各盟市草地轻度退化和中度退化比例较大，草地重度退化比例相对较少（见图3-3）。

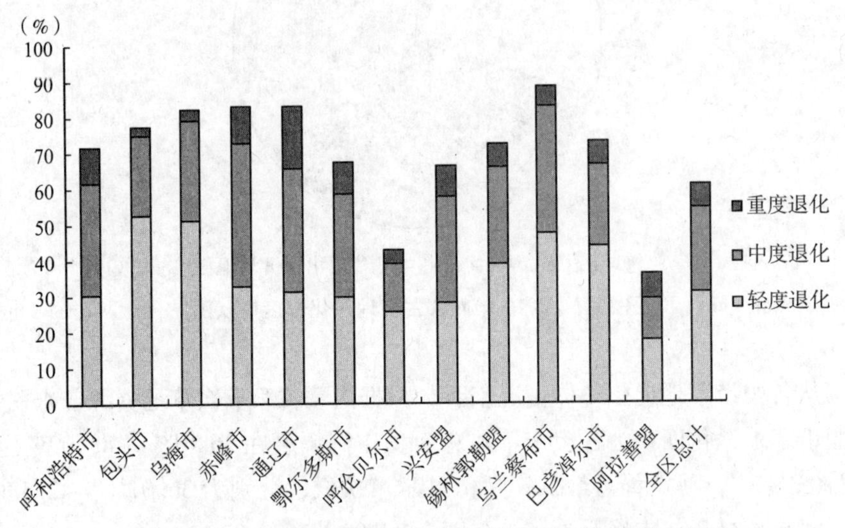

图3-3　2010年内蒙古各盟市草地退化程度比例柱状图

2. 内蒙古草地退化的历史演进轨迹

根据内蒙古第三、第四、第五次草地资源普查数据，20世纪80年代中期，内蒙古草地总面积为7 880.65万 hm^2，2000年减少至7 499.27万 hm^2，2010年为7 587.39万 hm^2，三次草地资源普查中草地面积最小的年份是2000年。2010年，内蒙古草地面积较2000年有所增加，但总体上看，20世纪80年代中期~2010年近30年，内蒙古草地面积依然呈萎缩态势（见图3-4）。

（1）内蒙古草地整体退化趋势

根据内蒙古草地资源第三、第四、第五次普查资料可知，20世纪80年代，内蒙古草地退化面积为2 503.68万 hm^2，2000年草地退化面积为4 682.47万 hm^2，2010年草地退化面积为4 626.03万 hm^2，分别占当年草地总面积的31.77%、62.44%和60.97%（见图3-5）。

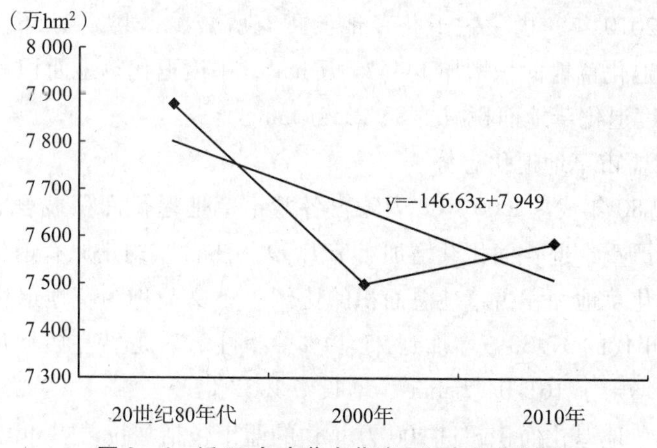

图 3-4 近 30 年内蒙古草地面积变化曲线图

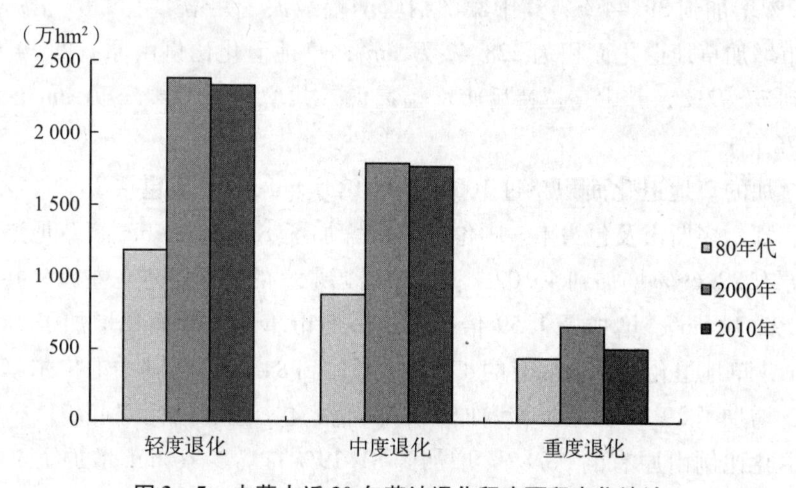

图 3-5 内蒙古近 30 年草地退化程度面积变化统计

资料来源：内蒙古草原勘察设计规划院。

20 世纪 80 年代~2000 年，内蒙古草地退化面积呈现急剧上升趋势，退化面积增加了 2 178.79 万 hm^2，是原有退化面积的 87.02%。其中，草地轻度退化面积增加了 1 003.82 万 hm^2，增幅为 46.07%，中度退化面积增加了 1 011.14 万 hm^2，增幅为 46.41%，重度退化面积增加了 163.83 万 hm^2，增幅为 7.52%。

2000~2010年，内蒙古退化草地面积有所减少，共减少56.44万hm^2。其中，轻度退化草地面积增加144.25万hm^2，中度退化草地面积减少114.47万hm^2，重度退化草地面积减少86.21万hm^2。

（2）各盟市草地退化态势

20世纪80年代~2000年，内蒙古各盟市草地退化面积显著增加，锡林郭勒盟尤为严重，退化面积共增加了721.99万hm^2，约是原有退化草地面积的1倍，退化草地面积占草地总面积的比例（下文简称为草地退化比例）由20世纪80年代的37.33%增加到75.14%。其中，苏尼特左旗增加的退化面积最大，共增加了161.04万hm^2，增长了1.37倍。

增加的草地退化面积超过200万hm^2的盟市包括阿拉善盟和巴彦淖尔市。其中，阿拉善盟增加的草地退化面积为438.34万hm^2，草地退化比例由原有的8.9%增加到39.44%，其中额济纳旗增幅最大，共增加了9.69倍；巴彦淖尔市增加草地退化面积为228.42万hm^2，草地退化比例由原有的34.95%增加到77.93%，其中乌拉特后旗增幅最大，共增加了144.16万hm^2，增加了3.76倍。

增加的草地退化面积超过100万~200万hm^2的盟市包括3个：呼伦贝尔市、鄂尔多斯市及包头市。呼伦贝尔市增加了188.58万hm^2，草地退化比例由原有22.69%增加到40.02%，其中增幅最大的是新巴尔虎左旗，共增加了74.92万hm^2，增加了1.59倍；鄂尔多斯市草地退化面积增加了187.72万hm^2，草地退化比例由原有的47.41%增加到84.22%，其中准格尔旗增幅最大，增加了29.98万hm^2，增加了2.04倍；包头市增加了145.71万hm^2，草地退化比例由原有的38.87%增加到81.19%；乌兰察布市增加了138.56万hm^2，草地退化比例由原有的49.61%增加到89.47%。

增加的草地退化面积在100万公顷以下的盟市有6个：兴安盟、赤峰市、乌兰察布市、呼和浩特市、通辽市和乌海市。其中，兴安盟增加的最多，为81.17万公顷，草地退化比例由原有的25.01%增加到70.11%；乌海市增加的最少，为3.03万公顷，草地退化比例由原有的51.19%增加到86.22%（见图3-6、图3-7）。

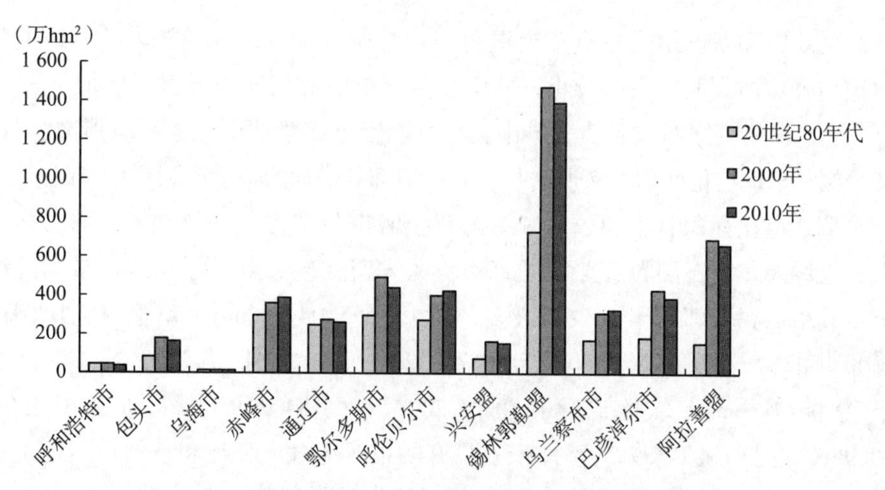

图 3-6　近 30 年内蒙古各盟市草地退化面积变化

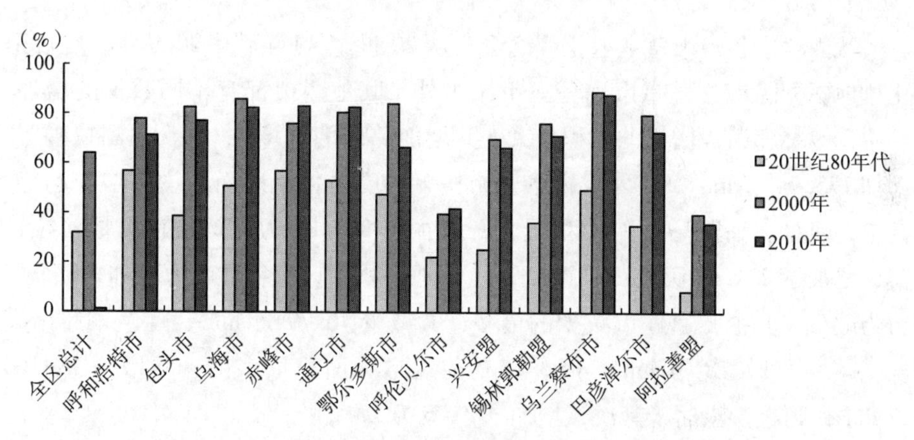

图 3-7　近 30 年内蒙古各盟市草地退化面积占总面积的比例

2000～2010 年，内蒙古各盟市草地退化的状况趋缓，内蒙古 12 个盟市中草地退化面积增加的有 3 个，而 9 个盟市草地退化的面积均有减少。草地退化面积增加的市包括：赤峰市、呼伦贝尔市和乌兰察布市，分别增加了 30.34 万 hm^2、25.09 万 hm^2 和 15.29 万 hm^2。在赤峰市的各旗、市中阿鲁科尔沁旗、巴林左旗、林西县和克什克腾旗的草地退化面积均有增加，其中克什克腾旗增加的面积最大，其余旗、县草地退化面积均有减少，其中敖汉旗减少的最多，减少了 9.29 万 hm^2；在呼伦贝尔市的各旗、县中，除了满洲里市、阿荣旗和新巴尔虎右旗草地退化面积有所减少外，其他旗、县草地退化面积均有增加，但增幅都较小，其中扎兰屯市增加的面积最多，增加了8.37万 hm^2；在乌兰察布市各旗、县中，只有四子王旗草地退化面积有所减少外，其余旗县草地退化面积都有所增加，其中商都县增加的最多，为6.03万 hm^2。

草地退化面积有不同数量减少的9个盟市分别为锡林郭勒盟、鄂尔多斯市、巴彦淖尔市、阿拉善盟、通辽市、兴安盟、包头市、呼和浩特市和乌海市。其中，锡林郭勒盟减少的最多，减少了55.04万 hm^2，草地退化比例由2000年的75.14%减少到2010年的72.22%；鄂尔多斯市减少的次多，减少了59.06万 hm^2，草地退化比例由2000年的84.22%减少到2010年的66.95%，是草地生态系统整体恢复最好的市；乌海市和呼和浩特市草地退化面积的减少分别是最少和次少，减少的面积分别为3.14万 hm^2 和10.11万 hm^2（见图3－6、图3－7）。

从内蒙古各盟市草地退化程度看，从20世纪80年代~2000年，轻度退化草地面积除乌兰察布市和乌海市减少外，其他盟市都有不同数量的增加，其中，锡林郭勒盟增加的面积最大，共增加297.5万 hm^2，其次是阿拉善盟，增加175.74万 hm^2。在内蒙古各盟市中，中度退化草地面积均呈增加趋势，其中，锡林郭勒盟增加的面积最大，增加了239.85万 hm^2，其次是阿拉善盟，增加了231.61万 hm^2。重度退化草地面积中，6个盟市为增加，6个盟市为减少，其中，通辽市减少的最多，共减少46.79万 hm^2，乌兰察布市其次，减少了27.18万 hm^2；锡林郭勒盟是增加面积最多的，共增加184.65万 hm^2，阿拉善盟居于其次，增加了31.5万 hm^2。

2000~2010年，轻度退化草原面积减少的有5个盟市，其余7个盟市面积均有增加。其中，减少面积最多的是鄂尔多斯市，减少了105.66万 hm^2，其次是通辽市，减少了29.86万 hm^2；其他草地退化面积减少的盟市包括：赤峰市、呼和浩特市和兴安盟。其余盟市草地退化面积均为增加，其中，增加面积最多的是锡林郭勒盟市，增加了91.43万 hm^2，增加最少的为乌海市，增加了0.69万 hm^2。中度退化草地面积减少的有7个盟市，面积增加的有5个盟市。面积增加的盟市为赤峰市、鄂尔多斯市、锡林郭勒盟、通辽市和兴安盟，其中，赤峰市增加的最多，为66.84万 hm^2，兴安盟增加的最少，为3.00万 hm^2；其余盟市草地退化面积均有减少，其中，阿拉善盟减少的面积最多，为84.62万hm^2，其次为呼伦贝尔市，减少了52.13万hm^2。重度退化草地面积减少的有7个盟市，4个盟市面积增加。其中，减少面积最多的是锡林郭勒盟，减少161.00万hm^2，其次是赤峰市，减少了18.82万hm^2，包头市、呼伦贝尔市、乌海市、兴安盟和乌兰察布市也都有不同数量的减少；面积增加最多的为阿拉善盟，增加了95.20万hm^2，鄂尔多斯市、通辽市、呼和浩特市和巴彦淖尔市也有不同数量的增加（见图3-8~图3-10）。

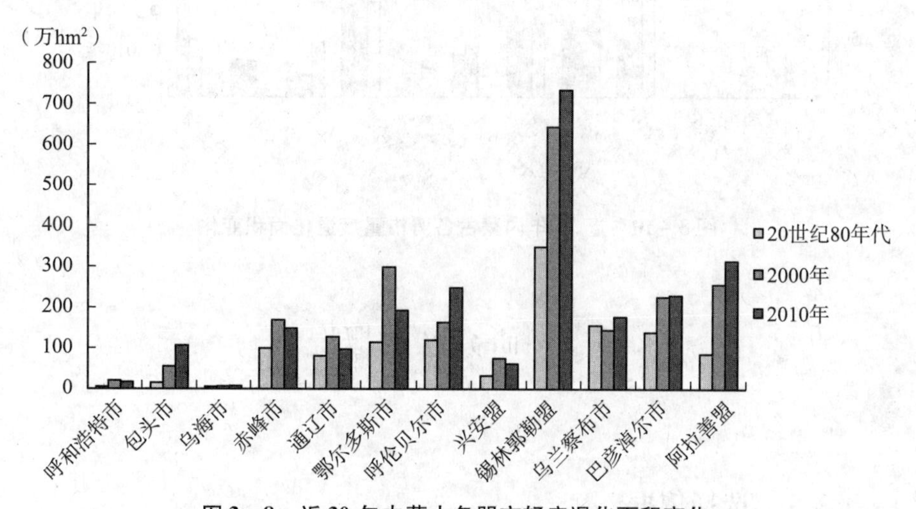

图3-8　近30年内蒙古各盟市轻度退化面积变化

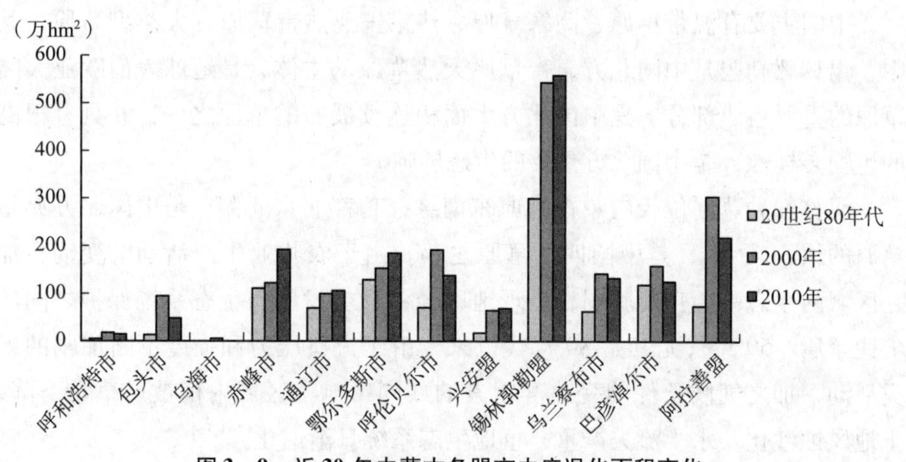

图3-9　近30年内蒙古各盟市中度退化面积变化

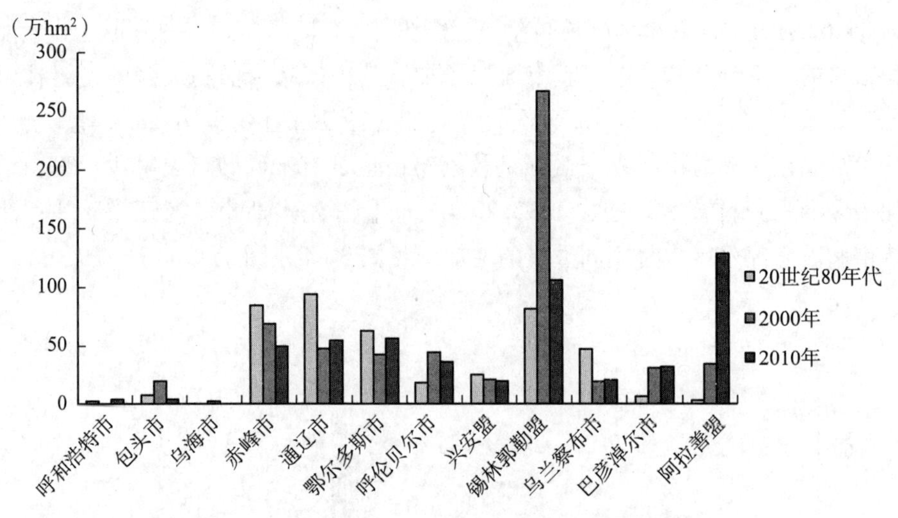

图 3-10　近 30 年内蒙古各盟市重度退化面积变化

3.2　研究区的概况

3.2.1　选择依据

中国主要有温带草原、高寒草原、热带—亚热带草原三大类型草原，其中，锡林郭勒盟是中国北方温带草原天然草原的主体，是地球表面欧亚大陆草原的重要组成部分，是中国北方大面积连续展布的草原之一，并具有很高的生物多样性，是中国北方重要的生态屏障。

锡林郭勒草原位于内蒙古高原东南缘，首都北京北侧，是中国北方典型草原的核心区[162]，是中国四大草原之一。由于农牧业生产活动的变动，加之区域内生态平衡功能脆弱，呈现地区经济社会发展与生态系统保护之间的尖锐矛盾。50 年代尤其是 80 年代以来，由于人口压力和强度不断加剧的人类活动，加之气候条件的变化等因素的共同影响，区域内植被产草量下降，土地风蚀沙化，水土流失严重，草地生态系统日渐退化[163,164]。

鉴于锡林郭勒盟生态系统的区位优势，及其对首都北京乃至中国华北地区生态与环境质量及生态安全的重要性，本书选择锡林郭勒盟牧区旗市作为研究区域，试图通过对影响锡林郭勒盟草地生态系统退化驱动机制的研究，为草地生态保护及未来的生态规划提供科学支撑。

3.2.2 自然概况

研究区锡林郭勒盟（以下简称为“锡盟”）位于内蒙古中部，北京正北方，处于华北、东北结合部，地理位置是东经 111°59′~120°00′、北纬 42°32′~46°41′之间。北与蒙古国接壤，边境线长 1 096km；东与内蒙古的赤峰市、通辽市、兴安盟市相连；南与河北省的张家口和承德地区毗邻；西与内蒙古的乌兰察布市交界。南距北京 180km，锡林浩特市作为盟所在地距北京的直线距离 400 多千米，在草原牧区中是距离北京最近的牧区。东西长 700 多千米，南北宽 500 多千米，土地总面积为 20.26 万 km^2，辖 9 旗 2 市 1 县和 1 个管理区。

锡盟地处内蒙古高原中部，以高平原为主体，兼有多种地貌单元的地区，地势南高北低，自西南向东北倾斜。西部和北部地形平坦，东、南部多低山丘陵，盆地错落其间，形成广阔的高原草场，土壤以栗钙土、栗褐土为主。海拔在 800~1 800m。

属温带干旱、半干旱大陆性气候类型，季风气候较明显，寒冷、雨少、风大是锡盟明显的气候特点。四季特点可概括为，春季风大少雨，蒸发剧烈；夏季雨热同季，但雨水波动较大；秋季凉爽霜冻较早；冬季漫长寒冷灾害多。大部分地区年平均气温在 0℃~3℃之间，霜期 232~273 天，日照时数 3 024.7 小时，年均风速普遍在 3.5~4m/s，大部地区最大风速达 24~28m/s，局部地区达 36m/s，年降水量 200~350mm 之间，主要集中在 5~9 月，占全年降水的 86%，7 月降水最多，1 月最少。

锡盟主要河流近 20 条，分为三大水系，其中南部有滦河水系，中部为呼尔查干淖尔水系及东北部为乌拉盖水系，后两者为内陆河水系。其中乌拉盖水系是锡盟最大的水系，全长 548km，是常年河流。锡盟星罗棋布地分布着 470 个大小湖泊，但多数为季节性湖泊，数量不稳，水质较差。较大的湖泊为乌拉盖湖和胡日查干湖。

锡盟地下矿藏非常丰富，已发现80余种矿种，其中30余种已探明储量。已探明有1 448亿吨储量的煤炭资源（无烟煤、褐煤）在矿产资源中最丰富，26处煤田储量达10亿吨以上，其中5处超百亿吨；目前褐煤总储量居全国之首，1 400亿吨可供开采，是发电和煤化工的优质原料产地。已探明石油储量3.2亿吨。锗矿是锡盟的优质矿产，保有资源储量2 297吨，在内蒙古位居第一。铁、铜、铅、锌等矿产储量也相当可观。

锡林郭勒草原地处欧亚大陆草原区，是组成亚洲中部亚区的区域之一，也是内蒙古草原的主要天然草场，主要的产业经济支柱为草地畜牧业。由2010年内蒙古的第五次草原普查数据可知，天然草地总面积1 932.31万 hm^2，占土地总面积的95.39%；其中可利用草场面积1 828.40万 hm^2，占草地总面积的94.62%。锡林郭勒草原自东向西具有草甸草原—典型草原—荒漠草原的过渡分布特征，形成了三个地带性植被亚型和一个半隐域性沙地植被类型，境内还分布有半隐域性的草甸、沼泽和荒漠植被[165]。其中，温性典型草原是分布最广的草原类型，面积为1 134.66万 hm^2，占草地总面积的58.72%；荒漠化草原面积为342.74万 hm^2，占草地总面积的17.74%；草甸草原面积约261.88万 hm^2，占草地总面积的13.55%；其他草地类包括草原化荒漠、沼泽类、温性山地草甸和低地草甸类，面积为193.03万 hm^2，占草地总面积的9.99%（见图3－11）。

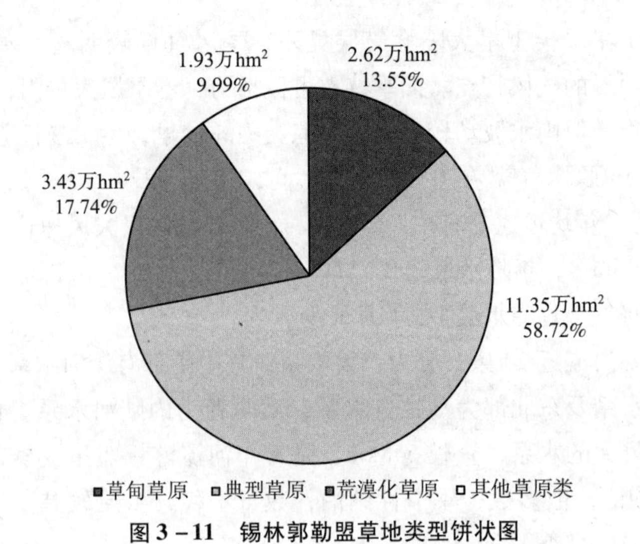

图3－11　锡林郭勒盟草地类型饼状图

根据内蒙古第五次草地普查数据，锡盟各旗市中，草地面积最大的是东乌珠穆沁旗（包括乌拉盖管理区），为 440.11 万 hm^2，占锡盟草地总面积的 22.78%，是锡盟草地质量最好的旗；其次是苏尼特左旗，草地面积为 340.60 万 hm^2，占锡盟草地总面积的 17.63%；阿巴嘎旗草地面积居于第三位，为 273.82 万 hm^2，占锡盟草地总面积的 14.17%；草地面积最少的是太仆寺旗，草地面积只有 16.43 万 hm^2，仅占锡盟草地总面积的 0.85%（见图 3-12）。

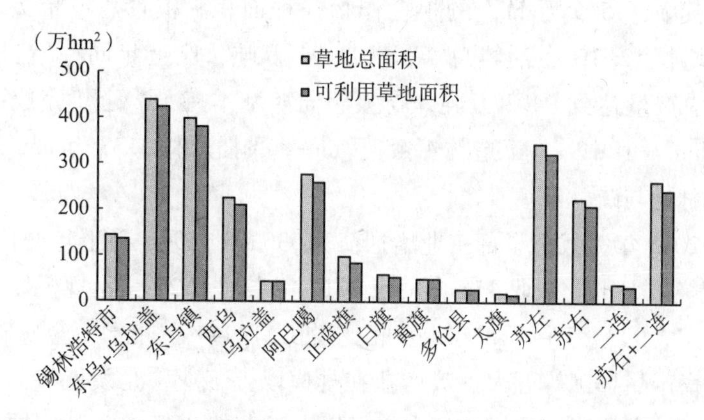

图 3-12　2010 年锡林郭勒盟各旗县市草地面积和可利用草地面积统计

3.2.3　社会经济概况

2013 年，锡盟有 103.89 万常住人口，与上年相比减少 0.17 万人，其中，城镇与农牧区人口分别为 65.11 万人和 38.78 万人，在农牧区人口中，牧业人口为 22.31 万人，占总人口的 21.47%。全年 0.98 万出生人口，9.43‰的出生率；0.57 万死亡人口，5.48‰的死亡率；0.41 万自然增长人口，3.95‰的自然增长率。人口密度为 5.13 人/km^2，人均占地 0.2km^2。城镇化率为 62.7%，比上年提高 0.8 个百分点。

2013 年，锡盟地区达到 902.40 亿元的生产总值，同比增长 10.1%。其中，第一产业增加值 93.01 亿元，第二产业增加值 600.10 亿元，第三产业增加值 209.29 亿元，第一、第二、第三产业比上年同期增长分别为 5.7%、11.6%、7.5%。按常住人口计算，人均生产总值全年为 86 790 元，同比增长10.3%，按年末汇率折算人均生产总值约14 235美元。

2013年牧业年度，锡盟大牲畜和羊存栏头数达1 280.39万头（只），同比增长9.3%。其中，牛为119.54万头存栏头数，增加8.08万头，增长7.25%；羊存栏头数为1 144.25万只，同比增加99.46万只，增长9.52%。同时期，良种及改良种牲畜头数为1 260.91万头（只），占比增加10.0%。2013年，锡盟肉类总产量为26.3万吨，同比增加0.6万吨，增长2.3%。

锡盟2013年的耕地面积为24.07万 hm^2，全年22.3万 hm^2 的农作物播种面积，其中，15.5万 hm^2 的粮食作物播种面积。粮食总产量为36.65万吨，同比增长12.3%；油料总产量为2.94万吨，比上年同期增长19.5%，蔬菜瓜类总产量达到94.2万吨，与上年同期基本持平。全年完成造林面积17.78万 hm^2。其中，人工造林4.45万 hm^2，飞播造林3.33万 hm^2，新封10万 hm^2 无林地与疏林地。

锡盟2013年完成的全部工业增加值为536.05亿元，较上年增长12.2%。2013年规模以上工业企业376户，比2012年末增加28户，规模以上工业增加值全年完成973.85亿元，与上年相比增长11.44%。能源、金属矿、化工、建材和农畜产品加工等五大优势产业在规模以上工业中是发展势头较好，拉动作用显著的产业，完成增加值占规模以上工业的96.9%。其中原煤开采业的工业增加值占规模以上工业的29.4%，对规模以上工业增长的贡献率达6.9%。锡盟建筑业完成增加值64.05亿元，同比增长6.7%。

2013年，锡盟全年实现旅游总收入183.26亿元，同比增长27.3%。其中，国内旅游收入167.20亿元，旅游外汇收入2.6亿美元。全年接待1 110.61万国内外旅游人次，增长13.1%。其中，国内与入境旅游者分别1 046.7万人次和63.9万人次。

2013年，锡盟城镇居民人均可支配收入为22 708元，同比增长10.7%。从收入构成看，人均工资性收入、人均财产性收入与人均转移性收入分别为15 729元、579元和3 892元，同比增长分别为11.3%、9.0%、11.0%。城镇居民人均消费性支出19 810元，同比增长17.9%。农牧民的同期人均纯收入10 109元，同比增长13.3%。从收入构成看，人均家庭经营性收入、人均转移性收入与人均财产性收入分别为5 983元、2 298元与374元，同比增长分为14.3%、12.8%、9.7%。农牧民人均生活消费支出8 166元，同比增长

16.9%。城乡居民每百户主要耐用品拥有量均有不同程度增长。

3.3 本章小结

本章对内蒙古草地资源状况及其草地退化的现状和退化的历史演进轨迹进行了详细分析；并对锡盟的草地资源状况、自然及社会经济概况进行了分析，作为对锡盟牧区草地退化驱动因素进行研究的基础和背景。

第4章　草地退化的测定

4.1 研究方法选择

4.1.1 归一化植被指数在草地生态方面的研究

植被指数（Vegetation Index，VI）又被称为光谱植被指数，是指根据绿色植物的光谱反射特征，利用以近红外和红光波段为主的多光谱遥感数据，经线性和非线性组合构成的对植被有一定指示意义的各种数值，各植被指数能较好地反映植被的生长状况，是一组常用的光谱常量。植被指数是遥感领域中用于表征地表植被覆盖及其生长状况的一种简单、有效的度量[166]，并已作为一种遥感手段，在一定程度上用以定性和定量的评价植被覆盖等方面的演化信息。

归一化植被指数 NDVI（Normalized Difference Vegetation Index）又被称为标准化植被指数，是多种植被指数中应用最广泛的，被认为是研究全球变化非常理想的植被指数。Rouse 等于 1973 年第一次提出了归一化植被指数的概念。该指数是遥感影像在近红外波段（NIR）和红外波段（R）反射率的比值参数，其计算公式如下：

$$NDVI = (NIR - R)/(NIR + R) \quad (4-1)$$

式（4-1）中：NIR 为近红外波段的反射率，R 为可见光红外波段的反射率。

VI 与 NDVI 指数有很大的关系。当 $VI < 15\%$ 时，NDVI 指数值变化率不大；当 $25\% \leqslant VI \leqslant 80\%$ 时，NDVI 随 VI 的增加呈线性增长；当 $VI > 80\%$ 时，检测的灵敏度下降[167]。

NDVI 是研究遥感估算植被覆盖度中最常用的植被指数，众多研究证明，NDVI 是植被覆盖度的最佳指示因子，长期以来被用做监测植被变化情况。而且，其是地表植被生长状态、植被类型以及分布情况的重要指标，是进行植被覆盖度研究的一个重要参数，另外利用其还可以估算叶面积指数，因此，成为全球诸多植被变化研究的首选数据源，并在植被覆盖度的提取过程中得到广泛的应用[168]。威蒂齐等（Wittich et al.，1995）[169]以NOAA/AVHRR为数据源，通过建立植被指数与植被覆盖度的线性模型来估算研究区的植被覆盖度，研究结果肯定了NDVI对植被覆盖度的指示作用。莱普里尔等（LeP-rieur et al.，2000）[170]通过对干旱地区不同尺度的植被覆盖度远程观测的比较研究，检验了NDVI、MSAVI和GEMI在估算植被覆盖度方面的能力，结果表明，GEMI适合监测植被覆盖度较低、MSAVI适合监测植被覆盖度高的效果更好，而NDVI受植被覆盖度的影响并不大。彭道黎等（2009）[171]以延庆县为研究区，对NDVI、RDVI、SAVI、MSAVI四类植被指数探测低植被盖度能力进行比较，结果表明低盖度植被反映最敏感，探测低植被盖度能力最强的是NDVI，MSAVI次之。因此，在本研究中选择NDVI这一植被指数可较好地反映地表绿色植被的分布情况。

目前，国内外学者采用NDVI数据，针对不同空间尺度的植被覆盖进行了大量研究。如安雅巴等（Anyamba et al.，2005）[172]应用1981～2003年NDVI的时间序列分析了萨赫勒地区的植被在时间与空间上的分布。结果表明，运用高分辨率的Landsat、SPOT及MODIS数据，能对恢复植被斑块的空间信息进行更为详细的研究。邓飞等（2011）[173]以乌兰木伦河流域1986年、2002年和2008年同期的3景TM遥感影像为数据源，采用NDVI提取出植被覆盖等级图，对3期不同植被覆盖度类型的等级图比较分析表明，流域内呈现明显的植被覆盖度变化特征，沙地与低覆盖度植被面积大量减少。王海梅等（2012）[174]以锡盟1981～2001年的NOAA/AVHRR及2002～2007年的MODIS为数据源，以NDVI指数的消长变化规律分析了锡盟植被覆盖的分布情况及年代间的变化规律。梁爽等（2013）[175]利用1981～2010年间NOAA/AVHRR数据对全国29年来草地生长动态分析表明：29年来，全国草地生长季NDVI总体上呈显著增加趋势，尤其是在1982～1999年间，而自20世纪90年代末开始失速。不同区域、不同时段生长季NDVI变化趋势的空间分布存在较大差异。何立恒等（2015）[176]利用2000～2013年MODIS数据，采用像元二分模型测度延安市植被覆盖度并分析其时空变化。结果表明，植被覆盖度与延安自然地理特征分布一致，与地形走势西北高东南低相反，与水资源分布显著相关，反映了海拔高度、地形起伏和水资源对其的影响。

由以上的研究成果可得，利用遥感测量方法对大面积区域的植被指数进行提取和监测，不但可行有效，而且精度较高，因此本书将遥感手段获取的归一化植被指数（NDVI）作为研究草地退化特征及变化趋势的数据源。

4.1.2 像元二分模型反演植被覆盖度的研究

植被指数与植被覆盖度之间有很高的相关性，众多研究者已经注意到这一点，并建立了估算植被覆盖度的模型，模拟植被覆盖度的众多方法涌现。其中，应用较广泛如像元分解模型法，而在像元分解模型法中线性分解模型又是最常用的，像元二分模型又被作为线性模型中最常见、最简单的模型。

许多学者利用 NDVI 数据，采用像元二分模型进行了植被覆盖度的估算。如吴春波等（2006）[177]以鄱阳湖为研究区，对其 2003 年的植被覆盖度采用归一化植被指数估算植被盖度的模型进行了估算，并通过实地考察法验证估算结果。刘广峰等（2007）[178]以 ETM + 为数据源，在 NDVI 的基础上建立像元二分模型，提取毛乌素沙地的植被指数，用当地实测数据进行精度检验，验证了以 NDVI 为基础的像元二分模型很适合用来提取沙漠地区的植被指数。李琳等（2008）[179]利用 NDVI 建立像元二分模型，监测怀柔区 1992 年和 2004 年植被覆盖度，并对其变化特征进行了统计分析。李红等（2009）[180]利用改进的像元二分模型，以 1989 年、2001 年、2006 年的 TM/ETM + 遥感数据为基础，估算上海市崇明县三期的植被覆盖度，并定量分析其变化。如郭芬芬等（2010）[181]以 TM 影像为数据源，利用 NDVI 建立适用于昌都县的像元二分模型，估算植被覆盖度，通过实测植被覆盖度数据验证估算结果的精度，实测值与估算值的相关系数为 0.8264，平均精度为 82.5%，结果表明，基于 NDVI 的像元二分模型适用于昌都县植被覆盖度估算，且精度较高。王浩等（2011）[182]在像元二分法基础上，利用改进归一化植被指数的植被覆盖度定量模型，采用 MODIS NDVI 数据，分析了甘南 2000 ~ 2008 年植被覆盖度变化的大致演变过程和趋势。马娜等（2012）[183]基于两个不同的数据源，运用像元二分模型计算内蒙古锡盟正蓝旗植被覆盖度的空间分布数据，并结合研究区其他权威土地覆被和土地利用数据，对比分析了本研究所得的植被覆盖度数据精度，评价了2000～2009年间区域植被覆盖度动态变化过程。结果表明，像元二分模型计算植被覆盖度的方法简洁且有效。罗慧芬等(2013)[184]以汶川茂县地震前后 Landsat 5 TM 的遥感影像为数据，采用归一化植被指数和像元二分法模型，提取地震前后茂县植被覆盖度数据，分析不同植被覆盖区的植被覆盖度受地震的影响程度。李凯等（2014）[185]以植被覆盖度为主要度量指标，选择2002年、2005年、2008年、2011年4个时段的遥感NDVI值，在改进像元二分法的基础上，探讨了近10年来白龙江流域地表植被覆盖度及其变化特征。通过以上学者的研究表明，像元二分模型进行植被覆盖度的估算推广性强，估算精度较高。因此，本研究采用像元二分法测算植被覆盖度作为研究草地退化的基础。

4.1.3 植被覆盖度反映草地退化的研究

植被覆盖度作为反映草地植被生长状况最直观的量化指标，在草地生态监测中是最常用的监测指标之一，而且，也是研究区域性或全球性问题的基础数据[186]。在植被覆被稀疏的干旱、半干旱草原区，植被作为最为敏感的生态指标，草地植被盖度在特定的时空尺度上的变化可在一定程度上反应草地的退化状况与变化趋势，因此，植被覆盖度的变化状况在草地退化治理方面起着重要的作用，可作为草地退化的重要指标之一[187～189]。

已有大量关于草地植被覆盖度来反映或评价草地退化方面的研究成果。如高清竹等（2005）[190]采用 AVHRR NDVI、SPOT NDVI 与 MODIS NDVI 不同时空遥感分辨率的数据，利用植被像元二分模型计算植被覆盖度，并选择其作为草地退化的遥感监测指标，建立藏北地区草地退化遥感监测和评价指标体系，对藏北地区1981～2004年近24年的草地退化进行监测和评价。结果表明：藏北地区2004年草地退化十分严重，冰川与雪山及其周围等气候变化较为敏感区域和交通要道沿线等人类活动较为频繁区域的草地退化相对较严重；近几年藏北地区总体草地退化情况及中部、东部和北部地区的草地退化具有更加严重的趋势，而西部地区草地退化状况则略有减缓趋势。边多等(2008)[191]利用 NOAA、MODIS NDVI，采用植被像元二分模型估算植被覆盖度，并将草地覆盖度划分为4个退化等级，对藏西北高寒牧区的草地退化状况和退化机理作了分析。结果表明：藏西北高寒牧区草地覆盖度等级呈正态分布，且中等偏下略多，地表植被总体上比较稀疏；2005年区域内的轻度退化面积最多，占退化总面积的65.96%，其次是中度和重度退化；区域内的气候变化和超载过牧是草地退化的主要原因，另外，人口增加及人类活动强度加大对草场的破坏也是近年来草地退化的主要原因。臧淑英等（2008）[192]基于大庆地区1988年、1996年、2001年3个时段的TM影像，应用NDVI和SAVI（土壤调节植被指数），用像元二分模型和经验模型建立统一的大庆地区草地植被覆盖度和可食牧草率的遥感定量反演模型，制作大庆地区隔年度草地植被覆盖度和可食牧草率的分级图，从而为大庆地区草地退化的研究提供信息和依据。陈涛等（2011）[193]采用三期不同的遥感影像，通过提取各景影像的NDVI值，然后采用植被像元二分模型估算了申扎县不同时期的植被覆盖度。结果表明，从整个研究时段看，草地退化面积在增加，1990～2009年草地植被覆盖面积减少92.88万hm^2；从动态变化来看，1990～2000年草地退化较严重；2000～2009年草地退化趋势得到控制，并有一定程度的恢复。徐瑶等（2011）[194]利用3个时相的遥感数据，对班戈县的NDVI进行提取分析，采用像元二分模型计算班戈县的植被覆盖度，并将植被覆盖度划分为4个不同退化等级，比较了班戈县1990～2009年近20年的草地退化情况，分析了研究区草地退化的原因。结果表明，草地退化面积从1990～1999年的前10年呈增加趋势，从2000～2009年的后10年呈减少趋势，草地退化面积从总体变化趋势看在不断增加。自然因素如气候高寒、干旱，土壤贫瘠、鼠虫害等，以及人为因素如超载、不合理的开采活动和滥挖药材等是造成班戈县草地退化的主要原因。戴睿等（2013）[195]以2000～2011年藏北那曲地区的MODIS NDVI为数据源，采用草地植被覆盖度作为草地退化的遥感监测指标，分析了该地区过去10年草地退化的时空变化特征。结果表明，以2000～2002年的3年华东平均值作为“基准”，得出2002～2010年那曲地区草地共退化面积628.7万hm^2，并且以轻度退化为主。那曲地区草地退化面积的变化特征为先增后减再增，其中，2002～2005年是那曲地区草地退化的主要阶段。那曲地区草地空间变化主要分布在尼玛、安多、班戈和申扎四个县。

基于以上分析，该方法不仅可行有效，操作相对简单易行，而且结果精度较高。因此，本书选择遥感手段获取的 1981 ~ 2001 年年最大 NOAA/AVHRR NDVI 和 2001 ~ 2013 年年最大 MODIS NDVI 作为数据源，采用植被像元二分模型反演草地植被覆盖度，以 1981 ~ 1985 年最大植被覆盖度作为“基准”，依据草地退化监测的国家标准（GB19377—2003）以及李博（1997）[33] 的文献，在定量确定草地退化评价的基础上，计算研究区草地退化指数，用此结果分析研究区草地退化的时空特征及变化趋势，并将草地退化指数作为实证研究草地退化驱动因素的关键且重要的参数。

4.2 研究方法及数据来源

4.2.1 研究方法

本节首先在 ARCGIS10.2 软件的支持下，采用空间尺度转化的方法，将锡盟 1981 ~ 2000 年 NOAA/AVHRRR MODIS 匹配到 MODIS NDVI，利用处理后的数据，在 ARCGIS10.2 和 ENVI4.8 软件的支持下，采用植被像元二分法，反演锡盟 1981 ~ 2013 年植被覆盖的状况，并采用决策树的分级方法，获取由植被覆盖度反应的草地退化数据，并计算研究区的草地退化指数，分析由植被覆盖度与草地退化指数反映的草地退化的是空特征及变化趋势。

1. NOAA/AVHRR NDVI 和 MODIS NDVI 的空间尺度转化方法

采用系统抽样法，在 2001 年的 NOAA/AVHRR NDVI 与 MODIS NDVI 遥感影像上分别抽取研究样本，抽样间距为 2km（500m 分辨率的 MODIS NDVI 已重采样为 2km，以实现与 NOAA/AVHRR NDVI 的分辨率相同，2km 的抽样间距保证所抽取样本不重复），用该方法在 NOAA/AVHRR 和 MODIS 年最大合成 NDVI 影像上抽样，分别抽取 1000 对样本，对年最大 NOAA/AVHRR NDVI 和 MODIS NDVI 数据关系进行分析，并据此建立 NOAA/AVHRR NDVI 向 MODIS NDVI 进行尺度上推的线性转化模型（见图 4 - 1）。

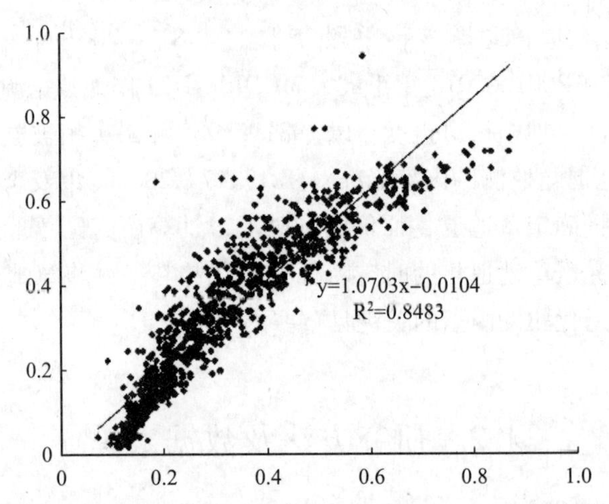

图 4-1　锡盟牧区旗市草地植被 NOAA/AVHRR 与 MODIS 数据关系比较

从图 4-1 得出，研究区草地植被 2001 年年最大 NOAA/AVHRR NDVI 与 2001 年年最大 MODIS NDVI 具有较好的线性相关关系，NOAA/AVHRR NDVI 向 MODIS NDVI 进行尺度上推的线性方程的回归系数为 1.070，常数项为 -0.010，R^2 为 0.848，显著性水平较高，因此，NOAA/AVHRR NDVI 数据具有较好的向 MODIS NDVI 数据的转换关系。并将转换后的数据源作为反演草地覆盖度的数据。

2. 植被像元二分模型

植被像元二分模型假定遥感数据中的每个像元只由两部分组成：植被覆盖地表和无植被覆盖地表。每个像元的反射率由两部分构成，包括纯植被部分反射率 S_v 和无植被纯土壤部分反射率 S_s，因此，每个像元的反射率值线性分解为纯植被与纯土壤两部分（公式（4-2））：

$$S = S_v + S_s \qquad (4-2)$$

在一个由植被与土壤两部分组成的混合像元中，假定一个像元内的植被盖度的值为 f_g，则像元中非植被覆盖的面积所占像元总面积的比例为（$1-f_g$）。若一个像元完全由植被覆盖，则像元反射率为纯植被的反射率 S_{veg}，若该像元无植被覆盖，则其为纯土壤的反射率 S_{soil}。由此可见，混合像元中植被部分所贡献的反射率 S_v 可被看作纯植被的反射率 S_{veg} 与植被盖度 f_g 的乘积，而非植被部分所贡献的反射率 S_s，则被看作为纯土壤的反射率 S_{soil} 与（$1-f_g$）的乘积（公式（4-3））：

$$S_v = S_{veg} + f_g \qquad (4-3)$$

同理，

$$S_s = S_{soil} + (1-f_g) \qquad (4-4)$$

通过对公式（4-2）、公式（4-3）、公式（4-4）求解可得到植被覆盖度的如下计算公式：

$$f_g = (S - S_{soil})/(S_{veg} - S_{soil}) \qquad (4-5)$$

式（4-5）中：S_{veg} 和 S_{soil} 是植被像元二分模型的两个参数。只要求得这两个参数即可利用遥感数据来计算每个像元的植被覆盖度。

将植被指数引入植被像元二分模型即可计算植被覆盖度。每个像元的NDVI值可由有、无植被覆盖地表两部分表示。因此，可将植被覆盖度的计算公式表示为：

$$f_g = (NDVI - NDVI_{soil})/(NDVI_{veg} - NDVI_{soil}) \qquad (4-6)$$

式（4-6）中：NDVI为要计算像元的植被指数；$NDVI_{soil}$ 为像元内无植被覆盖的纯土壤NDVI值；$NDVI_{veg}$ 为完全由植被覆盖的像元NDVI值。

对于大多数的裸地表面，$NDVI_{soil}$ 理论取值应该接近0，但由于受大气影响、地表温度、湿度、土壤类型等众多因素的影响，$NDVI_{soil}$ 会随着时空发生变化，变化范围一般为 $-0.1 \sim 0.2$[201]。$NDVI_{veg}$ 是全植被像元的最大值，理论取值应为1，但 $NDVI_{veg}$ 值也会随着植被类型及其时空分布等因素而发生改变。即使采用同一景影像来计算植被盖度时，$NDVI_{soil}$ 和 $NDVI_{veg}$ 也不可能取确定的值，通常此数值需要借助经验来判断[202]。因此，在利用公式（4-6）计算植被覆盖度时的关键问题是如何确定参数 $NDVI_{soil}$ 和 $NDVI_{veg}$。

3. 植被覆盖度反应的草地退化

遥感监测草地退化及其评价指标的选择原则是：既要考虑草地退化、遥感原理以及遥感数据的特征，又要有科学性、系统全面性和相对独立性、可行性和可操作性、可比性和针对性。《天然草地退化、沙化、盐渍化分级指标》（GB19377—2003）中规定了天然草地退化的级别和指标等标准[203]。在国家标准中评定退化草地的参照依据是：以未退化草地或者以监测区域附近相同水热条件草地自然保护区中相同草地类型的植被特征与地表、土壤状况为基准；或用20世纪80年代初的监测区域相同草地类型的未退化草地植被特征与地表、土壤状况为基准[203]。本书参照实际研究数据的获取情况，主要采用植被覆盖度这一重要指标来表示草地退化[204]。

本研究以锡林郭勒草原1981~1985年的草地最大植被覆盖度作为未退化草地植被覆盖度，对锡林郭勒草原进行草地退化等级的划分。采用李博(1997)[33]的退化等级划分方法，将草地退化等级划分为四级：未退化、轻度退化、中度退化、重度退化，并确定了草地退化的遥感监测和评价指标、标准以及等级划分方法和评分（见表4-1）。

表4-1　锡林郭勒草地退化遥感监测与评价指标、标准以及等级划分方法

评价指标	监测与评价标准	退化等级*	草地退化等级划分方法
草地植被覆盖度	将锡林郭勒草原1981~1985年的草地最大植被覆盖度作为未退化的草地植被覆盖度	未退化（1）	草地植被覆盖度达到未退化草地植被覆盖度的80%以上
		轻度退化（2）	草地植被覆盖度达到未退化草地植被覆盖度的65%~80%
		中度退化（3）	草地植被覆盖度达到未退化草地植被覆盖度的40%~65%
		重度退化（4）	草地植被覆盖度达到未退化草地植被覆盖度的40%以下

注：*括号内的数字是草地退化等级的评分。

4. 草地退化指数

锡林郭勒草原在草地退化等级划分的基础上，采用草地退化指数（Grassland Degradation Index，GDI）来表示锡林郭勒草原地区草地退化状况。草地退化指数的计算不仅要给出草地退化的面积，而且还要求反映出草地退化不同等级方面的信息。草地退化的分级评价指标和分级标准如表4-1所示，将草地退化程度划分为4级，采用草地退化指数来表示锡林郭勒草原草地退化的状况。草地退化指数的具体计算公式如下：

$$GDI = (\sum_{i=1}^{4} \lambda_i \times A_i)/A \quad (4-7)$$

式（4-7）中：GDI 代表草地退化指数；i=1，2，3，4 分别代表未退化、轻度、中度、重度退化草地；λ_i 代表草地退化等级为 i 的评分；A_i 代表草地退化等级为 i 的分布面积；A 为锡林郭勒草原或其不同区域的草地总面积。

综上所述，本节以 1981~2001 年年最大 NOAA/AVHRR NDVI 与 2001~2013 年年最大 MODIS NDVI 合成遥感数据为数据源，首先以 2001 年重合的年最大 NOAA/AVHRR NDVI 与 MODIS NDVI 为基础，将 NOAA/AVHRR NDVI 采用尺度上推的方法匹配于 MODIS NDVI，运用植被像元二分模型遥感反演 1981~2013 年逐年锡林郭勒盟牧区草地植被覆盖度的基础上，采用 ENVI 4.8 软件编写相关运算程序，获得研究区 1981~1985 年草地最大植被覆盖度的空间格局，并将其作为未退化草地植被覆盖度的“基准”，各年草地植被覆盖度与“基准”草地植被盖度对比，并以草地退化等级及标准为依据，划分草地退化等级，获取由植被覆盖度反应的草地退化数据；在草地退化等级划分的基础上，并计算研究区总体和各个旗市的逐年草地退化指数（见表 4-2），综合分析研究区草地退化的时空变化特征与趋势。

表 4-2　锡盟牧区草地退化遥感监测与评价指标综合判别

草地退化指数（GDI）	草地退化状态
GDI≤1	未退化
1<GDI≤2	轻度退化
2<GDI≤3	中度退化
3<GDI	重度退化

4.2.2 数据来源及预处理

1. NDVI 数据

本节运用的遥感数据包括：锡盟 1981~2001 年分辨率为 2km 的年最大 NOAA/AVHRR NDVI 数据，2001~2013 年分辨率为 500m 的年最大 MODIS

NDVI 数据。

本节采用的 NOAA 数据由中国农业科学研究院提供，覆盖锡盟 1981 ~ 2001 年 2km 分辨率的 NOAA/AVHRR 月合成 NDVI 产品，该产品已经进行了一系列的校正，包括传感器灵敏度随时间变化、长期云覆盖引起的 NDVI 值反常、北半球冬季由于太阳高度角变高引起的数据缺失、云和水蒸气引起的噪声等，从而保证了数据质量。

本研究所使用的 2001 ~ 2013 年的 MOD09A1 数据产品由 NASA（National Aeronautics and Space Administration）https：//wist. echo. nasa. gov 提供。MOD09A1 时间分辨率为 8d，每月 4 旬，空间分辨率 500m，并且数据均已经过辐射矫正、云体掩膜、大气矫正等处理[196,197]，此数据经空间重采样后，处理成与 NOAA/AVHRR NDVI 空间分辨率相匹配（2km）的数据。

由于传感器本身的原因，MODIS 传感器在空间、光谱分辨率的经度及定标方式上都要优于 NOAA/AVHRR 传感器[198,199]，MODIS NDVI 与 NOAA/AVHRR NDVI 对比，MODIS NDVI 对恶劣大气有更好的消减作用，因此 MODIS 数据在土地利用和植被盖度变化信息识别方面具有极大的应用前景[200]。所以本研究采用 NOAA/AVHRR NDVI 向 MODIS NDVI 进行尺度上推的空间尺度转化方式，建立转化模型，将 NOAA/AVHRR NDVI 数据匹配于 MODIS NDVI 数据，尽可能降低两个不同传感器数据的差异。

2. 其他数据

此方法使用的其他辅助数据包括锡盟行政区划图、锡盟植被图、锡盟地貌图及锡盟草地矢量图等，均来源于内蒙古草原勘察设计规划院。

4.3 结果和分析

4.3.1 研究区草地退化现状分析

从 2013 年草地退化的现状来看（见图 4 - 2），研究区草地退化总面积为

11.86 万 km^2，占研究区天然草地总面积的 61.75%。其中，草地轻度退化、中度退化、重度退化分别占 31.65%、27.12%、2.98%，面积分别约为 6.08 万 km^2、5.21 万 km^2、0.57 万 km^2。

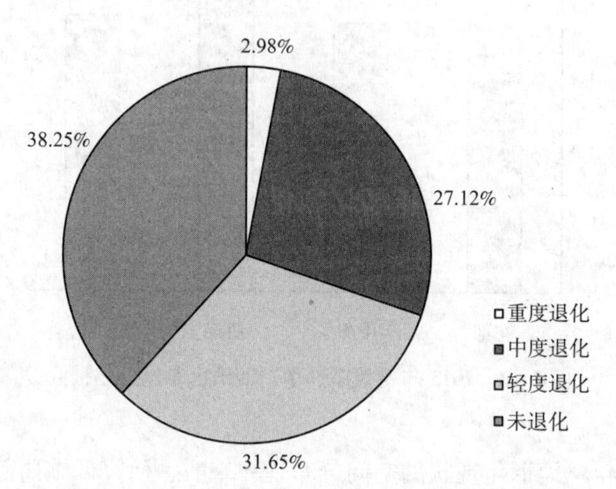

图 4－2　2013 年锡盟不同退化程度草地分布比例

将研究区划分为东、中、西部三个区域：东部包括东乌珠穆沁旗和西乌珠穆沁旗，草地类型由草甸草原和部分典型草原构成；西部包括苏尼特左旗、苏尼特右旗和二连浩特市，草地类型主要为荒漠化草原；中部包括阿巴嘎旗、锡林浩特市、正蓝旗、多伦县、太仆寺旗、正镶白旗和镶黄旗，草地类型主要为典型草原。从 2013 年草地退化现状的区域分布总体特征来看（见图 4－3），研究区整体的草地退化指数为 1.95，约接近中度退化等级。目前，研究区东、中、西部地区的草地退化指数在 1.56～2.42 间变动，处于草地轻度退化到中度退化等级之间。其中，西部地区草地退化最严重，其草地退化指数为 2.42，草地处于中度退化状态，而且，西部地区退化草地面积占该区草地总面积的 83.99%；其次是草地类型以典型草原为主的中部地区，草地退化指数为 1.92，接近中度退化状态，中部地区的退化草地面积占其草地总面积的 63.33%；东部草地退化最轻，其草地退化指数为 1.56，该区域退化草地面积占其草地总面积的 40.01%。

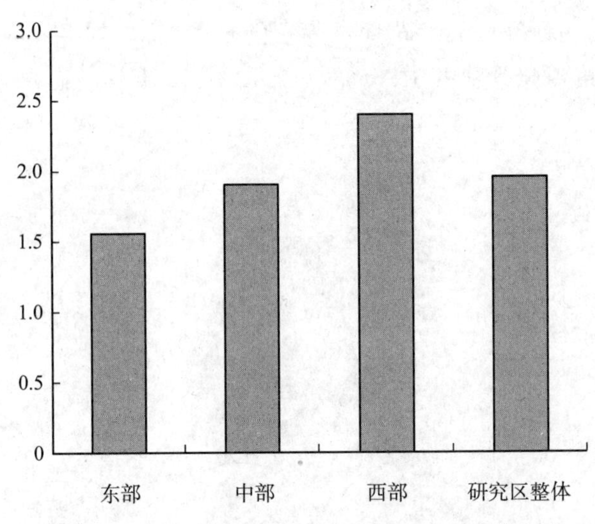

图4－3　2013年锡盟东、中、西地区草地退化指数

从2013年草地退化现状的空间分布规律来看，研究区中西部地区草地退化较为严重，其中东乌珠穆沁旗西部、锡林浩特市北部、阿巴嘎旗北部偏西、苏尼特左旗西北部与苏尼特右旗的东南部地区存在重度退化草地，另外，在人口密集的乌拉盖居住区及锡林浩特市城区周边草地退化较为严重；中西部地区的草地主要是中度和轻度退化；东部及南部地区草地状况良好，大部分属未退化草地。从以上分析可知，对气候变化，尤其是对降水较为敏感的中西部地区和人类活动较为频繁的区域及其周围草地退化相对较为严重。

4.3.2　1981～2013年研究区草地退化等级分布及其时空变化格局

1. 研究整体区草地退化等级分布及其变化特征

2011～2013年间研究区不同等级退化草地所占比例与1981～1985年间的比较发现（见表4－3），2011～2013年间研究区未退化草地占草地总面积的比例为45.15%，比1981～1985年间的54.56%有所下降，所占比例下降9.41%；研究期初（1981～1985年）到研究期末（2011～2013年），各退化等级草地所占比例均有一定程度的上升，其中，重度退化草地扩展速度最快，由 1.75% 增长到 4.76%，增长幅度达到 171.97%；从退化比例的增长幅度来看，1981～1985 年中度退化比例由 19.18% 增长到 2011～2013 年的 25.17%，增长比例最大，为 6.00%，而轻度退化的比例只有轻微变化。可见，从 20 世纪 80 年代初至今，研究区草地退化等级分布比例相对较缓慢的变化，研究区草地退化总体情况处于中轻度退化状况，退化趋势缓慢变化。

表 4－3　锡盟在研究期初、期末的草地退化等级分布比例　单位：%

年代	重度退化	中度退化	轻度退化	未退化
1981～1985 年间	1.75	19.18	24.51	54.56
2011～2013 年间	4.76	25.17	24.91	45.15

1981～2013 年以来，根据逐年草地退化指数计算结果（见表 4－4 和图 4－4（a））所示，研究区整体草地退化指数的多年平均值为 1.94，草地退化等级接近中度退化。从整个研究区域看，草地退化指数的最大值是 2002 年，达到 3.05，处于重度退化等级，最小值是 1994 年的 1.14，处于轻度退化等级。因此，研究区草地退化总体情况年际波动较大，在轻度退化与重度退化之间波动。在 1981～1985 和 1986～1990 年间，草地退化指数分别为 1.68 和 1.79，草地处于轻度退化等级，20 世纪 80 年代末期的草地退化态势有所加强；1991～1995 年的草地退化与 1986～1990 年相比有所减弱，草地退化指数为 1.62；1996～2000 年与 1991～1995 年相比，草地退化程度有所加剧，草地退化指数为 1.85，增幅为 14.20%；在 2001～2005 年间，平均草地退化指数达到 2.43，比 1996～2000 年的平均退化指数增长了 0.58，增幅达到 31.35%，与 1981～1985 年相比，平均退化指数的增幅达到 40.54%；在 2006～2010 年间，平均草地退化指数为 2.23，比 2001～2005 年的平均退化指数下降了 0.20，下降幅度为 8.23%；在 2011～2013 年间，平均草地退化指数为 1.77，与 2006～2010 年相比，平均草地退化指数下降 0.46，下降幅度达到 20.63%，草地退化状态处于轻度退化等级，与 20 世纪 80 年代初相比，平均草地退化指数增加了 0.09，增幅为 5.36%，草地退化态势略有增加，草地质量状况几乎回到 20 世纪 80 年代初的水平。总体上看，近 33 年来，研究区草地退化态势在波动变化中趋于增加，但进入 2011 年以后草地退

化趋势得以缓解与遏制。

表4-4　　1981~2013年各时段锡盟草地退化指数及其变化

年份	整个研究区	年份	整个研究区
1981~1985	1.68	2001~2005	2.43
1986~1990	1.79	2006~2010	2.23
1991~1995	1.62	2011~2013	1.77
1996~2000	1.85	1981~2013	1.94

2. 研究区不同时段草地退化指数及其变化特征

整个研究时段内，研究区西部地区草地退化指数及其变化规律与其他地区有所不同（见图4-4）。西部地区草地退化较为严重，其草地退化指数的多年平均值为2.22，草地处于中度退化等级，2002年是西部地区草地退化指数的最大值年份，为3.69，2012年的值最小，为1.16，草地退化指数年际变化较大；从1981~2000年，西部地区平均草地退化指数有波动变化中呈增加趋势，平均草地退化指数增加了近52.29%；从2001~2010年间，西部地区平均草地退化指数较高，2002年达到最高值，之后逐渐减少，从2001年的2.90减少到2010年的2.33，平均草地退化指数减少0.57，下降幅度为19.66%；从2011~2013年间，西部地区平均草地退化指数为1.64，2013年的平均草地退化指数比2011年减少了0.91，下降幅度达到40.63%；这说明近几年研究区西部地区的草地质量在不断地恢复，草地状况不断好转。

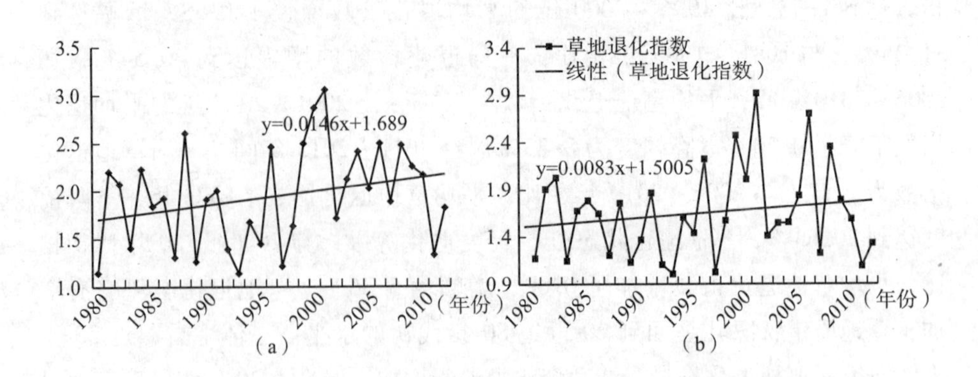

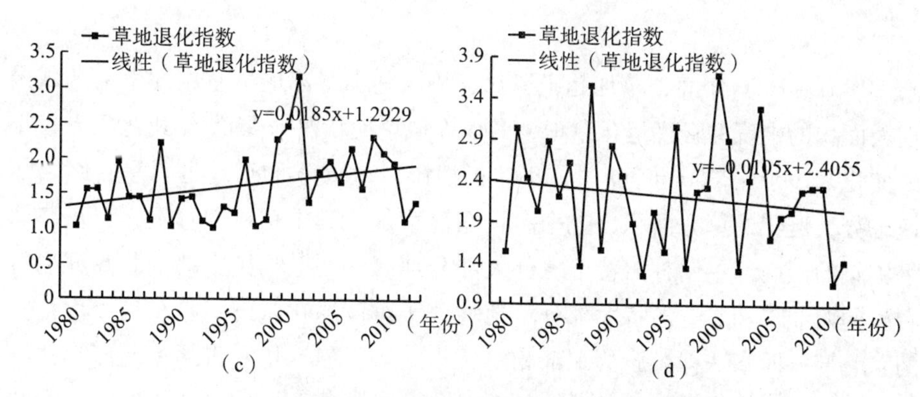

图 4－4　锡盟及其各区域草地退化指数变化特征

研究区东、中部地区与西部地区相比，草地状况优于西部地区，其草地退化指数多年平均值分别为 1.63 和 1.65，草地均处于轻度退化等级。从 1981～2013 年间，研究区中部地区的草地退化程度最严重，草地退化指数由 1.45 上升为 1.77，增长幅度为 22.07%；研究区东部地区草地退化指数的增幅为 10.13%。但分时段来看，从 1981～2000 年间，研究区东、中部地区的草地退化指数呈现上升趋势，增幅分别为 18.2% 和 49.66%，这期间，中部地区的草地退化剧烈；在 2001～2013 年间，研究区东、中部地区的草地退化指数呈下降趋势，下降幅度分别为 18.06% 和 13.3%。因此，中部地区草地退化剧烈，年际变化较大。

3. 研究区不同区域不同时段草地退化程度及其时空变化格局

（1）1981～2013 年草地退化程度的空间变化特征

为了分析研究区草地退化程度的年际变化情况，选取 1981 年、1990 年、2000 年、2010 年及 2013 年作为典型年份，制作草地退化状况的空间分布图。由图所示，1981～2013 年，研究区草地退化状况发生了明显的波动变化。其中 1981 年草地状况最好，大部分草地处于未退化状态，仅有局部区域有轻度与中度退化，只在苏尼特左旗的西北部、二连浩特和阿巴嘎旗有少量重度退化草地；草地退化最严重的是 2005 年，重度退化草地主要集中于西部地区，中部地区主要是中度、轻度退化草地，东北部地区大部分草地处于未退化状态，其中东部地区人口活动比较频繁的乌拉盖管理区周围，草地处于中度退化状态。

1981～1990年间，草地趋于退化态势。其中，苏尼特右旗的南部区域出现大面积的中度和轻度退化草地，其他区域草地状况与1981年相比只有较小的变化。1990～2000年间，与1990年相比，2000年的草地退化呈持续、加速态势，退化的草地面积比上个时期明显增加。其中乌拉盖管理区、东乌珠穆沁旗的西南部、锡林浩特市北部大部分地区、阿巴嘎旗中部偏北及苏尼特右旗的西北部和二连浩特大部分草地均处于重度退化状态；除东乌珠穆沁旗的东北部、西乌珠穆沁旗的东部相对较小区域、苏尼特左旗的东北部大部分区域及正镶白旗的大部分区域草地未退化外，其他区域的草地均处于中度和轻度退化状态。

2000～2005年，草地退化变化显著的区域包括中西部地区，其中锡林浩特市草地状况好转，重度退化草地面积明显减少，草地状况不断恢复；苏尼特左旗和苏尼特右旗重度退化的草地面积明显增加，草地退化程度较严重，正镶白旗的草地从未退化状态发展为中度、轻度退化草地。2005～2010年，草地退化局面在扭转，重度退化草地面积明显减少，西部地区的重度退化草地大部分转变为中度和轻度退化草地，但东乌珠穆沁旗和西乌珠穆沁旗的未退化草地有一定数量的减少。2010～2013年，草地状况整体好转，其中，东部的东乌珠穆沁旗、西乌珠穆沁旗和中部的阿巴嘎旗、锡林浩特市及南部的正镶白旗、正蓝旗、镶黄旗、太仆寺旗和多伦县的草地状况整体好转，原来的中度、轻度退化草地转变为未退化草地，西部地区的苏尼特左旗和苏尼特右旗重度退化草地转变为中度、轻度和未退化草地。

综上所述，整个研究期内，研究区草地处于长期退化态势，但2000年是研究区草地生态变化的转折点。2000年之前，锡林郭勒草地处于退化加剧态势，退化面积所占比例持续攀升，草地退化在整个研究时期内不断加强，且是涉及范围较广的时段。2000年之后，到2005年草地退化在空间上发生转变，中、东部区域草地整体好转，重度退化草地向中度、轻度退化草地转变，中度、轻度退化草地向未退化草地转变，而在西部地区，草地恶化的态势加剧，大部分草地处于退化状态。2005年之后，草地生态不断好转，重度退化草地面积明显减少，转变为中度、轻度退化草地，未退化草地面积明显增加，尤其是从2010～2013年，草地退化面积不断萎缩，退化草地中，以中度、轻度退化草地占主导。

（2）1981 ~2013 年草地平均退化等级分析

由 1981 ~2000 年、2001 ~2013 年及 1981 ~2013 年草地平均退化空间分布图所示，1981 ~2013 年间，草地退化态势有明显的地域分布特征，东乌珠穆沁旗的东部、西乌珠穆沁旗大部及正蓝旗的中部区域为未退化草地；中度退化主要集中在苏尼特右旗的南部大部分区域，而重度退化草地在其他旗县零星分布；锡林浩特的中西部小部分区域、阿巴嘎旗的中部大部分区域、苏尼特左旗的西北部和中东部、苏尼特右旗的中部偏北、正镶白旗的北部及镶黄旗的中东部草地处于中度退化态势，其他区域大部分处于轻度退化态势。

分时段分析锡林郭勒盟草地平均退化等级。1981 ~2000 年，呈现明显的区域特征，从东到西草地退化分别处于未退化、轻度退化、中度退化和重度退化，其中重度退化主要集中在苏尼特右旗的南部区域，其他旗县只有零星点缀；中度退化草地主要分布在苏尼特右旗的东南部及中西部、苏尼特左旗的西北部及中东部、正镶白旗的北部、镶黄旗的中西部及阿巴嘎旗的中南部区域，这与辜智慧等（2010）[205]人的研究结果基本吻合；未退化草地的主要集中区域与 1981 ~2013 年的草地平均退化基本一致，其余区域主要以轻度退化为主。2001 ~2013 年，大部分草地处于退化状态。其中，重度退化除苏尼特右旗的南部外，在锡盟的中部区域分布较多，在人类活动较频繁的区域周围多分布重度退化草地；中度退化草地主要集中于锡盟中部的阿巴嘎旗、锡林浩特市以及东乌珠穆沁旗的西部；未退化草地面积萎缩，主要集中在东乌珠穆沁旗的东北部、西乌珠穆沁旗的中东部及正蓝旗的中北部，另外，在苏尼特左旗和苏尼特右旗与二连浩特市交界的小部分区域也有分布。

（3）1981 ~2013 年草地平均退化等级的变化趋势分析

研究期内锡盟分时段的草地平均退化等级的变化趋势表现不同。首先，从整个研究时段看，1981 ~2013 年期间，大部分草地处于退化中，其中，东乌珠穆沁旗东南部、西乌珠穆沁旗东部、正蓝旗北部大部分区域、镶黄旗北部与阿巴嘎旗和苏尼特左旗交汇处的草地退化趋势非常明显；中部地区的锡林浩特市北部和阿巴嘎旗大部区域、东部的东乌珠穆沁旗西部和西乌珠穆沁旗西北部，也长期处于退化中，但不及前述区域的退化趋势明显；长期来看，西部的苏尼特左旗和苏尼特右旗草地状况不断好转。其次，在 1981 ~2000 年间，草地平均退化等级处于长期退化趋势的区域主要集中于中东部地区，其中，退化趋势非常显著的区域主要分布于东乌珠穆沁旗的东部和西乌珠穆沁旗东部非连续的小范围内，另外，在正蓝旗和多伦县的小范围内也有分布；草地平均退化等级长期处于好转的区域主要集中于苏尼特左旗的大部分区域、正镶白旗、镶黄旗的中西部区域、阿巴嘎旗的中北部、锡林浩特市的西南部、东乌珠穆沁旗的东北部和西北部、西乌珠穆沁旗的东南部区域。2001～2013年期间，草地平均退化等级的退化趋势呈带状分布，东乌珠穆沁旗的东北、西乌珠穆沁旗的东部及东南部和多伦县沿线处于退化趋势，另外，还包括从东乌珠穆沁旗的西北开始，经由锡林浩特市的北部、阿巴嘎旗的中部、苏尼特左旗的中部偏北一直延伸到苏尼特右旗的西北部；其他区域草地平均退化程度在扭转，草地处于恢复中。

4.4 草地退化结果检验

一个模型的适用性关键在于模型模拟结果的准确性，由于草地退化评价标准的差异性，该评价结果很难同其他结果相比较，但在空间分布上仍具有一定的检验价值。如在国家环保总局2000年5月23日的汇报材料中提到：1985年锡盟整体草地退化面积为960万hm^2，占草地总面积的48.81%，但根据1999年的卫片解译结果，退化面积为1 280万hm^2，占锡盟整体草地总面积的65%以上[205]。本研究通过计算得到的评价结果是：1985年锡盟整体的草地退化面积为其草地总面积的66.33%，其结果与卫片解译结果基本一致。又如董永平等[206]利用多景Landsat TM影像以及定位地面调查，对镶黄旗2000年的草地植被退化情况进行评价，该旗草地退化总面积达46.25万hm^2，占草地总面积的91.05%，其中文贡乌拉苏木西南及宝阁丁高勒苏木西北与东苏、西苏交界地带草原退化比较严重，重度退化草原多分布于此。本研究对该区2000年的草地退化程度的评价结果是：退化面积占该区草地总面积的98.49%，虽然草地退化面积在草地总面积的占比上略有差异，但在草地退化程度的空间分布结果上基本一致。如艳燕等[207]采用锡盟东乌珠穆沁旗、西乌珠穆沁旗以及锡林浩特市3个旗市1975年MSS数据，1990年、2000年、

2005 年的 Landsat TM 数据，以及 2009 年的 HJ－1 等遥感影像，在分析研究区陆地植被覆盖度变化特点的基础上，建立了研究区草地变化遥感解译的分类系统，构建了锡盟东部地区 5 期草地现状、4 期草地退化数据库；基于该数据，进一步分析了锡盟这 3 旗、市草地变化态势的时空分布格局。研究表明：1975 年以来锡盟这 3 旗、市草原一直处于退化状态，但 2000 年之前为持续、加速的退化过程，2000 年之后草地退化态势得到遏制和缓解。这与本研究中东部3 个旗市草地退化的表现状态基本一致，以 2000 年为界，2000 年之前草地持续退化，2000 年之后该区域草地退化态势得到遏制，并有所缓解。

通过与已有研究结果进行对比分析，书中所采用的一系列方法计算获取的综合反应 1981～2013 年锡盟牧区草地退化的时空变化特点及趋势的结果精度与可信度均高，可用来作为反应草地退化的变化特征与发展趋势，保证了数据的准确性和有效性，为实证研究草地退化的驱动因素提供可靠参数做准备。

4.5 本章小结

（1）从 2013 年研究区草地退化的整体现状来看，61.57% 的天然草地处于退化状态，其中轻度退化比例最大，为 31.65%，重度退化比例最小，为 2.98%；从草地退化指数分析可知，锡盟从东到西退化指数分别为 1.56、1.95 和 2.42，草地退化程度从东到西逐渐递增；从草地退化的空间分布现状来看，其表现与草地退化指数的结果相符，从东到西草地退化在逐渐加剧，另外，在人口活动较频繁区域周围的草地退化也较为严重。由以上分析可知，2013 年锡盟研究区对气候变化，尤其是对降水较为敏感的中西部地区和人类活动较为频繁的区域及周围的草地退化相对较为严重。

（2）草地退化指数的变化。1981～2013 年间，锡盟草地退化指数的多年平均值为1.94，草地退化等级接近中度退化。在对 1981～2013 年间不同时段的草地退化指数的分析中，锡林郭勒草原草地退化指数的长期趋势在波动变化中趋于增加，2001～2005 年的平均退化指数最大，以此为转折点，2001 年之前的草地退化指数逐渐增加，2005年之后的草地退化指数逐步下降，尤其进入2011年后草地退化指数明显下降。1981~2013年间，东、中部区域的草地退化指数逐渐增加，而西部区域草地退化指数逐渐减少，锡盟整体的草地退化指数表现为上升趋势，中部地区草地退化剧烈，年际变化较大。

（3）从草地退化的时间变化特征看，锡林郭勒草原长期处于退化态势，但2000年是草地生态变化的转折点。2000年之前，锡林郭草原处于退化加剧态势，退化面积所占比例持续攀升，是整个研究时期内草地退化不断加强且涉及范围较广的时段。2000年之后，草地生态系统的状态在逐渐好转，尤其是2010~2013年间，草地退化面积不断萎缩，而且在退化草地中，以中度、轻度退化草地占主导。

（4）从草地退化的空间变化特征看，发展变化较复杂。1981~1990年间，除苏尼特右旗的南部区域出现大面积的中度与轻度退化外，其他区域的草地状况与1981年相比均较稳定；1990~2000年间，除东乌珠穆沁旗的东北部、西乌珠穆沁旗的东部相对较小区域、苏尼特左旗的东北部大部分区域及正镶白旗的大部分区域草地未退化外，其余地区均有不同程度的退化；2000~2005年间，草地退化变化显著区域包括中西部地区，其中，锡林浩特市草地状况好转，苏尼特左旗和苏尼特右旗重度退化的草地面积明显增加；2005~2010年，草地退化局面在扭转，锡盟西部地区重度退化草地大部分变为中度、轻度退化草地；2010~2013年间，草地状况整体好转。

（5）从草地平均退化等级及其变化趋势来看，1981~2013年锡林郭勒草原草地平均退化程度呈明显的区域特征，从东到西草地的平均退化程度依次是未退化、轻度退化、中度退化和重度退化。另外，1981~2000年的草地平均退化程度不及2001~2013年的草地退化程度，2001~2013年东、中部地区的草地平均退化程度比1981~2000年加剧，而2001~2013年西部地区的草地平均退化程度不及1981~2000年的，即西部地区2001~2013年的草地平均退化程度有所减弱。

第5章 气候变化与草地退化的相关分析

5.1 气候变化与草地植被的机理关系

气候作为最主要的因素，决定着地球植被类型及其分布，并在关于气候变化与陆地生态系统的彼此关系研究中，对气候与植被的机理关系研究具有非常重要的现实意义。在草地的形成和自然演替过程中，作为主要外部影响因素之一的气候生态因子，是人们对草地的形成与发展机理研究中的重要内容。其中，气温与降水量又是气候生态因子中的关键因子，在草地的形成和发展中起着决定性的作用。

气候变化对草地的影响十分复杂。首先，不同类型草地的空间分布由于受制于气温与降水模式，所以，地带性植物组成的改变是气候变化的主要后果之一，即草地类型在景观上的迁移；其次，温度的上升（或下降）会引起生态系统中如蒸散、分解等一些过程的改变，降水与大气中 CO_2 浓度的上升（或下降），会对植被生产力产生显著影响等是气候变化的主要后果之二。

牛建明（2001）[39]在不同类型草原对两种气候变化方案响应的研究中，结果表明：由于气候变化可能对内蒙古草地植被产生重大影响，草地面积减少约30%~50%，南部的植被界限大幅北移。草地生产力由于受气候变化的影响而明显下降。其中，忽略草地类型的空间迁移，在两种方案下分别减产10%和30%多。因此，地处干旱、半干旱地区的草地对气温上升有极强的敏感性，如果降水大量匮乏，气候变化会对草地生产力产生十分显著的负效应。季劲钧等（2005）[208]以内蒙古中纬度半干旱草原的五个区域作为研究对象，模拟了该区域半干旱草原的净初级生产力和生物量。并通过气候因子的敏感性控制实验，探讨了气候变化对草地初级生产力的影响机理。结果表明：无论是降水或温度的变化均对草地生产力具有显著影响。温度增高或降低2℃，年NPP变化20%左右，地上生物量可改变30%以上；而降水量变化50%，年NPP甚至改变37%，而地上生物量将改变近30%。李霞等（2006）[209]采用Krigging空间插值法，在4个时间尺度（月、季节、生长季和年）上，研究了气候变化对中国北方温带草原植被的影响，结果表明：制约本区植被生长的根本原因是降水，并且影响植被生长最显著的是夏季降水，而对下月植被的生长产生有重要影响的是 7 月、8 月的降水。

由于降水的剧烈波动，尤其在干旱、半干旱地区，是影响植被生产力的首要因素，限制干旱、半干旱区草原生产力的关键因素之一是水分。韩国栋(2002)[210]在降水量和气温对小针茅草原植被初级生产力的影响研究中，得出小针茅草原植被初级生产力与 4 ~ 8 月的累积降水量之间存在显著的线性回归关系。徐海量等（2005）[211]以巴音布鲁克草原为研究区，在对该区近 20 年的牧草产量与同期降水和气温资料对比分析的基础上，对高寒草地牧草产量受制于降水、气温等气象因子的影响进行了探讨。结果表明：降水、气温两个气象因子与牧草产量的相关关系均较强，只有在降水和气温均适宜的条件下，牧草产量才会增加，表明在降水和温度的共同作用下影响了牧草产量的高低，且是影响高寒草地产量的 2 个主要限制性因子。李启良（2009）[212]通过对多年气温变化与草地生态系统间的相关性研究，发现牧草的生长发育、年产草量波动与夏季降水和春季气温关系密切。

5.2 气候变化趋势及特征

气候变化对植被生长、农牧业生产和生态系统等具有长远的影响，只有全面掌握气候变化的时空特征，才能使草地退化与气候变化之间的关系研究更准确、更科学。并将其作为进行实证研究气候变化、生产经营活动及草地政策、制度因素对草地退化影响的基础。本章利用研究期各气象台站气温、降水量等监测数据，计算气温距平、降水量距平百分率，在线性趋势法的基础上，采用最小二乘法模拟气温、降水量与年份的趋势线斜率；并采用普通克里格金插值法，对气象台站的气温、降水量进行空间化处理，研究锡盟 1961 ~ 2013 年间不同时间尺度的气温与降水量两个气候因子的时空特征及变化趋势。

5.2.1 数据及其处理方法

1. 数据来源

气象数据资料来源于锡盟气象局提供的 6 个基本气象站和一般气象站，

及从中国气象科学数据共享服务网下载获取的9个国家基准气候站共15个测站1961~2013年逐月平均气温及月降水量数据。

2. 数据的处理方法

对研究区各气象台站的月度数据按年际、季节时间尺度处理后，作为各站点1961~2013年不同时间尺度的气象平均状况，15个台站53年的数据平均值表示研究区不同时间尺度上气象要素多年的平均状况。然后，计算1961~2013年各气象站点温度的距平值，能更准确地描述温度的变化程度，公式如下：

距平 = 实测值 - 研究期平均值

距平百分率计算简便，实用性强，对降水量进行距平百分率的标准化处理，可体现研究期内降水量的变化程度。距平百分率公式如下：

距平百分率 =(实测值 - 研究期平均值)/研究期平均值

为了研究锡盟温度和降水量这两个气象因子随时间的变化速率在时空上的差异，采用线性趋势法[213]，并应用最小二乘法模拟温度、降水量与年份的趋势线斜率，公式为：

$$y = bt + c \tag{5-1}$$

式（5-1）中，b、c为最小二乘法计算的参数。b为趋势变化率，即年际、季节气候因子的倾向率。若 $b>0$，表示倾向率随时间变化而呈现增加趋势，若 $b<0$，表示倾向率随时间变化而呈减小趋势，零则表示无明显变化趋势。趋势倾向率b的绝对值越大，则表示随时间变化的速率越大；反之亦然。其中b即为气象因素的变化速率，其10的倍数称为该要素的变化速率，单位为要素单位/10a。

3. 数据插值方法

目前，国内外关于气象要素空间插值的方法研究较多，主要采用的方法有反距离权重法、样条插值法、克里格插值法、多项式插值法及趋势面插值法等。在气象要素的空间插值法中，这些方法不区分优劣，选择相对适合的、并便于运用的一种方法即可，因此，书中气象要素的插值采用克里格插值方法，并选择其中的变异函数模型中的有基台值模型中的球状模型。

克里格法（Kriging）又被称为空间局部插值法，南非矿产工程师克里格（D. R. Kringe，1951）首次运用此方法来寻找金矿，随后，法国著名统计学家马特隆（G. Matheron）在此基础上加入了区域化变量理论，将此方法理论化、系统化，即克里格法[214]。其中普通克里格法是克里格插值法中使用最多的插值方法[215]。

克里格法是地统计学的主要内容之一，其在变异函数的理论和结构分析的基础上，在有限区域内对变量进行最优及无偏内插估计的一种方法。此方法应基于平稳性假设：一是在研究区域内，数学期望是一个常数，且不依赖于空间位置；二是在研究区域内，分隔距离是唯一决定空间协方差的因素。由于此方法建立于假设基础上，因此当出现平稳性假设无效时，不满足平稳性假设的研究会使结果失真。另外，为实现插值结果的较高准确性目的，要求数据近似服从正态分布。此方法侧重于确定权重系数，从而使得内插函数处于最佳状态，即对给定点上的变量进行线性无偏、最优估计。

普通克里格法主要通过考虑与空间相关的因素，采用拟合的半变异函数进行插值。普通克里格插值法对采样点之间的距离或方向可反映其空间相关性进行假设，其工具可将一定数量或一定区域的点的属性值构成数学函数，然后据此来预测研究区域内其他点的属性值。使结果预测误差的方差最小化是普通克里格插值法的主要特点[216]。

克里格插值法的一般公式为：

$$Z(x_0) = \sum_{i=1}^{n} \lambda_i Z(x_i) \tag{5-2}$$

式（5-2）中，$Z(x_0)$ 为待测点值，$Z(x_i)$ 为第 i 个样本点的实测值，λ_i 为第 i 个样本点的权重。

权重 λ_i 的选择必须保证 $Z(x_0)$ 无偏估计，且方差的估计结果小于观测值的其他线性组合产生的方差。普通克里格法方程组的形式为：

$$\begin{cases} \sum_{i=1}^{n} \lambda_i C(x_i, y_i) - \alpha = c(x_i, x_0) \\ \sum_{i=1}^{n} \lambda_i = 1 \end{cases} \tag{5-3}$$

式（5-3）中，λ_i 为克里格系数，$C(x_i, y_i)$ 为观测站样本点之间的协方差，$C(x_i, x_0)$ 为观测站样本点与插值点之间的协方差，α 为 Lagrange 系数，x_0 为待估值块段，可利用两点间的距离由半变异函数求得。半变异函数的表达式为：

$$\gamma(l) = \frac{1}{2N(l)} \sum_{i=1}^{N(l)} (Z(x_i) - Z(x_i + l))^2 \qquad (5-4)$$

式（5－4）中，l 为两样本点的空间分隔距离，N(l) 是分隔距离为 l 的实测样本点个数。

依据实验半变异函数的特性，选取恰当的理论半变异函数模型，由实验半变异函数得到的实验变异函数图，来确定合理的半变异函数理论模型。半变异理论函数模型包括幂函数模型、对数模型、球面模型、圆模型、指数模型、高斯模型及线性模型等[217]。

4. 数据分析

数据的常规处理和图表绘制采用 Excel 2007。采用 ArcGIS 10.2 软件实现气象数据的空间插值及空间分布图制作。

5.2.2 1961～2013 年平均气温和降水量的时间变化特征

1. 平均气温

锡盟年平均气温距平如图 5－1 所示。在 1961～2013 年间，锡盟年平均气温的变化速率为 0.35℃/10a，其整体上升趋势非常明显，53 年的平均气温为 2.55℃，平均气温上升了约 1.89℃。在过去的 53 年中，平均气温距平最大值为 1.92℃，出现在 2007 年，最小值为－1.81℃，是 1969 年，最大和最小值相差 3.73℃。锡盟年平均气温经历了冷暖两个时期。即以 1998 年为界，前期气温虽有小幅波动，但大部分在负距平以下波动，且 1969 年为年平均气温最低点，自 1998 年年平均气温呈现急剧升高，2007 年是 1961 年以来的最高值，1998 年次之。

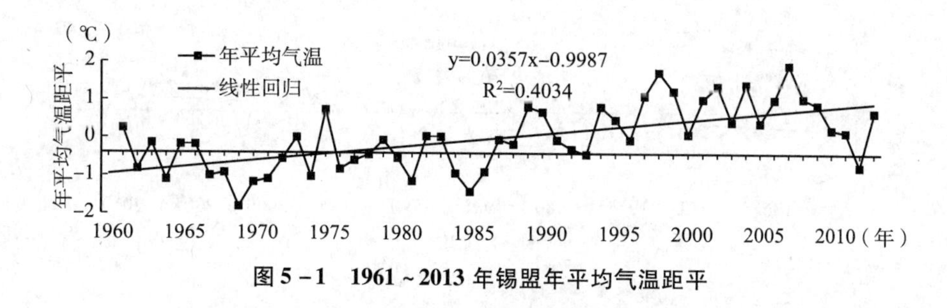

图5-1 1961~2013年锡盟年平均气温距平

在1961~2013年期间，锡盟四个季节的平均气温均呈明显的上升趋势（见图5-2）。不同季节气温的变化趋势表现出较明显的一致性。春季、夏季、秋季和冬季气温的上升速率分别为0.34℃/10a、0.36℃/10a、0.35℃/10a和0.36℃/10a，其中，夏和冬两季的上升速率基本相同，并且略高于春、秋两季；在过去的53年中，春季、夏季、秋季和冬季平均气温分别上升了1.83℃、1.92℃、1.8℃和1.93℃，冬季气温的变化幅度略高于夏季，比春季的气温增幅高0.1℃。四季的最低和最高气温出现的年份都各不相同。春季、夏季、秋季和冬季平均气温的最低值出现的年份分别为1970年、1979年、1981年和1969年，距平值分别为-2.59、-1.84、-3.11和-3.34；最高值出现的年份分别为1998年、2007年、2005年和2002年，距平值分别为2.81、2.30、2.09和4.19。其中，平均气温距平最大的是冬季，最低和最高气温相差7.54℃，气温距平最小的是夏季，最低和最高气温相差4.13℃。分析可得，在过去的53年中，锡盟冬季的平均气温波动最大，而夏季的平均气温波动相对最小。

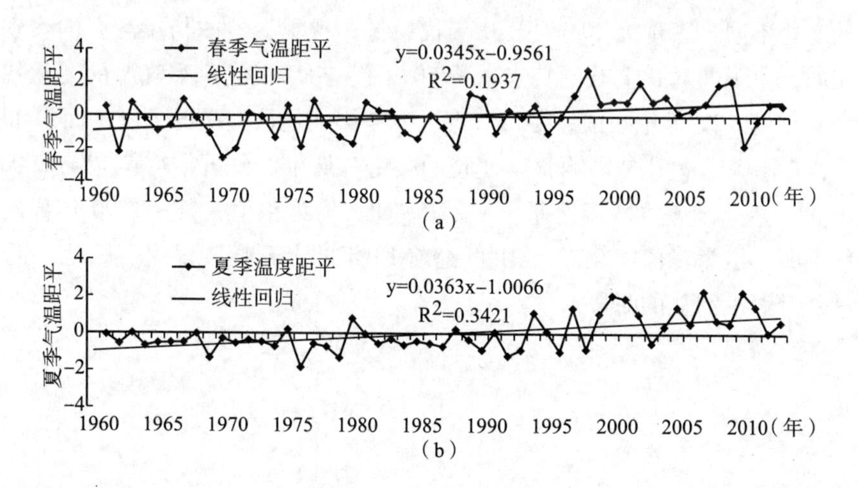

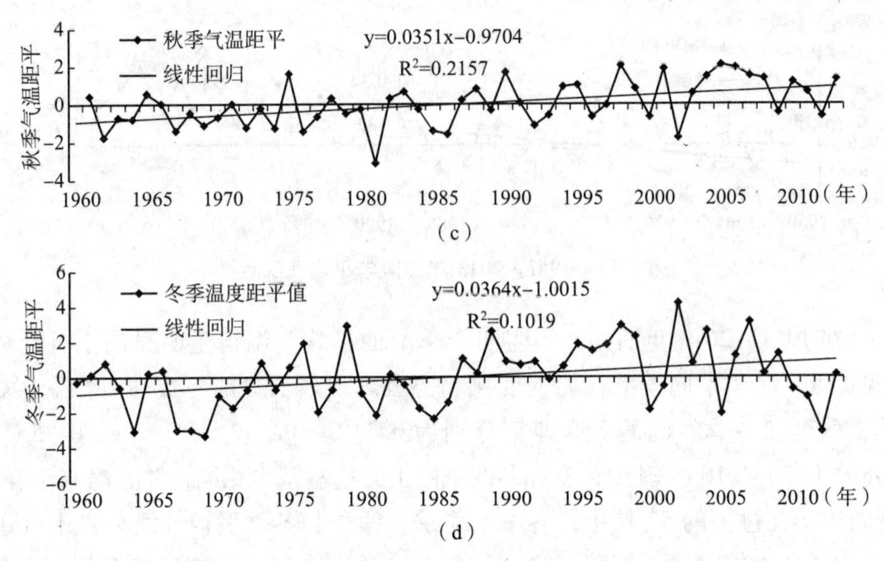

图 5-2　1961~2013 年锡盟各季节平均气温距平

从各年代平均气温距平和偏暖年份看，20 世纪 80 年代以后的增温非常明显（见表 5-1）。80 年代以前的 20 年，近 90% 的年份年平均气温距平值为负；80 年代 4 个年份为正距平；而 80 年代以后出现了 18 个偏暖（距平值在 0℃以上）年份，且暖化程度越来越高。进入 21 世纪的 13 年，锡盟温暖化程度加剧，其中，2007 年为有记录以来最暖的一年。

从各年代平均气温的季节距平看，春、夏两季平均气温的距平与年均气温的变化不同，表现为 20 世纪 70 年代最低；秋季、冬季与年均温的表现也不相同，呈现波动式上升的特点，但 70 年代与 80 年代冬季气温的变化幅度不大。可见，21 世纪之前，冬季气温上升是影响气候变暖的关键，而 21 世纪之后，夏季气温上升是影响气候变暖的关键。从年代分析，90 年代与 2000~2010 的年、季节平均气温距平（见表 5-1）均为正值，其中，90 年代的秋季气温距平也为正值，且进入 21 世纪前 13 年的上升幅度最大。因此，近 13 年来是升温最明显的时段。

表5-1　锡盟各年代平均气温及各季节气温距平及气温正距平年数

年代	年		春季		夏季		秋季		冬季	
	距平	正距平年数	距平	正距平年数	距平	正距平年数	距平	正距平年数	距平	正距平年数
1961~1970（1960s）	-0.7	1（10）	-0.6	3（30）	-0.5	1（10）	-0.6	3（30）	-1.3	4（40）
1971~1980（1970s）	-0.4	2（20）	-0.7	3（30）	-0.6	2（20）	-0.4	3（30）	-0.1	4（40）
1981~1990（1980s）	-0.3	4（40）	-0.1	6（60）	-0.4	1（10）	-0.3	5（50）	-0.3	5（50）
1991~2000（1990s）	0.5	6（60）	0.4	6（60）	0.2	4（40）	0.2	5（50）	1.1	7（70）
2001~2013（2000s）	0.8	12（92）	0.7	11（85）	1.0	12（92）	0.9	10（77）	0.5	8（62）

2. 降水量

近53年来，锡盟平均年降水量呈明显的年际振荡，仅有微弱的减少趋势（见图5-3），变化率为1mm/10a，总体变化趋势不明显。锡盟1961~2013年降水量介于188~384mm之间，最少的年份出现在2005年，最多的年份出现在1989年，多年平均降水量为273mm。由1961~2013年锡盟年平均降水量距平百分率（见图5-4）可以看出，进入21世纪的13年中，平均年降水量有6个年份高于标准气候期，但有三个年份（分别为2012年、2003年和2013年）相对较明显的高于标准气候期的降水量，分别高于标准气候期35.4%、22.7%和10.6%，其他三个年份（2008年、2010年和2004年）略高于标准气候期6.8%、4.2%和1.9%。

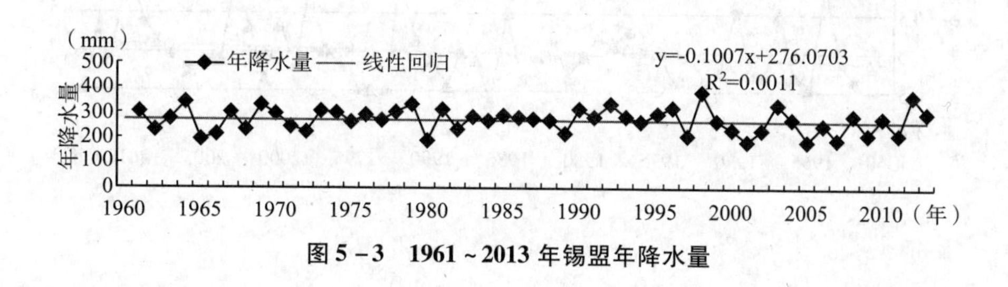

图5-3　1961~2013年锡盟年降水量

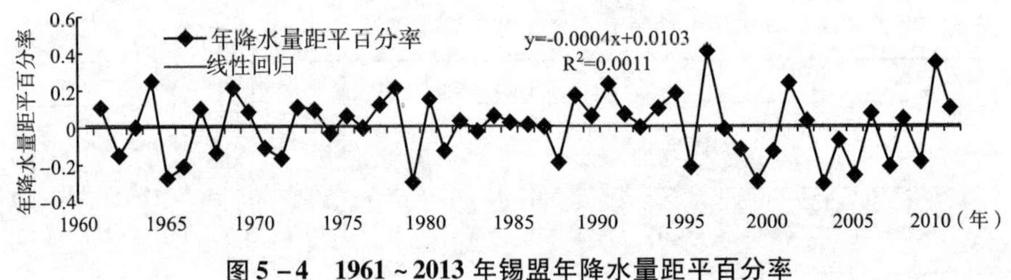

图 5－4　1961～2013 年锡盟年降水量距平百分率

53 年间，各季节降水量无显著变化趋势，春、秋和冬三季降水量仅有微弱递增趋势。其中，春季降水量增加趋势最为明显，变化速率为 1.5mm/10a，春季降水量占年降水量的 13.7%，秋季降水量增加的速率为 1.1mm/10a，秋季降水量占年降水量的 17.1%；冬季降水量增加的速率为 0.3mm/10a，冬季降水量仅占全年降水量的 2.5%，夏季降水量不同于春季、秋季和冬季，其降水量呈现减少的趋势，变化速率为 3.9mm/10a，占全年降水量的 66.7%，下降趋势非常明显。春季、夏季、秋季和冬季年降水量最低值出现的年份分别为 1986 年、2010 年、1967 年和 1965 年，距平百分率分别为 －64.77%、－48.96%、－53.83% 和 －70.00%；最高值出现的年份分别为 2010 年、1998 年、2010 年和 1962 年（见图 5－5），距平百分率分别为 117.62%、52.95%、110.65% 和 95.90%。其中，降水量距平百分率最大的是春季，降水量最低与最高距平百分率相差 182.39%，降水量距平百分率最小的是夏季，最低与最高距平百分率相差 101.91%。分析可得，在过去的 53 年中，锡盟夏季的降水量呈下降趋势，而春季降水量波动最大，呈明显的上升趋势。

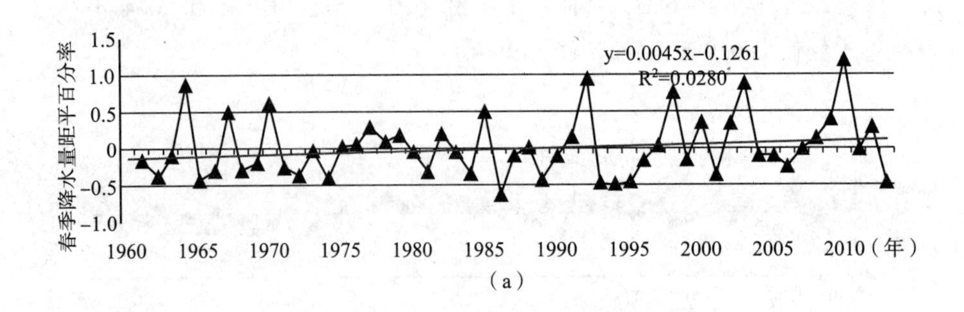

（a）

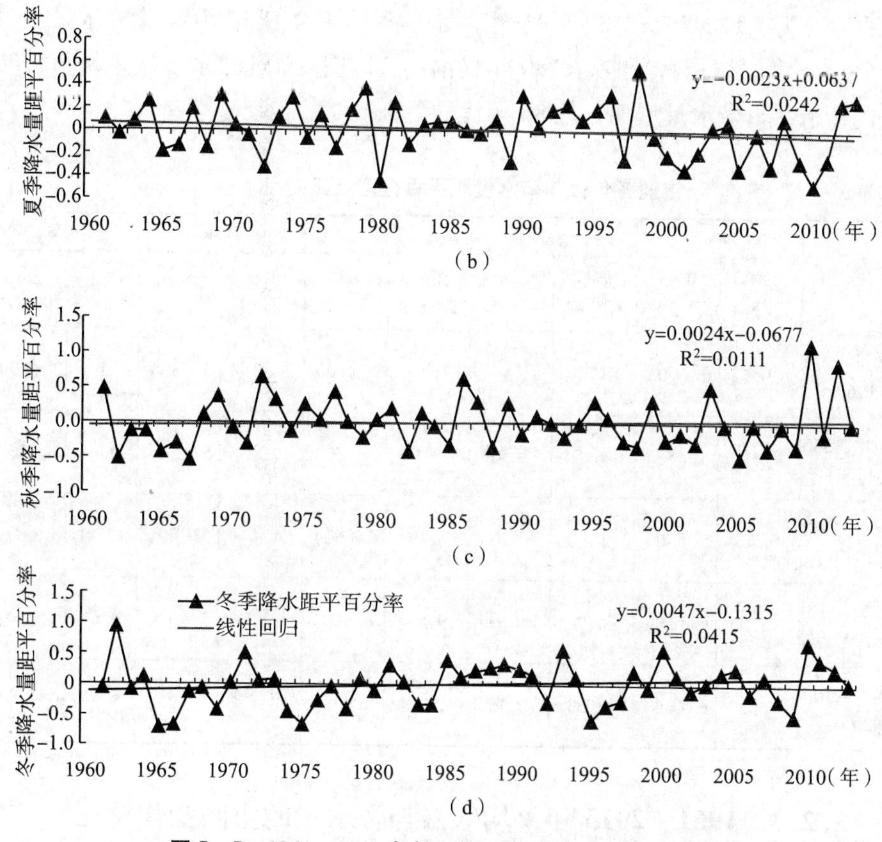

图5-5　1961～2013年锡盟各季节降水量距平百分率

从各年代年降水量距平百分率和正距平年数看，20世纪80年代的降水量较丰沛（见表5-2），进入21世纪以后，与其他年际相比降水量明显减少，其次是90年代；60～70年代的也低于多年距平百分率，但变化幅度不大，表现不明显。21世纪之前，55%的年份年降水量距平百分率为正值；21世纪之后，46%的年份年降水量距平百分率为正值。分析可得，53年间，降水量呈微弱的下降趋势。

从各年代年降水量的季节距平百分率看，20世纪70年代、80年代春季降水量较少，90年代以后降水量增加，进入21世纪降水量最为丰沛，使得春季降水量增加趋势较明显；60年代、80年代、90年代夏季降水量均略高于多年平均值，但进入21世纪，夏季降水量明显低于多年平均值，降水量距

平百分率为 -11.97%；70 年代秋季降水较多，60 年代与 90 年代降水量相对较少，21 世纪初降水量略高；80 年代前的 20 年降水量低于多年平均值，80 年代开始冬季降水量增加，且 80 年代的最高。

表 5-2　锡盟各年代年降水量距平百分率及正距平年数

年代	年		春季		夏季		秋季		冬季	
	距平百分率	正距平年数	距平百分率	正距平年数	距平百分率	正距平年数	距平百分率	正距平年数	距平百分率	正距平年数
1961~1970（1960s）	-0.22	6（60）	-0.24	4（40）	3.54	6（60）	-13.17	3（30）	-11.60	3（30）
1971~1980（1970s）	-0.01	5（50）	-6.54	5（50）	-0.76	5（50）	9.89	5（50）	-11.90	4（40）
1981~1990（1980s）	0.75	5（50）	-14.06	3（30）	3.19	6（60）	1.44	5（50）	12.01	8（80）
1991~2000（1990s）	-1.55	6（60）	3.24	5（50）	9.59	7（70）	-3.06	5（50）	0.61	5（50）
2001~2013（2000s）	-5.27	6（46）	13.53	6（46）	-11.97	5（38）	3.77	3（23）	8.36	9（69）

5.2.3　1961~2013 年平均气温与降水量的空间变化特征

1. 平均气温空间变化特征

（1）年平均气温及其变化速率

在 1961~2013 年间，锡盟年平均气温区域特征比较明显，东部由东北向西南逐渐递增，西部由北向南逐渐递增。锡盟整体年平均气温为 0.55℃，年平均温度介于 0.26℃ ~5.08℃之间，空间异质性强。高温区位于苏尼特右旗，年平均气温大于 4.2℃；低值区主要分布在东乌珠穆沁旗东部的乌拉盖一带，年平均气温小于 0.86℃。

锡盟年平均气温变化速率呈现增加趋势，气温的变化速率为 0.14℃/10a ~0.44℃/10a。增温最显著的区域主要分布在锡盟的中西部地区，特别是东乌珠穆旗的西部、阿巴嘎旗局部地区、正蓝旗及苏尼特左旗和苏尼特右旗的西北部，增温速率大于0.4℃/10a。增温最小的区域主要集中在乌拉盖管理区。

（2）季节平均气温

春季平均气温的空间分布特征与年平均气温的空间分布格局基本一致，平均气温介于1.5℃~6.46℃之间，平均值为3.98℃，苏尼特右旗和二连浩特市处于高值区，春季平均气温大于5.4℃；低值区主要集中于乌拉盖管理区，平均气温为1.5℃。

夏季平均气温由北向南逐渐递减、由东向西逐渐递增，平均气温介于17.03℃~22.06℃之间，平均值为19.35℃，高温区主要位于苏尼特右旗和二连浩特市，平均气温大于21℃；低值区主要集中在正镶白旗的南部、正蓝旗、多伦县及太仆寺旗，平均气温约为17.45℃。

秋季平均气温与年平均气温分布相似，平均气温介于0.8℃~5.27℃，平均值为2.97℃，空间差异较大。高值区位于苏尼特右旗，秋季平均气温大于4.22℃；低值区分布在那仁、乌拉盖管理区及东乌珠穆沁旗的东部地区，平均气温为0.9℃。

冬季平均气温由东北向西南逐渐增加，平均气温介于-20.1℃~12.37℃，平均值为-16.15℃，低温区分布于那仁、乌拉盖管理区及东乌珠穆沁旗，平均气温小于-18.59℃；高值区为苏尼特右旗和镶黄旗，平均气温大于-14.37℃。

（3）季节平均气温变化速率

在1961~2013年间，锡盟四季的平均气温变化速率均表现出一定的区域差异，锡盟全部地区均呈现增加趋势，春季、夏季、秋季及冬季平均气温变化速率分别为0.28℃/10a~0.41℃/10a、0.30℃/10a~0.42℃/10a、0.28℃/10a~0.42℃/10a及0.22℃/10a~0.43℃/10a，各季节增温速率变化不大。但增温显著的区域分布不同。其中，春季增温显著的区域主要分布于苏尼特左旗的北部、阿巴嘎旗、锡林浩特市北部偏西及东乌珠穆沁旗西北部地区，增温速率超过0.39℃/10a；夏季增温显著的区域主要分布于二连浩特、苏尼特左旗和阿巴嘎旗西部偏北区域；秋季增温显著的区域主要分布于二连浩特、苏尼特左旗的西北部及苏尼特右旗的北部区域；冬季增温显著的区域主要分布于锡盟西部的大部分区域。低值区各季节略有差别，春季、夏季及秋季低值区均为乌拉盖管理区，增温速率分别为0.24℃/10a、0.24℃/10a和0.25℃/

10a；冬季低值区为东乌珠穆沁旗的西部局部区域。

2. 降水量空间变化特征

（1）年降水量及其变化速率

近53年来，锡盟年降水量自东南向西北呈带状逐渐减少，空间分布区域性差异显著。年降水量平均值为278mm，年降水量区域范围在138～396mm。二连浩特降水量最少，其次为苏尼特左旗的西南部地区及苏尼特右旗的北部区域，年降水量多年平均分别为138mm、183mm和189mm；正镶白旗、太仆寺旗、正蓝旗和多伦县降水量较多，年降水量多年平均大于360mm。

就锡盟降水量空间变化速率来看，区域特征比较明显，降水量变化速率为－0.96%/10a～1.87%/10a。锡盟中东部地区呈现不同程度的下降趋势，其中，锡林浩特市中南部、阿巴嘎旗南部、正镶白旗大部区域及正蓝旗地区的下降趋势最为显著；锡盟东部地区呈现上升趋势，其中乌拉盖管理区上升趋势最显著，降水量变化速率为2.38%/10a。

（2）季节降水量

锡盟春季、夏季、秋季和冬季的降水量分别为37mm、182mm、47mm和7mm，夏季是主要的降水季，各个季节降水量空间分布状况略有不同，存在一定差异。春季降水量主要分布于南部区域，其中降水量最高的区域是太仆寺旗，为59mm，降水量最低的区域集中在西北部区域，其中降水量最低的是二连浩特市，为17mm；夏季降水量主要分布于南部及东部偏南地区，降水量最高为多伦县，为252mm，降水量最低的仍是二连浩特市，为89mm；秋季降水量除最高和最低降水量的集中区域变化不明显外，其他区域的降水量分布较春、夏两季发生较明显的变化，降水量从南部开始向西北部呈带状减少的趋势，太仆寺旗降水量最高，为74mm，与春季最高降水量集中区域一致，二连浩特市降水量最低，为25mm，与春、夏两季的最低降水量分布区域一致；冬季降水量都较低，降水量较高的区域主要集中在南部小部分区域，其中正镶白旗降水量最高，为12mm，二连浩特市降水量最低，仅3mm，与春、夏和秋三个季节均一致。

（3）季节降水量变化速率

锡盟各个季节降水量空间变化速率各不相同，空间分布特征存在显著差异。四季中，春季降水量的空间变化速率波动幅度最小，为2.8%/10a～7.5%/10a，除多伦县降水量有减少趋势外，其余地区春季降水量均呈增加趋势，增加较为明显的区域为锡盟西部地区的二连浩特市、苏尼特右旗及苏尼特左旗的西部偏南区域，其中二连浩特市春季降水量增加趋势最显著，每10年降水量增加10%；锡盟中部区域降水量变化速率最小，其中多伦县降水量有减小趋势，每10年降水量下降2.8%。锡盟除乌拉盖管理区和东乌珠穆沁旗每10年分别增加1.6%和1.4%外，其余区域夏季降水量均减少，减少较为明显的区域包括苏尼特左旗和苏尼特右旗的南部地区及正蓝旗、正镶白旗和太仆寺旗，其中正蓝旗夏季降水量下降趋势最显著，每10年降水量下降5%。锡盟大部分区域秋季降水量有不同程度的增加，阿巴嘎旗北部的那仁、苏尼特右旗的西南部、镶黄旗的西南部、太仆寺旗、正蓝旗及多伦县增加最为显著，最大增幅为每10年7.5%；东乌珠穆沁旗的西部地区降水量显著减少，最大减少值为每10年8.5%。锡盟冬季降水量空间变化速率有别于春、夏、秋三季，波动较大，锡盟绝大地区增加，乌拉盖管理区增加趋势最明显，每10年增加值为21.6%；降水量减少的区域主要分布在多伦县和苏尼特右旗的朱日和地区，其中多伦县下降较显著，每10年减少10.1%。

5.3 气候变化与草地退化的关系评估

在上述降水量及平均气温两个气象要素的年、季时间尺度上的时空变化背景下，采用pearson相关系数法，计算研究区年、季降水量、平均气温与草地退化指数之间的相关关系，分析气象因子与草体退化之间的相关关系。

5.3.1 不同时间尺度的气象因子与草地退化指数的相关系数计算

相关分析可以揭示气象因子与草地退化指数之间相关关系的密切程度。气象因子与草地退化指数的相关系数计算公式如下：

$$r_{xy} = \frac{\sum_{i=1}^{n}\left[(x_i - x)(y_i - y)\right]}{\sqrt{\sum_{i=1}^{n}(x_i - x)^2 \sum_{i=1}^{n}(y_i - y)^2}} \tag{5-5}$$

式（5-5）中，x_i、y_i 分别代表 x、y 的第 i 个观测值，$\bar{x}$、$\bar{y}$ 分别表示变量 x、y 的平均值，r_{xy} 是 x、y 两个变量间的相关系数，n 为样本量。

根据已有的草地退化指数、降水量和温度数据，计算年、季不同时间尺度的平均气温、降水量分别与草地退化指数之间的相关系数，分析草地退化与气象因子之间的相关关系。其中，分析各季节气象指标与草地退化指数之间的关系时，以锡盟 10 个牧区旗市 1981～2013 年各季节降水量、各季平均气温与草地退化指数为数据源，计算一年内各季节的平均气温、降水量与草地退化指数之间的相关系数；分析各年的气象指标与草地退化指数之间的关系时，以 1981～2013 年的年降水量与年平均气温和草地退化指数为数据源，计算年降水量与年平均气温与草地退化指数之间的相关系数。

5.3.2 气象因子与草地退化指数的相关关系

运用 STATA 12.0 软件对锡盟 10 个牧区旗市 1981～2013 年的草地退化指数与各气象因子之间的相关系数进行计算，定量说明草地退化与气象要素之间的关系。将气象因子分为年、季两个不同时间尺度，分析草地退化与气象因子之间的关系。

1. 年气候因子与草地退化指数的相关性分析

从表 5-3 可以看出，草地退化指数与年平均气温的相关系数为 0.3723（显著性水平为 1%），其与年降水量的相关系数为 -0.3868（显著性水平为 1%）。从统计分析结果可知草地退化指数与年平均气温之间存在极显著的正相关关系，而与年降水量存在极显著的负相关关系。因此，年平均气温的升高会导致草地退化，而年降水量增加有助于牧草生长，提高草地质量状况。

表 5-3　草地退化指数与各气象指标的相关系数

气象指标名称	草地退化指数		
	相关系数	Sig.	N
年平均气温	0.3723***	0.0000	330
春季平均气温	0.2881***	0.0000	330

续表

气象指标名称	草地退化指数		
	相关系数	Sig.	N
夏季平均气温	0.5017 ***	0.0000	330
秋季平均气温	0.2014 ***	0.0002	330
冬季平均气温	0.1053 *	0.0559	330
年降水量	-0.3868 ***	0.0000	330
春季降水量	-0.2901 ***	0.0000	330
夏季降水量	-0.6436 ***	0.0000	330
秋季降水量	-0.2201 ***	0.0001	330
冬季降水量	-0.1242 **	0.0241	330

注：*、**、*** 分别表示 10%、5%、1% 的显著水平。

2. 季节气候因子与草地退化指数的相关性分析

从表 5-3 可以看出，草地退化指数与春季、夏季、秋季和冬季平均气温的相关系数分别为 0.2881、0.5017、0.2014 及 0.1053（春季、夏季、秋季的显著性水平均为 1%，冬季的显著性水平为 10%），其与春季、夏季、秋季和冬季的降水量的相关系数分别为 -0.2901、-0.6436、-0.2201 和 -0.1242（春季、夏季、秋季的显著性水平均为 1%，冬季的显著性水平为 5%）。从统计结果可知，草地退化指数与季节平均气温之间存在正相关，而与季节降水量之间存在负相关关系。其中，草地退化指数与春、夏、秋三个季节平均气温和降水量的相关性极显著，与冬季降水量之间的关系较显著，与冬季平均气温的关系显著。

从以上锡盟 10 个牧区旗市的草地退化指数与不同时间尺度平均气温的相关性强弱来看，与夏季平均气温的相关性最强，然后依次是年平均气温、春季平均气温、秋季平均气温，其与冬季平均气温的相关性最弱；从其与不同时间尺度的降水量的相关性强弱来看，与夏季降水量的相关性最强，然后依次是年降水量、春季降水量和秋季降水量，其与冬季降水量的相关性最弱。而且，在锡盟草地退化指数与相同尺度气象因子的相关系数中，与降水量的相关系数均大于其与平均气温的相关系数。研究区属于干旱、半干旱地区，这些地区降水量相对较少，而且波动较大，降水量是影响草地质量的主要因素[218]；另外，温度变化对草地退化也有显著影响，温度变暖会加剧草地的退化程度[219]。

5.4 本章小结

（1）在时间尺度上，近53年来，锡盟年平均气温为2.55℃，年平均气温以每10年上升0.35℃的幅度增加。而且，其年平均气温呈现出明显的冷暖两个时期的变化特征，以20世纪90年代末期为界，前期气温相对较低，后期气温明显上升。从年代平均气温距平百分率看，21世纪的13年是锡盟温暖化程度加剧的年代。在年平均气温的季节变化上，锡盟四季均为增温趋势，并且增温趋势表现出明显的一致性，其中夏、冬两季年平均气温的上升速率基本相同，为0.36℃/10a，但夏、冬两季的年平均气温的波动差异较大，冬季年平均气温波动较大，而夏季的波动相对较小。从年代各季平均气温看，进入21世纪的13年是各季升温最明显的时段。

（2）在时间尺度上，近53年来，锡盟多年平均年降水量为273mm，年际间呈现明显的振荡，但年际变化呈不明显的减少趋势，每10年下降1mm。根据年代平均降水量距平百分率，20世纪80年代降水量较丰沛，而21世纪降水量较其他年代明显减少。从年降水量的季节变化方面看，夏季降水量呈下降趋势，春季降水量上升较明显，且波动最大。从年代降水量的季节距平百分率看，春季降水量增加主要归功于21世纪的13年中丰沛的降水，夏季降水减少的主要原因是21世纪夏季降水量的明显降低。从总体看，锡盟整体呈现暖干化气候变化趋势。

（3）在1961~2013年间，锡盟年平均气温的空间分布表现为东部由东北向西南逐渐递增，西部由北向南逐渐递增的变化趋势，空间异质性较强；从年平均气温变化速率的空间分布看，锡盟整体呈增温趋势，锡盟中西部地区增温最显著，乌拉盖管理区增温最小。锡盟各季节平均气温的空间分布格局变化相对较明显。其中，冬季平均气温温差最大，为7.73℃，秋季的平均气温差异最小，为4.47℃，苏尼特右旗各季节的平均气温相对较高，乌拉盖管理区除夏季气温外，均相对较低。从季节平均气温空间变化速率来看，四季的平均气温变化速率均呈增加趋势，表现出一定的区域差异，但变化不大。

（4）在 1961 ~2013 年间，锡盟年降水量自东南向西北呈带状逐渐减少，空间分布区域性显著；降水量空间变化速率区域特征较明显，中东部地区呈不同程度的下降趋势，东部地区呈上升趋势。四季降水量主要集中在夏季，降水量的空间分布略有不同。其中，二连浩特市四季降水量是锡盟的最小区域，四季降水量较高区域集中在南部小部分区域。四季降水量空间变化速率存在显著差异，绝大部分区域的春季降水量空间变化均呈增加趋势，而夏季降水量空间变化绝大部分区域均呈下降趋势，冬季降水量空间变化速率的波动幅度最大，达到 31.7%/10a。

（5）通过对锡盟 10 个牧区旗市 1961 ~2013 年草地退化指数与不同时间尺度平均气温、降水量的 pearson 相关系数计算结果表明，草地退化指数与降水量呈正相关关系，与平均气温呈负相关关系，并且，其与降水量的相关性总比同一时间尺度的平均温度的相关性要强。其中，草地退化指数与平均气温的相关性强弱依次为夏季平均气温 > 年平均气温 > 春季平均气温 > 秋季平均气温 > 冬季平均气温，而与降水量的相关性强弱依次为夏季降水量 > 年降水量 > 春季降水量 > 秋季降水量 > 冬季降水量。

第6章　生产经营活动与草地退化的关联性分析

影响草地退化的因素除了气象要素的变化外，另一类重要的影响因素是生产经营活动。影响草地退化的生产经营活动归纳起来主要包括两类：一体现在牧区由于人均消费需求不断增加而不断加强的农业经济活动因素方面；二体现在拉动牧区经济快速上行的非农业经济活动因素方面。以上两类影响草地退化的生产经营活动（农业、非农业经济活动）的执行主体和核心关键是人，人类作为生物界中唯一具有主观能动性的群体，在不断的生产经营活动中，对草地索取欲望的无限性与草地资源稀缺性之间矛盾的激化，最终导致草地退化。厘清影响研究区草地退化的生产经营活动因素，以及量化生产经营活动因素对草地退化影响程度大小的研究是一项重要工作。因此，本章首先通过对影响草地退化的人口、生产经营活动因素进行描述性统计分析，然后将人口及各生产经营因素与草地退化进行关联性分析，搞清人口及各生产经营因素对草地退化的影响关系，为第 8 章的实证研究奠定基础。

在分析影响草地退化的生产经营活动因素时，首先对生产经营活动的执行者——人，包括人口数量、人口增长率及人口密度变化进行分析，然后分析由人口数量增加而加强的生产经营活动，包括牧区耕地面积与牲畜数量发生变化的农业经济活动变化方面，以及非农产值反映的非农业经济活动变化方面，在此基础上，对人口增加、农业经济活动与非农经济活动和草地退化的关联性进行分析。

6.1 人口增长与草地退化

6.1.1 人口增长对草地的影响机理

人口与资源环境关系密切相关。在中国，人与生态关系日趋紧张的情况下，这是一个在理论上与实践上必须探讨和重视的问题。人口对草地的影响包括正反两个方面。

人口对草地的有利影响。人和其他生物一样，都是草地生态系统中的一个物种。生产者、消费者和分解者是草地生态系统中的三种生物种类，他们在能量循环过程中各自承担着系统的协调作用。其中，人作为系统中的杂食消费者，在草地食物链中是不可或缺的组成部分，同时也是维护草地生态系统整体功能的主体。人与其他生物一样，在草地的演化中应服从于自然选择定律。但是，在自然界的所有生物中，人是拥有主动权和支配权的唯一动物，他们凭借独有的理性与智慧，认识和运用草地生态系统的演化规律，适度调节和控制人与草地的物质变动过程，对草地施加良好的影响，采用季节牧场轮牧的放牧方式，合理利用草地资源，保护和促进草地生态系统的自我调节、自我控制、自我优化及再生产的天然功能，并经过长期的人与草地系统对牲畜的选择，优化选择适应不同草地类型的家畜及其他生物种群，形成生物多样性稳定态的草地生态系统，以保证草地生态系统的良性循环和草地资源的永续利用。

人口对草地的不利影响。劳动力、资本、土地（草地）、技术进步及制度是实现经济增长的主要构成要素，其中，劳动力的源泉是人口，其与资源存在相互依存、相互制约的关系。社会经济的稳步发展基于二者的协调一致；出现资源破坏或枯竭的现象，则是由于人口数量超过资源供给的能力。在自然界中，人区别于其他生物的本质是：人是高等动物，具有文化属性，并在自然界中凭借科学技术的创造力变得不断强大，但同时，需求也不断增加。膨胀的贪欲与所掌握的技术，促使人类在草地面前不顾一切的无限索取。结果导致许多生物种群无法适应被破坏的草地生态系统，许多生物种灭亡或濒于灭绝，生物多样性不断损失，导致草地生态系统处于非稳定性状态，其动态平衡被打乱，人与草地的矛盾激化，问题接踵不断。20 世纪 60 年代末，美国生物学家伊赫里齐（Ehrlich）在其《人口炸弹》的著作中提到，人口的快速增长导致全球人口总量已超过了地球的环境承载力[220]。

人口压力造成草地退化的过程很容易被理解。人口增长和人们生活消费需求刚性的双重压力迫使牧民逐步采取更加集约式的草地管理利用策略，如大量开垦草地、超载过牧、采挖草药以及砍烧天然植被等行为，这些人类行为已经对草地生态的平衡构成了巨大威胁。1947 年初锡盟实有耕地面积为 396.7 万公顷，根据资料统计，1958 ~ 1962 年，锡盟五年累计开荒 303.4 万亩，其中牧区开荒 186.8 万亩，几乎可以肯定的是：作为农业用途被开垦的草地是锡盟质量较好、生产力较高的草地①。而且，总草地资源的实际损失很可能会大大高于统计资料的减少数量。总而言之，在牧区扩大垦殖已迫使传统牧区社区的少数民族不得不在面积更小的、生产力更低的草地上谋生。随着这些边缘地区人口的增加，使现存草地超载的压力不断增大，人口快速增长导致畜产品需求的不断增加，为了满足消费需求必然要求更多超过承载力的牲畜，使得草地被过度利用，导致草地不断退化（见图6-1）。还有一点需要注意，许多牧区中的农户在其周边的草地上随意高强度放养牲畜，以作为其收入来源的一种补充，导致其周围的草地被破坏的实际面积可能比垦殖的面积大若干倍[221]。

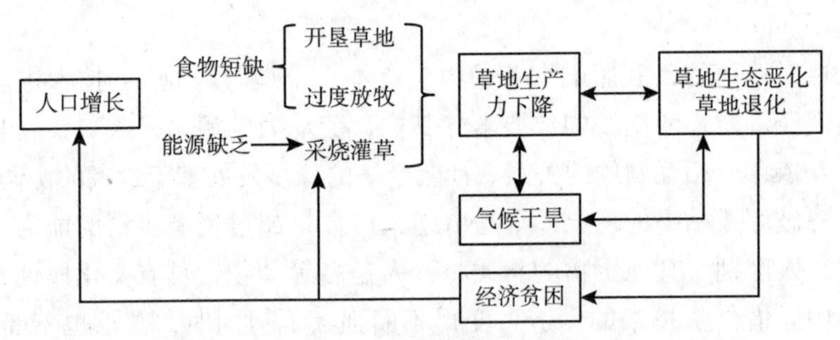

图6-1　人口增长对草地生态系统的恶性循环

6.1.2　牧区各旗市的人口增长与草地退化

从1947年至今，锡林郭勒草原的人口一直呈上升趋势。由图6-2可知，锡林郭勒草原牧区各旗市的人口均呈上升趋势，其中太仆寺旗的人口数量不仅基数大，而且增长速度快，苏尼特右旗、西乌珠穆沁旗与锡林浩特市人口基数虽然较小，但其增长速度较快；镶黄旗与苏尼特左旗的人口基数不大，且发展速度也比较慢；阿巴嘎旗、苏尼特右旗、正镶白旗、正蓝旗及东乌珠穆沁旗介于中间。人口数量增加的主要原因可能是：锡林郭勒草原矿产、能源等资源丰富，随着区域内资源的开发，城市化的不断推进，外省人口不断地涌入。其中，锡林浩特市人口发展迅速主要由于城镇化的快速发展；太仆

① 锡林郭勒盟志.2014年重印：522.

寺旗人口基数大，且人口增长速度较快的主要原因是该旗为锡盟唯一的半农半牧旗；苏尼特右旗是纯牧旗，但耕地面积相比其他旗市要大得多。因此，人口增长较快，农牧业生产方式不同，养活的人口数量存在显著差异，农牧结合的生产方式显然要比纯放牧畜牧业能够承载更多的人口。另外，1958～1960 年除镶黄旗外其他各旗市的人口突然增加，可能由于以知识青年响应国家上山下乡政策为主要原因，使得锡林郭勒草原的知识青年增多而造成人口增加。由于人口增加，市场对畜产品的需求也不断增长，以及人们对较高质量生活水平的追求，结果将导致牲畜数量的增加[141]，牲畜数量的增加超过草地的承载能力，必将会导致草地退化。

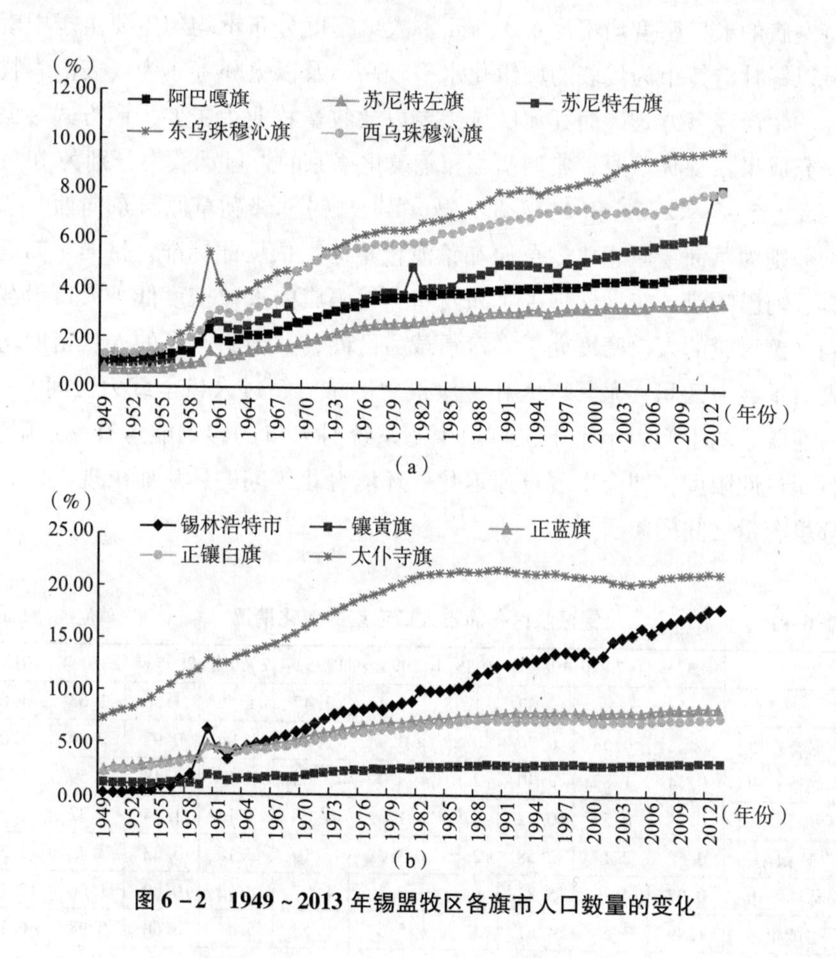

图 6－2　1949～2013 年锡盟牧区各旗市人口数量的变化

由表6－1可见，锡盟牧区旗市的人口密度不断增大，并且各旗县市差异较大，主要体现在中南部地区各旗市的人口密度远大于西北部及东部各旗市的人口密度。其中，太仆寺旗的人口密度最高，1950年太仆寺旗人口密度已经达到20.84人/km^2，到1980年时，太仆寺旗人口密度已经达到59.11人/km^2；其次为正镶白旗、锡林浩特市和正蓝旗。1950年时以上三个旗市的人口密度分别仅为3.44人/km^2、2.09人/km^2和0.07人/km^2，到1980年时人口密度已分别达到10.30人/km^2、6.68人/km^2和5.87人/km^2，到2013年时分别为13.39人/km^2、7.32人/km^2和12.14人/km^2，而除了镶黄旗的人口密度为6.11人/km^2外，苏尼特右旗、西乌珠穆沁旗、东乌珠穆沁旗、阿巴嘎旗和苏尼特左旗的人口密度均不足4人/km^2。人口密度分布不均匀主要由于中南部区域以锡林浩特市为代表的城镇化水平较高，及以太仆寺旗为代表的农牧业结合的生产经营方式，而其他区域主要以放牧畜牧业为主要生产方式。据相关研究成果，森林草原、典型草原和荒漠化草原的人口承载力分别为10～13人/km^2、5～7人/km^2和2～2.5人/km^2[141]，锡林郭勒草原自东向西，草地类型分别为草甸草原、典型草原和荒漠化草原。依据此标准，目前，苏尼特左旗、阿巴嘎旗、东乌珠穆沁旗和西乌珠穆沁旗的人口密度低于人口承载力区间，镶黄旗的人口密度处于人口承载力区间，其他旗县市的人口密度均高于人口承载力区间，尤其以太仆寺旗最为严重，超过人口承载力区间9～12倍。在既定的生产力水平下，草地生态系统对人口的容纳能力有一定限度，一旦超过此限度，即会出现草原退化、环境恶化等问题，从而出现人口数量和环境容量之间的矛盾[141]。

表6－1　锡盟牧区各旗市人口密度的变化情况　　单位：人/km^2

旗县	1950年	1970年	1980年	1985年	1990年	1995年	2000年	2005年	2010年	2013年
阿巴嘎旗	0.41	0.96	1.32	1.38	1.44	1.47	1.56	1.56	1.63	1.65
苏尼特左旗	0.18	0.53	0.76	0.82	0.88	0.89	0.94	0.97	0.99	1.01
苏尼特右旗	0.34	1.83	2.40	2.61	3.00	3.03	3.17	3.48	3.59	3.65
东乌珠穆沁旗	0.21	0.57	0.82	0.90	1.09	1.08	1.15	1.24	1.32	1.76
西乌珠穆沁旗	0.60	2.17	2.58	2.80	3.01	3.19	3.15	3.23	3.45	3.55
锡林浩特市	0.07	4.19	5.87	6.81	8.30	8.97	8.72	10.80	11.66	12.14
镶黄旗	1.79	3.54	4.81	5.18	5.63	5.53	5.43	5.68	5.98	6.11

续表

旗县	1950年	1970年	1980年	1985年	1990年	1995年	2000年	2005年	2010年	2013年
正镶白旗	3.44	8.19	10.30	10.94	11.57	7.69	11.33	11.32	11.70	13.39
正蓝旗	2.09	5.01	6.68	7.07	7.49	7.69	7.50	7.72	8.07	7.32
太仆寺旗	20.84	46.38	59.11	61.85	62.81	61.85	60.71	59.25	61.54	61.91
平均值	1.08	2.88	3.76	4.07	4.41	4.49	4.48	4.67	4.93	5.14

资料来源：历年《内蒙古统计年鉴》。

因此，由于人口密度加大使得锡林郭勒草原牧区难以承载，已经造成人们对农畜产品的需求与草地实际所能提供的草地生产能力之间的尖锐矛盾。而人口增长对草地退化作用的一方面体现，是通过农牧民的放牧行为传递到对草地生态系统的影响，从而形成由人口增加—超载过牧—草地退化的传导影响过程。

6.2 农业经济活动与草地退化

6.2.1 过度放牧与草地退化

1. 放牧对草地的影响机理

在草地上放牧是中国牧区家畜饲养的主要方式。而且，放牧也是草地管理的重要环节。在放牧条件下，草原植物群落特征与牧压强度密切相关[222-224]，放牧压力促使产生一系列动态的相互作用的复合状态，家畜采食和践踏影响植物的生长和耐性。适当强度的牧压使草地生态系统的结构与功能协调平衡，提供草地正常的生长条件，改善草地质量，而且草地植被的丰富度与多样性同时也得到了相应的保护和持续利用，放牧不足或过度放牧都会导致良性的草地生态系统失衡，引起草地退化。因此，在水热条件基本一致的区域内，牧压对植物群落施加的影响可以超越不同地段其他环境因子的影响，成为控制其群落特征的主导因子[223]。

草地生态系统中，不是所有干扰都产生负向演化，适时、恰当地对草地进行利用与干扰可以促进植被更新，从而保持草地生态系统的稳定性[225]。适当强度的放牧可刺激牧草的分蘖和生长，茎叶茂盛，促进牧草再生，提供高额的产量和优良的营养成分，增加物种多样性，使土壤表面疏松，水分和空气易于进入土中，促进牧草根系的成育。牧草结籽后的适当放牧，可以协助种子传播，促进草地的更新，并改善牧草品质。同时，轻牧可维持草原现状或使其发生恢复演替，禾草比例增加，即达到利用是改良的目的[226]。

放牧不足或不能及时放牧，草地表面保留大量的枯枝落叶，覆盖地面，降低空气的流通和水分的渗透，有机质不能充分分解，大量牧草生长变粗变老，妨碍家畜采食，使牧草的适口性、营养成分和消化率降低。而且，放牧不足或不能及时放牧，使草地植物种类减少，导致草地资源的浪费和草地质量降低。在中国南方一些山地草地存在未放牧或放牧不足的情况。

随着放牧强度的加大，放牧对草地的影响程度大、范围广。不但影响植被的生长发育，降低植被的产量、质量，而且还会改变草地的生境条件，导致草地退化。过度放牧，使饲用价值较高的丛生的与根茎性的禾草逐渐衰退，而饲用价值较低的杂类草数量不断增加，一年生杂草大量出现，植物生长强度减弱，许多植物不能完成发育，植株矮小，根系变短，根量减少。而且，过度放牧会干扰牧草生理作用，妨害种子的形成，使牧草繁殖能力降低，引起草地退化。放牧对不同类型的土壤存在差异性影响。矿物质、有机质、水分和空气作为土壤的基本成分，在土壤中彼此相互结合、相互依赖和相互制约。在干旱地带，由于过度放牧，牲畜频繁践踏草地，破坏生境，踏伤植被，导致土壤旱化、沙化；过度放牧会使湿润的土壤坚实，甚至变形，孔隙变小，渗水性减弱，极易引起风蚀、水蚀，最终造成水土流失。过度放牧对牧草通过的生长发育、繁殖和对土壤的综合影响，可导致草地植被性状发生改变，引起草地退化。

2. 牲畜养殖的变化与草地退化

如图 6－3 所示，研究区大小牲畜发展变化趋势在 1980 年前趋同，但在 1980 年后发展变化趋势有异。大牲畜在 1975 年之前呈上升趋势，之后波动下降，到 2002 年下降到研究期的最低点，之后又有所回升；小牲畜发展呈阶段性发展特征，在1965年之前呈现上升趋势，从1965～1990年期间，小畜发展比较稳定，总体波动较小，1990年以后，到1999年小畜数量不断增加，达到自1947年后的最高水平，2000年以后小畜数量不断下降，到目前几乎回落到20世纪80年代末的水平。主要原因是牲畜数量的发展与当时的政策因素相关，1992年中国实行市场经济体制后，市场化水平不断提高，小畜的数量持续增加，1999年达到研究期的顶峰，2000年国家开始实施草畜平衡、禁牧政策，牲畜数量有较大幅度的下降。

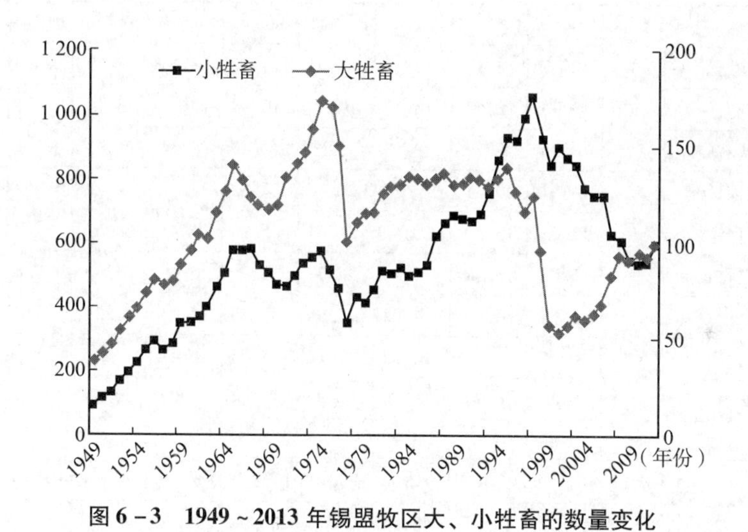

图6－3　1949～2013年锡盟牧区大、小牲畜的数量变化

资料来源：《内蒙古自治区畜牧业统计资料》（1946～2000年）和《内蒙古统计年鉴》（2001～2014年）。

如表6－2所示，锡盟牧区各旗市大小牲畜的发展趋势不同。从1971年至今，除东乌珠穆沁旗和西乌珠穆沁旗大牲畜数量先增加后减少的发展变化趋势外，其他几个旗市大牲畜的头数从1971年开始波动式下降；除东乌珠穆沁旗和西乌珠穆沁旗小牲畜头数是先增加后减少的发展趋势外，从1971年开始，其他旗市均呈现小幅下降，从1990年初开始小牲畜头数不断增加，到1999年小牲畜头数达到顶峰。畜牧业的发展不仅使得牲畜数量增加，也随之出现了草地的超载过牧。一方面造成草地植被盖度下降，优良牧草减少，导致草地质量下降；另一方面，由于小牲畜数量的增加而出现对草地植被的较高强度的啃食、践踏，从而导致草地退化。东乌珠穆沁旗和西乌珠穆沁旗大、小牲畜的发展变化趋势有别于研究区其他旗市，主要由于这两个旗在锡盟牧区中草地质量最好，而且地广人稀，从20世纪80年代初开始，这两个旗的人口不断增加及人们生活水平的不断提高，使得这两个旗的大小牲畜头数的不断增加。其他旗市牲畜头数的变化趋同于锡盟牧区整体的发展趋势。

表6-2 1971~2013年锡盟牧区各旗市年末牲畜存栏头数 单位：万头

旗县	类型	1971年	1981年	1985年	1990年	1995年	1999年	2005年	2010年	2013年
阿巴嘎旗	大牲畜	18.57	12.12	15.19	15.91	14.87	16.45	7.19	12.01	16.01
苏尼特左旗		15.76	12.37	13.12	10.38	10.08	12.86	5.75	8.11	7.36
苏尼特右旗		10.35	8.79	9.53	5.55	4.49	4.64	1.48	2.72	3.99
东乌珠穆沁旗		14.81	20.21	22.77	26.77	27.53	22.47	6.68	6.74	11.13
西乌珠穆沁旗		12.81	13.87	20.40	24.61	25.93	16.47	8.67	11.74	12.84
锡林浩特市		5.09	3.37	6.84	8.17	7.75	6.66	3.66	7.61	6.25
镶黄旗		5.61	4.44	4.72	3.95	4.64	4.03	1.37	1.94	1.66
正镶白旗		10.45	7.49	10.52	7.16	8.23	6.41	3.71	5.50	5.39
正蓝旗		16.64	16.77	19.28	18.24	17.64	17.07	10.54	13.72	16.47
太仆寺旗		5.87	4.41	6.28	4.14	5.28	4.03	2.73	6.28	6.66
旗县	类型	1971年	1981年	1985年	1990年	1995年	1999年	2005年	2010年	2013年
阿巴嘎旗	小牲畜	53.97	41.65	48.96	73.77	98.97	148.72	99.13	63.13	57.47
苏尼特左旗		61.65	40.12	48.15	56.89	81.62	112.10	63.76	59.86	59.86
苏尼特右旗		41.32	39.78	49.11	59.13	89.48	107.17	54.90	79.39	83.45
东乌珠穆沁旗		60.84	85.70	100.43	118.46	154.09	194.56	160.07	132.10	139.53
西乌珠穆沁旗		46.56	48.27	68.99	101.40	146.07	167.24	122.15	82.60	84.39
锡林浩特市		22.93	22.42	43.97	64.80	85.99	113.34	81.04	45.71	53.98
镶黄旗		20.22	25.00	27.76	33.90	42.92	42.41	29.46	20.07	21.07
正镶白旗		28.73	31.07	40.72	53.28	57.37	47.95	36.84	18.61	19.96
正蓝旗		34.14	41.11	48.00	67.82	59.49	46.38	27.10	16.97	20.10
太仆寺旗		13.37	23.71	22.92	23.04	17.14	13.18	25.62	4.85	12.07

资料来源：《内蒙古自治区畜牧业统计资料》（1946~2000年）和《内蒙古统计年鉴》（2001~2014年）。

由表6-3可知，锡盟牧区各旗市草地载畜量差异较大。其中，太仆寺旗的载畜量最大，其次是正蓝旗，而草地质量相对较好的东乌珠穆沁旗和西乌珠穆沁旗的载畜量与前两个旗相比不大；载畜量最低的是苏尼特左旗和苏尼特右旗，在锡盟牧区这两个旗的自然条件最差，虽然草地面积广阔，但草地载畜量有限。草地资源类型不同，所能承载的牲畜量不同，但从整体来看，载畜量较多的中部地区草地退化较剧烈，载畜量越多，草地退化越严重。

表6-3　2010年锡盟牧区旗市年末实有牲畜头数和草地面积统计

旗市	牲畜头数（万羊单位）	草地面积（km^2）	可利用草地面积（km^2）	载畜量（羊单位/km^2）
阿巴嘎旗	123.17	27 381.65	26 153.09	47.10
苏尼特左旗	94.10	34 059.75	32 034.88	29.37
苏尼特右旗	93.01	26 322.02	24 494.47	37.97
东乌珠穆沁旗	165.78	44 010.58	42 330.35	39.16
西乌珠穆沁旗	141.30	22 143.75	21 049.03	67.13
锡林浩特市	83.74	14 344.97	13 733.33	60.98
镶黄旗	29.77	5 047.67	4 821.55	61.74
正镶白旗	46.24	5 915.98	5 440.15	85.00
正蓝旗	85.58	9 699.94	8 746.98	97.84
太仆寺旗	36.28	1 642.52	1 546.93	234.53

6.2.2　开垦与草地退化

1. 开垦对草地的影响机理

随着人口的不断增长，为满足粮食需求问题，盲目开垦，加大农业发展的力度，忽视畜牧业等其他各业在特定自然条件下的协调发展。中国北部地区天然草地的年降水量均在400mm以下，这一地区生态系统脆弱，其生态系统主要依靠草地植被的良性循环得以维持，开垦优质草地后，就毁坏了植被自身的循环系统，再恢复需要数年甚至更长时间。有关开垦天然草地种植小麦对土壤碳储量的影响表明，开垦天然草地种植小麦 12 年或 13 年出现土壤碳储量的显著下降，且这种下降主要源于表层土壤碳储量的降低。以上结论表明，天然草地被开垦用于小麦种植后，造成了土壤中大量有机碳的流失，土壤质地严重劣化。并且估计这种裂化程度会随着开垦时间的推移而加深，草地生产力不断下降，导致草地退化。

开垦行为在草原上从未中断过，已将内蒙古草原分割成星罗棋布的网状结构。强风天气一旦出现，大风裹夹着裸地上吹扬起的沙土形成不断移动的强沙尘，较细的颗粒卷入空中，对外部环境产生恶劣影响，较粗的沙粒则在灌木的拦截下形成以灌木为支点的大小均匀的新月形沙丘，直到灌木植物群落被埋掉由于缺氧窒息而死亡。形成的新月形沙丘均由较粗的沙粒组成，如遇到暴雨或洪水携带沙粒冲入草地，平铺于上，地表结构会发生物理性状变化，沙地埋压泥土变成沙漠化泥土。这一过程同时对天然植物群落的组成产生影响，大风产生的风沙流为土地的进一步沙化提供了强劲的动力，由于风沙流的含砂量随高度按指数规律递减，此时除气流吹扬作用外，由于气流内饱和的沙粒存现，对草地的破口进行“割打”（此种吹蚀割打力高出单纯气流吹蚀力的 30 倍）。因此，土地退化并不是与时间进程等速相加，而是伴随着风速的加大而急骤累进。另外，翻耕后的风蚀量与未翻耕土地的风蚀量相比，前者是后者的 14.8 倍，因此开垦是人为扰动地面使其不断退化的主要形式[227]。所以，开垦草原除了促使减少优良草地面积，还使周边的草地发生物理性状的劣化[228]。

2. 耕地面积的变化与草地退化

如图 6 - 4 所示，锡盟 10 个牧区旗市总的耕地面积呈现波浪式变化。1949 ~ 2013 年的 65 年间，有三个耕地面积的变化转折期，分别为 1960 年、1975 ~ 1979 年和 1997 ~ 1999 年。1949 ~ 1959 年期间，耕地面积变化不很明显，1960 年耕地面积急剧增加，是从 1949 年新中国成立后至今耕地面积最多的年份，之后不断下降；在 1975 ~ 1979 年期间，耕地面积有所回升，从 1979 年开始耕地面积又开始下降；直到 1997 年有所回升，到 1999 年耕地面积基本保持同一水平，之后又波动下降；到 2013 年，耕地面积又有所上升，几乎与 1979 年的水平相当。

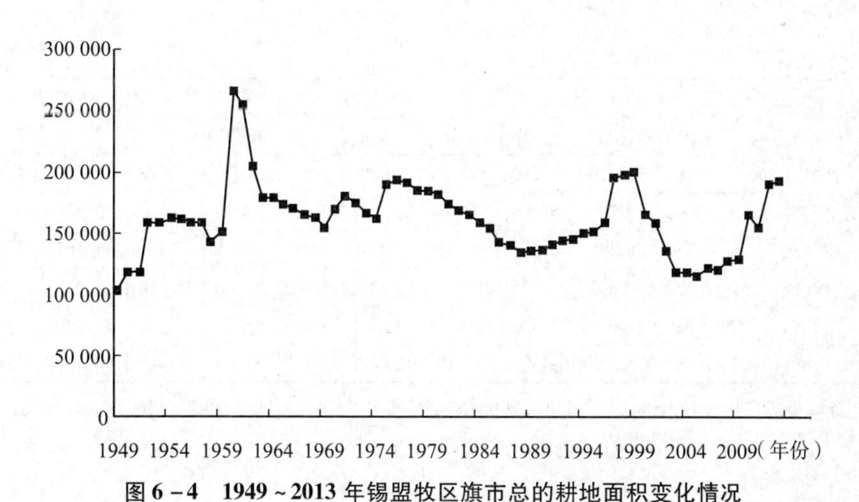

图 6－4　1949～2013 年锡盟牧区旗市总的耕地面积变化情况

耕地面积的发展变化趋势与人口压力及当时的政策有直接关系，1960 年耕地面积的急剧增加，主要由于草原全民产权制度取代草原民族公有制，滥垦之风刮到了草原，兴办起许多国营农场，国营农场开垦了不少草地，以耕挤牧的思想占主导；从 1975 年开始耕地面积又一次增加，主要归因于“文化大革命”（1966～1976 年）时期的政策，当时出现一系列如“牧民不吃黑心粮”“农业要上，牧业要让”及“以粮为纲”的错误思想指导，锡盟牧区遭到了大规模的农业垦殖破坏，导致草地退化。如表 6－4 所示，除苏尼特左旗和苏尼特右旗耕地面积 1960 年急剧增加，而之后小幅波动减少的趋势外，锡盟其他各牧区旗市大多都遵循这样的耕地面积发展变化趋势。随着人口不断增加及城镇化的发展，开垦草地在 1997 年又有所加强，草地退化程度有所加大，2000 年以来国家提出“退耕还林还草工程”恢复生态系统的措施，耕地面积逐渐下降，草地退化的趋势有所下降，到 2012 年、2013 年又有所回升，主要由于锡盟对废弃居民点和工矿废弃地复垦，2012 年确定工矿废弃地复垦总面积为 10 600hm^2[229]。

表 6－4　　1958～2013 年锡盟各牧区旗市耕地面积的变化　　单位：hm^2

旗县	1958 年	1960 年	1970 年	1975 年	1980 年	1990 年	1997 年	2000 年	2010 年	2013 年
阿巴嘎旗	5 310	17 668	4 186	1 225	332	220	820	530	667	1 569
苏尼特左旗	689	6 667	359	172	121	87	340	530	790	1 173
苏尼特右旗	5 268	16 587	7 838	8 299	7 396	5 080	5 270	2 960	3 043	3 296

续表

旗县	1958 年	1960 年	1970 年	1975 年	1980 年	1990 年	1997 年	2000 年	2010 年	2013 年
东乌珠穆沁旗	1 020	12 045	2 628	1 969	629	360	13 700	13 640	3 673	27 950
西乌珠穆沁旗	564	16 429	4 750	3 602	2 088	2 267	4 710	2 890	1 890	4 445
锡林浩特市	3 000	19 799	2 487	30 861	32 791	15 600	22 880	19 650	23 370	22 828
镶黄旗	3 136	8 315	4 654	3 721	2 234	1 027	2 300	3 450	1 167	3 318
正镶白旗	16 632	30 303	22 375	20 867	19 429	14 400	21 140	22 410	15 040	15 502
正蓝旗	12 866	32 638	21 055	20 664	20 075	15 493	21 760	23 080	20 820	18 011
太仆寺旗	92 767	105 375	99 398	98 419	95 777	81 120	102 100	75 430	94 470	94 467

资料来源：锡盟统计局编，1949 ~ 2009 年锡林郭勒奋进六十年；内蒙古统计年鉴（2010 ~ 2014 年）。

如表 6 - 5 所示，锡盟牧区不同旗市耕地面积及耕地面积占农用地面积的比例差异较大，中南部地区的耕地面积较大，尤其太仆寺旗的耕地面积最多，耕地面积占农用地面积的比例达到 37.91%，即中南部地区的农垦率比东西部地区的高；另外，在东乌珠穆沁旗的乌拉盖管理区耕地相对集中，面积略大。主要由于中南部地区与乌拉盖管理区的人口居住比较集中，粮食需求量旺盛，草地的垦殖率高，导致这些区域的草地退化问题较明显。

表 6 - 5　2013 年锡盟各牧区旗市耕地与农用地面积及耕地面积占农用地面积的比例

旗市	耕地面积（hm^2）	农用地面积（hm^2）	耕地面积所占比例（%）
阿巴嘎旗	1 569	2 616 878	0.06
苏尼特左旗	1 173	3 204 661	0.04
苏尼特右旗	3 296	2 452 743	0.13
东乌珠穆沁旗	27 950	4 260 985	0.66
西乌珠穆沁旗	4 445	2 109 348	0.21
锡林浩特市	22 828	1 396 161	1.64
镶黄旗	3 318	485 473	0.68
正镶白旗	15 502	559 517	2.77
正蓝旗	18 011	892 709	2.02
太仆寺旗	94 467	249 159	37.91

资料来源：《内蒙古统计年鉴》（2014 年）。

综上所述，草地载畜量、草地开垦与草地退化程度的关系密切。牲畜数量不断增加，使得草地载畜量不断上升，同时草地开垦面积扩大，草地退化的趋势和局面也不断恶化；进入 2000 年之后，牲畜数量不断下降，草地载畜量规模缩小，随着退耕还林还草政策的出台，耕地面积不断缩小，草地退化的发展势头不断消弱，尤其是 2011 年以后，草地退化指数几乎与 20 世纪 80 年代初相当。载畜量减少、开垦面积减少与退化程度减弱同步发展变化。资源的有限性与人类需求无限性之间的矛盾是人类经济活动的一个永恒矛盾，也是草原畜牧业经济中的主要矛盾[141]。随着人口不断增加而导致的需求增加，农牧民采用超载过牧、开垦草地从事种植业生产等利用草地的方式来满足需求，使得草地退化不断加剧。

6.3 非农经济活动与草地退化

牧区非农经济活动包括很多方面，如采矿业、修路、城镇化、樵采、乱挖等，本节主要分析采矿业和公路交通业分别对草地退化的影响机理，由于数据获取的局限性，在分析非农业经济活动的经济变量时，书中采用非农国内生产总值指标，并分析其发展变化特点及趋势。

6.3.1 采矿、交通业与草地退化的影响机理

矿产资源的开采和交通对草地的破坏是直接的，并导致草地退化。矿产资源的开采中，露天开采会直接毁坏地表土层与植被，而地下开采会引发地层塌陷，对土地和植被造成直接迫坏；尾矿和矸石等废弃物直接堆置于采坑旁边的草地上，形成巨大的排土场，破坏原有草地生态系统。而且，废弃物的表土在春季大风的作用下，往往会在周围的草地蒙上厚厚的一层覆土，不仅污染了土壤，还使得草地的生产力下降，植被盖度减少；同时，矿产资源开采对地下水资源的破坏，使得地下水位下降、植被盖度降低，加剧了土壤的退化；通过径流和大气漂尘，矿山废弃物中的酸、碱、毒性物质

对周围的土地、水系和大气造成污染[230]，其污染影响面远远大于废弃物堆置场的地域空间，在区域不同程度的土地侵占、水土流失、大气和水资源污染、植被破坏，进而引起草地质量变差。修路挖土不仅直接破坏草地，而且，容易造成附近土壤过度紧实，植被难以复原，再加上施工队伍的任意砍伐和滥烧，加深对草地生态系统的危害。另外，道路在营运期，车辆尾气、交通噪声、路边垃圾、车辆遗漏物等都会使环境状况恶化，最终导致草地退化。在辽阔的草原上硬化的等级交通干线很少，尤其在乡及乡以下区域无固定车道，车辆随意行驶，在草地上形成无数条碾压带，碾压带土壤过度紧实，导致植被难以恢复，对草地生态系统影响较大。如李双成等(2004)[231]对中国不同级别道路网络与生态系统破碎化的关系进行研究发现，中国道路影响生态系统面积占全国国土面积的18.39%，其中，等外公路影响面积占国土面积的16.85%，等外公路影响草地生态系统面积占国土面积的3.49%。

6.3.2 非农业经济活动的变化与草地退化

如图6－5所示，在1981～2013年期间，锡盟10个牧区旗市的第二产业、第三产业、非农及人均非农GDP均不断增加。其中，第二产业与第三产业GDP增加值相比，第二产业GDP增加值高于第三产业GDP增加值，尤其从1991年开始，第二产业的GDP增加值高于第三产业GDP增加值。1992年中国实行市场经济体制后，加大了工业化的建设进程，工业经济产值高速增加，由1992年的64 288万元增加到2013年的5 645 822万元，2013年第二产业GDP增加值比1992年增加近88倍。尤其是从2002年开始，第二产业GDP增加值总量在基数较高的情况下，增量较大。第三产业GDP增加值的发展相对较平稳，因此，非农GDP增加值的增量主要来源于第二产业GDP增加值的贡献。

人均非农GDP与非农GDP增加值的发展趋势基本一致（见图6－5），尤其从2003年开始，人均非农GDP总量不断增加。

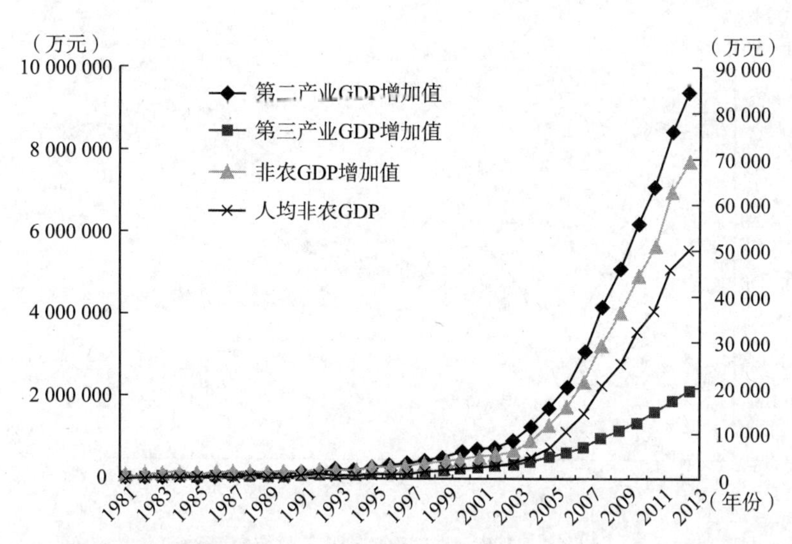

图 6－5　1981～2013 年锡盟第二、第三产业、非农 GDP 增加值及人均非农 GDP 变化

如图 6－6 所示，在 1981～2013 年期间，锡盟第一、第二、第三产业结构发生了明显的变化。其中，第一产业产值在总产值中的比重大幅下降，1981～1990 年期间，第一产业产值波动变化，总体变化趋势不大，进入 20 世纪 90 年代之后，在经济快速发展的背景下，第一产业产值占总产值的比重下降幅度较明显；第二产业产值在总产值中的比重波动上升，尤其是 2002 年以后，第二产业产值在总产值中所占比重大幅提高；第三产业产值在总产值中的比重波动下降，与第二产业产值在总产值中的比重发展变化形成鲜明对比，2002 年以后第三产业产值在总产值中的比重处于不断下降的趋势。其中，第二、第三产业产值在总产值中的比重有三个突变点，分别为 1990 年、1999 年和 2002 年，其中 1990 年的第三产业产值占总产值的比重和第二产业产值占总产值的比重相差无几，第三产业比第二产业在总产值的比重略高 0.29%，主要由于 1992 年市场经济体制的实行，大力进行第三产业引起；从 1992 年之后，除了 1999 年和 2002 年两个年份第三产业的产值占总产值的比重高于第二产业的，其他年份第二产业产值在总产值中的比重均高于第三产业的，这主要由于锡盟在产业结构调整过程中，第二、第三产业的交替发展变化特征。第二、第三产业的发展，尤其是第二、第三产业中的矿产开采、交通运输业的发展，对草地退化的影响显著，导致草地退化。

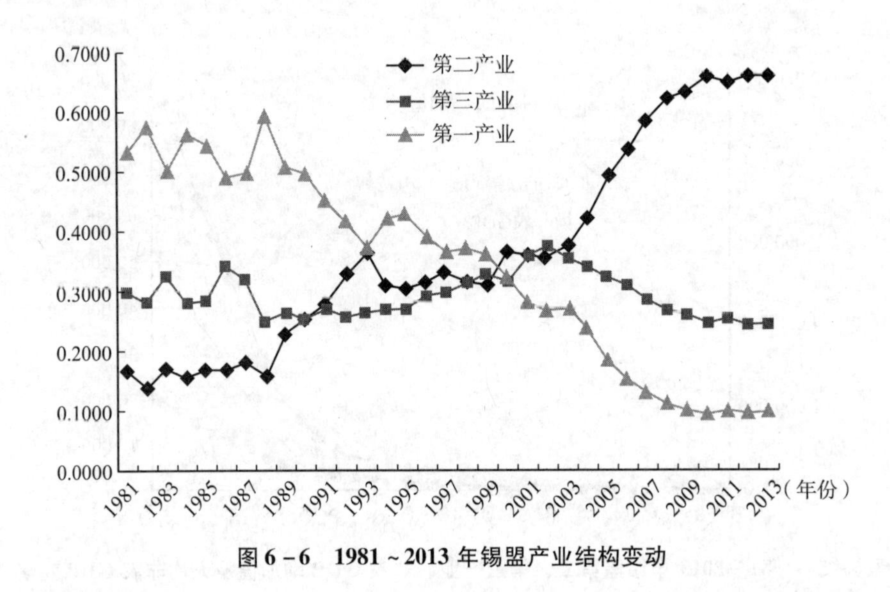

图 6-6　1981～2013 年锡盟产业结构变动

如表 6-6 所示，1981～2013 年期间，锡盟 10 个牧区旗市人均非农 GDP 的发展存在一定的差别。1981 年，锡林浩特市、东乌珠穆沁旗和苏尼特右旗的人均非农 GDP 相对锡盟的其他牧区旗较高，在发展过程中，增量也较大；但进入 2000 年后，锡林浩特市的人均非农 GDP 发展相比其他两个旗较缓慢，主要由于进入 2000 年后，锡林浩特市作为锡盟的政府所在地，由于城镇化的发展，人口数量不断增加，而东乌珠穆沁旗和苏尼特右旗的人口数量相对较稳定；太仆寺旗、正镶白旗和正蓝旗的人均非农 GDP 的增幅相对其他旗市发展较平稳，而且人均非农 GDP 也处于较低水平，主要由于这三个旗土地面积较小，而人口承载力较高，工业化发展的空间有限；其他旗的人均非农 GDP 发展处于中间水平。从非农 GDP 占总产值比重的变化情况看，在 1981～2013 年间，锡林浩特市与苏尼特右旗的比重均处于较高水平，均超 60% 以上的水平；进入 2000 年后，除太仆寺旗与正镶白旗的非农 GDP 在总产值中的比重上升相对缓慢外，其他旗的比重大幅上升。人均非农 GDP 及非农 GDP 在总产值中的比重不断上升，尤其是矿产开采业的发展，使得土地裸露和植被毁损，对草地造成直接的破坏，导致草地退化。进入 2010 年后，由于更注重生态环境系统的保护，个别旗县的非农 GDP 在总产值中的比重有所下降，如阿巴嘎旗、西乌珠穆沁旗、锡林浩特市和苏尼特右旗等旗市。这几个旗市非农

GDP比重的下降主要源于以资源开采为主要来源的第二产业产值有所下降，使得草地退化的程度和趋势有所缓解，并且部分区域草地退化态势得到扭转。

表6-6　1981~2013年锡盟各牧区旗市人均非农GDP及非农GDP在总产值中的比重

旗县	人均非农GDP（元/人）					非农GDP在总产值中的比重（%）				
	1981年	1990年	2000年	2010年	2013年	1981年	1990年	2000年	2010年	2013年
阿巴嘎旗	244	632	2 911	67 113	104 119	38.16	34.54	43.54	88.13	87.65
苏尼特左旗	156	524	3 896	53 431	102 622	29.31	37.11	50.28	86.23	87.84
苏尼特右旗	275	1 260	8 870	84 890	127 798	61.02	78.76	89.73	96.42	96.10
东乌珠穆沁旗	313	1 523	6 019	84 195	160 891	41.66	44.28	58.06	86.33	87.59
西乌珠穆沁旗	187	768	3 741	100 500	124 292	38.82	34.33	44.43	90.67	88.44
锡林浩特市	424	2 292	17 969	79 261	108 635	71.96	80.17	89.52	95.24	94.39
镶黄旗	169	383	1 766	96 167	132 253	37.15	32.65	57.04	92.92	93.41
正镶白旗	96	302	2 355	19 229	27 914	35.69	32.78	64.76	81.34	82.81
正蓝旗	111	232	2 359	42 813	65 059	26.28	14.95	55.62	88.17	90.12
太仆寺旗	85	192	1 452	9 122	14 259	48.14	33.01	57.80	70.56	73.16

资料来源：锡盟统计局编，1949~2009年锡林郭勒奋进六十年；内蒙古统计年鉴（2010~2014年）。

6.4 本章小结

通过以上人口增加及生产经营活动对草地退化影响机理的分析，并在对锡盟10个牧区旗市不同时期人口数量、人口密度、农业经济活动（包括牲畜头数、载畜量、耕地面积和耕地面积占农用地面积的比重）及非农业经济活动（非农GDP和人均非农GDP）等指标的数量特征和发展变化趋势分析的基础上，分析了人口增加及生产经营活动与草地退化之间的关联性。

研究结果表明草地载畜量、开垦草地与草地退化关系紧密，草地载畜量增多、草地开垦面积增加与草地质量恶化、草地退化加强的趋势相一致；草地载畜量下降、草地开垦面积减少与草地退化态势减缓同步发生。人口增加超过一定限度之后会对草地的环境容量和资源供给造成巨大的压力，甚至破坏农牧民赖以生存的草地环境。研究期内人口数量和人口密度的不断增加，使得草地退化态势严峻，但进入2000年后，由于草地载畜量和开垦草地面积的下降，使草地退化态势得到缓解和控制，局部区域草地退化态势得到遏制、甚至扭转。

锡盟牧区非农GDP以第二产业产值为主导，而在该地区第二产业又以矿产、石油开采为主要产业，第二产业GDP在GDP中的占比不断提高，尤其在1999年之后，第二产业GDP占总GDP的比重不断上升，而第一产业与第三产业GDP的占不断下降，矿产、石油开采业的发展对土地和植被造成直接破坏，原有草地生态系统破坏，草地生产力下降，导致草地退化。

锡盟牧区旗市草地退化与生产经营活动密切相关。人口增加、农业与非农生产发展方向及发展策略的调整，与草地退化的发生、发展及遏制密切相关。

第7章　草地政策、制度与草地退化的关联性分析

探究草地资源的退化，不能仅仅从自然本身找寻原因，还必须从人的行为及其管束规则即制度与政策中去寻找原因。第6章已采用定性与描述性统计的方法对生产经营活动与草地退化的关联性进行分析，本章主要从草地政策、制度入手探讨其与草地退化之间的关系，而这里的制度核心是产权制度，草地政策是指21世纪初开始实行的一系列旨在保护草地生态系统的政策。草地政策、制度对草原的生态保护作用是一个值得深入研究的问题。大量的研究表明，传统游牧经济中的草、畜、人之间，经过漫长历史岁月的磨合早已达成了结构上的和谐与稳定[232]。然而，草地承包责任制打破了传统草原畜牧业草、畜、人协调的三维体系，但又未构建草地、牲畜、牧区之间的相互协调平衡的新系统，从而出现草地、牲畜、牧区三者关系的割裂，最终导致草地退化。2000年之后，中国实施了一系列旨在改善草地生态系统的政策，尤其是2011年开始实施的草地生态保护补助奖励机制，使草地生态系统功能逐步提升，草地生态加速退化的态势得以有效缓解和遏制。

7.1 内蒙古草地政策、制度变迁的背景与回顾

从1947年内蒙古成立以来至今，其草地产权制度经历了曲折和变化，共发生三次大的牧区草地产权制度变迁（见表7-1）。1947~1958年发生了第一次草地产权制度变迁，草地产权为蒙古民族公有制；1958~1978年发生了第二次草地产权制度变迁，这一时期草地产权为全民所有制；1978年至今，开启了改革开放的新时期，草地产权为全民所有和集体所有两种所有制并存。在60多年的经济建设中，牧区草地产权制度几经变迁，有成功也有失败。下面就按照内蒙古牧区草地产权制度和政策变迁的路径，分析和考察内蒙古牧区草地产权制度及政策的运行轨迹及其内在规律。

表7-1　内蒙古成立以来草地产权制度变迁

制度变迁	时间	事件
蒙古民族公有制	1947~1958年	民主改革
全民所有制	1958~1978年	社会主义建设时期
全民所有制和牧民集体所有制	1978年至今	改革开放新时期

7.1.1 草地产权属蒙古民族公有制时期（1947 - 1958 年）

1947 年，随着内蒙古的成立，民主革命开启了内蒙古草地产权制度变迁的大门，推翻了封建农奴制度，完成了土地改革的任务。在牧区，变封建牧主所有制为蒙古民族公有制，发展了牧业生产合作化。

1947 年，进行民主改革前的牧区，广大牧民仍受制于封建贵族所有制的枷锁。牧区占人口 2% 左右的牧主拥有 20% 以上的牲畜总数；占人口 40% ~ 50% 的贫苦牧民却只占有 15% 的牲畜总数。据 1940 年索伦旗、新巴尔虎左旗、新巴尔虎右旗的调查，占总牧户 71% 的劳动牧民，只占牲畜总数的 2.1%[233]，作为畜牧业重要生产资料的草牧场，则由封建上层所控制，牧民没有自由使用草牧场的权利，牧区的主要剥削形式是放“苏鲁克①”和雇工。

1947 年的民主革命开启了第一次草地产权制度变迁的大门，其主要内容在《内蒙古自治区政府施政纲领》中明确规定：没收王公贵族、上层喇嘛及牧主手中的绝大部分优良牧场，将封建的土地及牧场所有制废除，并依照蒙古民族的历史习惯，在全区范围内实行蒙古民族公有的草牧场所有制度，牧民在其所在的行政区域内都可自由放牧。

民主改革有先有后，内蒙古东西部的民主改革分别在 1947 ~ 1948 年和 1951 ~ 1952 年两个不同时期进行，实行“牧场公有，放牧自由”的政策。这一政策打破了封建贵族所有制的枷锁，广大牧民享受着民族公有制给予他们的特权，有了放牧的自由。这一经营形式在特殊历史时期，维护了牧主和牧民利益，加之其他鼓励政策，如“三不两利”政策和“新苏鲁克”制度等，较快地促进了畜牧业的恢复和发展[234]，并打破了封建贵族所有制的枷锁，广大牧民享受民族公有制给予他们的特权，获得放牧自由。内蒙古自治区委员会采取积极、稳妥的步骤，在民主改革中，对大部分牧户执行“不斗不分，不划阶级”和“牧工牧主两利”的政策，除罪大恶极的蒙奸恶霸经盟以上政府批准可没收其牲畜财产由政府处理外。帮扶贫苦牧民、在牧区、半农

---

① 苏鲁克为蒙古语。原意为畜群，这里专制牧工牧主之间的生产关系。1949 年前，畜主将畜群租与牧工放牧，称放“苏鲁克”，剥削及其残酷甚至是超经济的强制。内蒙古自治区成立后，牧区在废除封建特权的同时，实行了“新苏鲁克”制，一般苏鲁克的牧民可得所产羔羊的 40% ~50%。

半牧区“保护牧场，禁止开垦”以及“人畜两旺”的政策、方针，成效显著。到1952年牧区民主改革的胜利，促进了畜牧业的恢复和发展。1947～1952年，内蒙古大牲畜和羊从841.90万头上升到1 601.90万头，增幅近一倍，其中1949～1952年增长64%[235]。“但是，草牧场民族公有制，作为在特定历史条件下、特殊生产领域的所有制，有其局限性和难以克服的矛盾[236]”。

到1952年，分散的个体牧户约占牧区总牧户的90%以上，其拥有的牲畜约占牧区牲畜总数的80%以上，在牧区经济中占主导地位，生产和经营都体现在一家一户上。经历了民主改革，中央对包括内蒙古在内的中国西部四地牧业区畜牧业生产进行基本总结，概括为“5项方针、11项政策、6项措施[235]”共22条内容。这些内容对稳定蒙古民族公有制、安定民心及促进牧民休养生息起到了较好的作用。但同时，牧区土地广阔、人烟稀少、生产落后，常年有风雪、疫病等灾害，且劳动力缺乏、生产工具不足，牧业生产特别是贫困牧民存在许多困难。在当时，这些困难的克服，要求进一步发展牧区的互助合作和定居游牧，发展牧业生产合作的组织管理形式。

内蒙古牧区广大牧民在长期的游牧生活中已形成互助合作的习惯，同时，党和政府号召牧民组织起来，互助合作，得到广大牧民的积极响应。在传统的合群放牧、替工换工的互助基础上，纳入了许多新的互助和合作内容，互助组、初级合作社和高级合作社相继成立。主要生产工具统一使用，及在生产资料公有化（草地的共同使用）逐步推行的基础上，实行按劳分配的统一经营方式。生产力在新的生产关系的建立下得到极大解放，在更大的范围内和程度上，各种生产要素更加优化组合，牧民的生产与生活方式发生了深刻变革。集体所有生产资料与互助合作的生产经营方式，形成相对聚集的牧民居住特点。

1952年开始重点发展牧业生产互助组，截至1955年底互助组发展到6 710个，是主要发展牧业互助组的时期，参加互助组的牧户也占总牧户的53.2%。到1955年初才试办了20个牧业生产合作社。在农业合作化高潮的影响和推动下，牧业生产合作社到1956年发展到543个，入社牧户占牧户总数的22%。牧区在1957年冬掀起了合作化高潮，这一时期是大力兴办初级牧业生产合作社的阶段。到1958年7月初，牧业生产合作社发展到2 083个，入社牧户占总数的85%[235]，实现牧业合作化。从1952年试办互助组，到1958年夏基本实现合作化，用了七八年的时间，内蒙古经过循序渐进、稳步发展的过程实现了畜牧业的社会主义改造。这个过程中虽有一些错误的倾向，但在全局上没有发生过多的偏差。在畜牧业社会主义改造过程中，根据牧业经济的特点，对牧业生产合作社的规模、建社步骤、自留畜、牲畜入社及收益分配等问题进行适当的规定。并且提出的形式多样，以供不同区域的牧民选择，因此，牧民群众对其容易理解并接受。入社方式不强求划一，牧民可通过或母畜或计头或评分折股的方式入社，游牧区的建社规模一般是 20 户左右，最多不超过 30 户。在自留畜问题上，根据牲畜既是生产资料又是生活资料的特征，都由社员自愿选留，留足作为生活资料的牲畜。自留畜中还保留一定比例的母畜，以满足繁殖仔畜和长期经营的需要。以上规定均适合牧区特点、为牧民所容易接受，这对牧民生产积极性的调动起到有利影响并促进畜牧业生产的发展。

在这 11 年中，在自己占用的草场上，牧民可以全面的行使占有、使用、收益和处分的权利。其中，1952 ~ 1958 年（牧业合作化）是民族公有制，但是集体统一经营（该时期为牧业合作化时期），在这种情形下，草原的民族公有制事实上相当于集体所有制，只是没有对其进行成文的法律规定。社会主义改造时期，采用劳动互助、草地和其他生产资料合作制度，很大程度的解决了解放初期牧区牧业劳动力与生产工具不足的局面，使得牧业生产效率不断提高。

7.1.2 草地产权全民所有制时期（1958 ~ 1977 年）

内蒙古草原的民族公有制在 1958 年受到双重冲击，人民公社化浪潮席卷内蒙古是其一，其二是大批移民进入内蒙古开垦草原。1958 年 9 月建立了第一个上都河人民公社，到次年 2 月，在全区牧区范围内共有 163 个人民公社建成，97% 的牧民入社[235]，基本实现了人民公社化。这样，由于藩篱尽撤草原的民族公有制迅速解体，实行全民所有制。

人民公社前期（1958 ~ 1965 年），在建立公社组织制度上，采用先上牌子，再搭架子，上动下不动的方式。事实上只将苏木人民委员会换成人民公社的牌子。在入社牧户的报酬上，坚持对劳动不剥削的原则，按固定报酬分成。这一政策在相当长的时期内不变动，使入社牲畜提高到 90% 以上。入社也不完全是入社自愿、退社自由的原则，提出“三级所有，队为基础”的体制，即“统一领导，队为基础；分级管理，权力下放；三级核算，各计盈亏”；在社员与大队收入分配上，执行“两定一奖”，但由于定的指标过高，仅能勉强超产或无法超产。社员间的收入有平均主义倾向。特别是在生产队大批安插外来人员，互利政策受到扭曲。针对这些情况，内蒙古自治区委员会一届九次全委扩大会议做出《关于牧区人民公社若干问题的指示》，及时纠正牧区人民公社化运动中发生的错误及其造成的后果。同年7月，在内蒙古第八次牧区工作会议上，对牧区实行生产队有制和“三包一奖”或“以产计工”的收益分配制度进行了进一步的规定，及时纠正了“一大二公”和“共产风”的错误，减轻了人民公社化运动可能造成的损失，保证牧区尤其是牧区畜牧业生产的稳步发展。

这时，个别地方的实际载畜量已与合理载畜量几乎相当，草原载畜量接近饱和。恰当其时，草原全民所有取代草原民族公有，滥垦之风在草原兴起。1958年，许多国营农场在草原上新办。在1959年、1960年的草原上，由国营企业、事业单位兴办的“副食基地”难以计数，同时，农业社队也挺近草原进行开垦。用牧民的话来讲，此时的草原已是“众人的老子无人管”。畜牧业在这一时期的发展速度减缓，但此时以耕挤牧的恶果还未充分显现，因此还未产生大幅的减缓。1958～1960年，牲畜以9.9%的年平均递增率增长[237]。

1961～1966年，内蒙古重申“保护牧场，禁止开垦”，滥垦草原之风才得以刹住，大量不利于畜牧业发展和水土保持的垦地被封闭起来，并对牧业社队应给予长期的、固定的草原集体使用权进行了要求。在有助于畜牧业发展的政策和措施下，1965年创造了牲畜总数的历史最高纪录［4 176.2万头(只)］。然而，之前以耕挤牧的恶果已充分显现，因此畜牧业的发展速度在这期间仍在减缓，牲畜仅以3.8%的年平均递增率增长。

人民公社后期（1966～1978年），否定了从牧区民主改革开始至“文化大革命”之前的许多有利政策和方针，包括“不斗不分，不划阶级”“牧工牧主两利”“以牧为主”“禁止开荒，保护牧场”“两定一奖”和“三定一奖”等，各种五花八门的口号不断涌现，如“农业要上，牧业要让”“农业下滩，牧业上山”“牧民不吃亏心粮”等，而且都成为政策和方针指导生产。1978年牧业年度，内蒙古牧区大牲畜和羊总头数比“文化大革命”前的

1965 年减少 24.2%[235]。"文化大革命"给内蒙古草原带来的灾难有甚于任何"黑灾"和"白灾"[237]。

这一时期，内蒙古草原的产权制度尽管还被称为全民所有制，事实上只能说是无政府主义的"全民所有制"。占用和破坏草原，人人有权，保护和建设草原，人人无责。在人民公社的全民所有制下，农牧业生产难以进行有效监管，监管的缺失引发对公共资源的竞争，进而导致低效的公社制度长期存在。

7.1.3 改革开放新时期（1978 年至今）

这一时期，草场实行全民所有制和集体所有制两种形式。改革开放至今的 30 多年来，在国家的引导下，内蒙古牧区的草原政策、制度发生了重大变革，概括起来可分为三个阶段：草畜承包为主的"放任式"管理阶段、草原强化管理阶段和草地综合治理阶段。

1. 草畜承包为主的"放任式"管理阶段（1978 年至今）

（1）牲畜承包（1978～1984 年）

"文化大革命"结束后，内蒙古牧区又恢复了"两定一奖"和"三定一奖"责任制。这种责任制对当时提高牧民的生产积极性起到了一定的作用，但并未改变生产关系，而广大牧民强烈要求改变当下的生产关系，解放生产力，发展生产。顺应历史潮流和牧民的意愿，1980 年 7 月 30 日，内蒙古党委常委扩大会议以经济发展为导向的思路，专题研究了放宽分配方面的政策。当年，杭锦旗在抗灾保畜过程中，采取"包畜到户"的办法，集体将牲畜承包到户，实行保本交纯增，费用自理，超产归己，贫困地区只交保本，超产归己。这一做法很快在全旗推广，并对西部牧区产生较大影响。

1981 年 5 月，在全区的牧区经营管理座谈会上，内蒙古专门研究了牧区的生产责任制问题，决定将生产责任制形式的选择权利交给群众，并强调了"三个越好"，包括生产责任制的形式与群众利益越直接越好，承包者的责任越明确具体越好，计酬结算方法越简便越好。

1982 年，牧区在推行生产责任制中，又出现"保本承包，少量提留，费用自理，收入归己"等形式。1983 年初，各地相继出现"作价承包，比例分成""作价承包，保本保值""作价承包，适当提留"等不同责任制形式。同年年底，在牧区全面推行了“作价归户，户有户养”或“作价归户，私有私养”的生产责任制形式，该形式以解决人民公社制度下人吃牲畜“大锅饭”的问题为主要目的。牧民的牧业生产积极性被极大的激发，牲畜饲养规模不断扩大。到1985年8月，在全区作价归户的集体牲畜已有95%。到此，牲畜的所有权和经营使用权均转移到牧户家庭，集体与牧户间的承包关系已不存在。1980年，锡盟以苏尼特左旗和正蓝旗的一些生产队为试点，开始试行牧业生产大包干，1984年全面推行了“牲畜作价，户有户养”的生产责任制，到该年末，锡盟牧业生产队85%的牲畜实现作价归户[238]。

（2）畜草双承包（1985年至今）

人们很快发现由于牲畜作价归户只解决了人与畜的关系，而牲畜吃草地“大锅饭”的问题仍然存在。因此，在推行“作价归户，户有户养”的同时，1985年1月又推行“草场公有，承包经营”的办法，统称“畜草双承包”（后又改为“双权一制”）责任制。到1989年，内蒙古牧区实行畜草双承包，将草地所有权划归嘎查所有；到1995年，进一步完善草地承包责任制，承包形式采取承包到户、承包到联户、承包到浩特三种方式；1996年11月20日内蒙古人民政府正式颁布《内蒙古自治区进一步落实完善草原“双权一制”的规定》（以下简称《规定》），根据《规定》内蒙古牧区落实了草牧场所有权、使用权和承包责任制，到1998年将草牧场使用权彻底承包到户。

草原的所有权和使用权确定后，要依据《内蒙古自治区草原管理条例》的规定，由旗县级人民政府颁发《草原使用证》和《草原所有证》。草原承包责任制要落实到最基层的生产单元，凡是能划分承包到户的，一定要坚持到户，尤其是冬春营地、饲料基地和基本打草场等；对于一些确实承包到户较困难的放牧场，必须承包到浩特或嘎查，并制定各牧户责、利统一的管理利用制度。为完善草地承包责任制，一般来讲草地承包期坚持30年，也可能是50年，并明确规定草地全民所有制不变，牧民对承包的草地具有使用权。同时，承担管理、保护和建设的责任，允许继承和依法转让。

1998~2002年，为全区草牧场“双权一制”落实工作完善阶段。这一阶段严格管理机动草场，按照尽量少留或不留机动草地的原则，进行全面清查。到2005年内蒙古牧区“双权一制”工作基本完成。

2010年11月16日，内蒙古人民政府在全面落实草原“双权一制”、全部草牧场都承包到户的基本前提下，发布了《关于进一步落实完善草原“双权一制”有关事宜的通知》。社会处于不断的发展变化之中，因此，无论在任何一个社会形态和社会阶段，适时的政策、制度安排必然会随着社会的变化而逐渐失去效力，新的社会情境便要求新的制度安排，而由于人的认知能力、制度创新需要时间及新制度的启动存在时间间隔等因素，新制度不可能随着社会的变化而同步调适，因此，制度变迁的时滞性是必然的[239]。内蒙古草场“双权一制”逐步落实和不断完善，并且这一过程具有长期性。

2. 草地强化管理阶段（2000～2010年）

进入21世纪，在草地退化严重、牧区自然灾害频繁发生的大背景下，以国家草地政策为指导，内蒙古出台了一系列包括草畜平衡、围封转移、生态移民、退牧还草、禁牧、休牧及划区轮牧等在内的草地政策、制度的执行方案（见表7－2）。其目的是加大草场植被的保护和恢复力，使草原牧区的生态系统得以改善，从而抑制草地退化不断恶化的态势，同时，实现草原畜牧业及牧区经济的可持续发展。

表7－2　　内蒙古草地强化管理的政策

<table>
<tr><th>政策变迁</th><th>时间</th><th colspan="2">事件</th></tr>
<tr><td>草畜平衡</td><td>2000年至今</td><td colspan="2">《内蒙古自治区草畜平衡暂行规定》和《关于开展草畜平衡试点工作的通知》</td></tr>
<tr><td>禁牧休牧</td><td>2000年至今</td><td rowspan="3">京津风沙源治理工程</td><td>内蒙古自治区京津风沙源治理工程</td></tr>
<tr><td>围封转移</td><td>2001年至今</td><td>锡盟盟委、盟行政公署出台《关于实施围封转移战略的决定》</td></tr>
<tr><td>生态移民</td><td>2001年至今</td><td>关于实施生态移民和异地扶贫移民试点工程的意见</td></tr>
<tr><td>退牧还草</td><td>2002～2007年</td><td colspan="2">召开全区“退牧还草”工程启动会议</td></tr>
</table>

（1）草畜平衡（2000年至今）

草地畜牧业的核心问题是草畜平衡问题[240]。关于草畜平衡管理的立法，内蒙古早在20世纪80年代以法规的形式进行明确规定：草原必须以草定畜，实行草畜平衡制度。草畜平衡就是在草原上保持合理的载畜量和合理地利用草地[241]。但草畜平衡管理是从2000年后才真正开始实施。国务院于2002年9月发布了关于《加强草原保护与建设的若干意见》（以下简称《意见》），在《意见》中草畜平衡制度被明确提出。《中华人民共和国草原法》于2003年3月1日起正式实施，其中明确规定：对草原实行“以草定畜、草畜平衡制度”。2005年3月1日起正式实施由农业部发布的《草畜平衡管理办法》。

2000年，内蒙古发布了《内蒙古自治区草畜平衡暂行规定》和《关于开展草畜平衡试点工作的通知》，将东乌珠穆沁旗、正蓝旗、阿鲁科尔沁旗和杭锦旗4个旗及其他旗县的19个苏木作为试点，同时组织制定了《草畜平衡试点工作方案》。经过两年的试点推广，扩大到了几乎全区的所有牧区旗县，部分盟市于2003年已进入全面推广阶段，其中推广力度最大的是锡盟，当年10月底，全盟90%的牧户都已签订了“草畜平衡责任书”。2003年，全盟草场围栏面积达到1.35亿亩，占草场总面积的45.9%。全盟有47 927户牧民签订了“草畜平衡责任书”，100%的签约率，是全国五大牧区中率先推行草畜平衡责任制的地区[242]。2004年2月，锡盟颁布《锡林郭勒盟草畜平衡实施细则（暂行）》，进一步完善措施：在草畜平衡核定中，由盟、旗两级草原监理机构确定草场合理载畜量，并且每两年对草场载畜量进行一次调整；租赁和借用的草场不能列入草畜平衡范围，但允许2公斤青贮玉米折1公斤干草，3公斤秸秆折1公斤青干草。2007年9月，迫于草畜平衡实施中出现的突出问题，锡盟行政公署制定了《锡林郭勒盟草畜平衡实施细则（暂行）补充意见》。其主要特点是分别制定了冷、暖两季的草畜平衡核定办法，同时进一步放宽了每个羊单位的储备饲草标准。在草畜平衡牲畜清点中，首次提出实行社会监督和举报制度，任何单位和个人均有权举报在牲畜统计申报工作中的瞒报行为。

（2）退牧还草（2002~2007年）

从全国草地退化不断扩大的实际情况出发，国务院于2002年9月发布《关于加强草原保护与建设的若干意见》，其中禁牧、休牧和划区轮牧的制度推行被明确提出，并于2002年12月16日正式批准在西部11个省份实施退牧还草政策。2003年1月10日国务院西部开发办、农业部召开退牧还草工作电视电话会议，在会议中，“退牧还草”作为国家生态建设重点工程被全面启动，并于2005年在全国范围内全面实施。该项目覆盖了中国西部11个省区，计划将用五年的时间，在蒙、甘、宁西部荒漠草原、内蒙古东部退化草原、新疆北部退化草原和青藏高原东部江河源草原，使项目区的中国西部

11个省区10亿亩退化的草原得到基本恢复。工程实施期间，国家对牧民通过粮食和饲草料的形式予以补助。退牧还草政策旨在对农牧民进行一定经济补偿的前提下，通过围栏建设、补播改良以及禁牧、休牧、划区轮牧等措施，使草原植被得以恢复，草原生态得到改善，草原生产力有所提高，从而促进草原生态与畜牧业的协调发展。2003年3月1日起实施的新修订的《中华人民共和国草原法》，明确规定“对严重退化、沙化、盐碱化的草原和生态脆弱区的草原，实行禁牧、休牧和划区轮牧制度，并在禁牧、休牧和划区轮牧的草原区，国家对采用舍饲圈养的牧户给予粮食和资金补助”，并将其以法律形式作为执法依据。

2002年11月22日，内蒙古人民政府办公厅印发《关于退牧还草试点工程管理办法的通知》，对试点工程的政策措施、职责分工、组织实施等都做了严格规定，其试点工程管理办法根据《国务院关于进一步做好退牧还林（草）试点工作的若干意见》（国发［2000］24号）等有关政策精神，结合该区实际，制定本办法，有力地保障了“退牧还草”试点工程项目的顺利实施，该试点工程管理办法并于2003年1月1日起执行。

“退牧还草”试点工程管理办法的基本要求是：①坚持“围栏封育、退牧禁牧（轮牧）、舍饲圈养、承包到户”的建设方针，以政策为导向，依靠科技进步，充分调动农牧民建设、保护和合理利用草原的积极性，通过退牧还草工程的实施，有效遏制天然草场的退化，恢复草原植被，改善草原生态系统，实现草地资源永续利用。②采用因地制宜的原则，实施禁牧、休牧、轮牧，以牧区和半农半牧区为重点，以嘎查（村）为基本单元，集中连片实施。③“退牧还草”工程包括季节性休牧、全年禁牧和划区轮牧三种类型。季节性休牧是指在春夏季节、牧草生长期的40～60天内禁止草场放牧，实行舍饲圈养，避免啃食返青的牧草幼苗，从而提高牧草产草能力；全年禁牧是对生态极度恶化、植被再生能力极其脆弱的地区，根据其植被恢复所需时间，实行彻底禁牧封育，给牧草以休养生息的机会，自然恢复植被；划区轮牧（也称为轮牧）是在生态状况和植被条件较好的地区，实行休牧的基础上，为适应一定时段内牧草生长和合理采食需要，根据水源条件将草场划分为若干小区，轮流放牧，控制牲畜连续采食，使草场处于良性循环状态，实现可持续利用。2003年3月14日，内蒙古政府召开了全区“退牧还草”工程启动会议，全面部署了“退牧还草”工作。经过两年的试点，“退牧还草”作为国家生态建设的重点工程于2005年全面展开①。

内蒙古“退牧还草”试点工程的补助标准为：5年的退牧还草期限，国家按全年禁牧每年每亩草场补助饲料粮5.5公斤，季节性休牧为1.37公斤（现在的饲料补助全部折现）。围栏建设按每亩16.5元计算，中央补助70%，地方和个人承担30%。工程涉及区域包括：阿拉善盟、巴彦淖尔市、鄂尔多斯市、乌兰察布市、锡盟、兴安盟和通辽市等地区。当地政府自行制定“退牧还草”工程的补助标准，一般来讲，地方“退牧还草”工程的补助标准要远低于国家项目的补贴标准。

（3）围封转移（2001年至今）

“围封转移”的核心内容是“围封禁牧、收缩转移、集约经营”。通过收缩转移，集中发展，人退畜减，缓解草原压力，靠大自然的自我修复功能，改善生态系统，解决牧民生产、生活问题，实现生产、生活、生态的三赢。围封转移战略的发展思路和发展模式是对草原畜牧业发展趋势的理性认识和制度创新[243]。

2001年11月锡盟盟委、盟行政公署出台《关于实施围封转移战略的决定》，决定实施名为“围封转移”的大规模生态移民工程。

（4）生态移民

“生态移民”政策是指由于生态环境恶化而导致的人类生存条件丧失，以生态环境保护或重建、消除区域贫困、发展经济为目的的一项人口迁移活动，以改善生态环境为目的，从而实现经济、社会与人口、资源、环境的协调发展[244]。其实质是人与自然关系的再认识和重新整合，以达到人与自然关系和谐相处的目的。

内蒙古1998年实施第一期生态移民工程，主要是为减轻阴山北麓生态脆弱区人口对生态环境的压力，项目总投资1亿元，计划移民1.5万人，分3年完成。2001年内蒙古开始大规模的生态移民项目，根据《实施生态移民和异地扶贫移民试点工程的意见》，在全区范围内对荒漠化、草原退化和水土流失严重的生态脆弱地区实施生态移民。并提出从2002年开始，将在6年时

---

① 内蒙古人民政府办公厅关于印发《退牧还草试点工程管理办法的通知》. 内蒙古自治区退牧还草试点工程管理办法（试行），2002-11-22.

间内，内蒙古投资上亿元实施生态移民65万人[245]。2001年11月锡盟盟委、盟行政公署出台《关于实施围封转移战略的决定》，决定实施名为“围封转移”的大规模生态移民工程；2002年，阿拉善盟提出“适度收缩、相对集中”的生态移民工程。此外，呼伦贝尔盟的根河市、兴安盟科右前旗乌兰毛都苏木、乌兰察布盟的商都县、巴彦淖尔盟乌拉特中旗以及鄂尔多斯市乌审旗等地，均根据当地实际情况制定了相应的生态移民战略。事实上，生态移民政策同“围封转移”“退牧还草”“禁牧、休牧轮牧”及“草畜平衡”政策相伴而生。

2000~2010年，一系列有关草地生态系统保护政策的出台，是国家以可持续发展为目的而不断进行的制度创造，其目的是实现草地生态系统保护。

3. 草地综合治理阶段（2011年至今）

这一阶段主要是草地生态保护补助奖励机制的实施。国务院于2010年10月做出决定，从2011年开始，国家将在内蒙古、新疆（含新疆生产建设兵团）、西藏、青海、四川、甘肃、宁夏和云南8个主要草原牧区省（区），全面建立草原生态保护补助奖励机制（以下简称“草原生态补奖”政策），中央财政每年将投入134亿元，5年一个周期，主要用于草原禁牧补助、草畜平衡奖励、牧草良种补助和牧民生产性补助等。

中央财政按照不同的标准对项目区域内的牧民给予补贴，补贴标准：①禁牧奖励：将生存环境非常恶劣、草场严重退化、不宜放牧的草原实行禁牧封育，按每亩6元的标准给予补助；②草畜平衡奖励：禁牧区以外的可利用草原，载畜量核定合理，且未超载过牧的草地划分为草畜平衡区，在这一区域内的牧民，按每亩1.5元的标准给予奖励；③生产性补贴：增加牧区畜牧良种补贴，在对肉牛和绵羊进行良种补贴基础上，又将牦牛和山羊纳入补贴范围；实施牧草良种补贴，对8省（区）0.9亿亩人工草场按每亩10元的标准给予补贴；牧民生产资料综合补贴，对8省（区）约200万牧户给予每年每户500元标准的补贴；④加大对牧区教育发展和牧民培训的支持力度，促进牧民转移就业。⑤安排奖励资金：依据各地绩效考评结果，安排对工作突出、成效显著省（区）的奖励资金①。

① 中央政府门户网站．国务院常务会决定建立草原生态保护补助奖励机制．http：//www.gov.cn/ldhd/2010-10/12/content_1720555.htm.

依据国家草原生态补奖政策，内蒙古制定了相应的草原生态补奖规定，其基本要求是：①根据内蒙古第五次草原普查的基础数据，结合草原生态的现状、自然环境的情况、草原的载畜能力及再生能力等客观因素，在2010年各盟市禁牧及草畜平衡工作基础上，科学确定禁牧区和草畜平衡区。②在禁牧区和草畜平衡区，减畜的重点为减少绵羊、肉牛、山羊。禁牧区全面禁牧，按照4∶3∶3的比例分3年完成减畜，减畜过程中必须实行舍饲圈养。草畜平衡区根据核定载畜量，减掉超载的牲畜，按照2∶2∶2∶2∶2的比例分5年完成减畜。③已经享受国家农业生产资料综合补助的牧户不再享受牧业综合生产资料补助。已经依法流转的草原，其禁牧和草畜平衡补助仍然归原承包人，流转的草原在禁牧区坚决禁牧，在草畜平衡区要严格实行草畜平衡制度。④禁牧区严禁雇工养畜，严禁非牧人员占用草场从事畜牧业生产活动。⑤加快牧区畜种改良步伐，提高个体生产性能，有效弥补减畜损失。对半农半牧区和农区加强畜牧业基础设施建设进行扶持，增强饲草料供给能力，不断提高畜牧业生产能力，稳定畜产品市场供给。

内蒙古草原生态补奖的实施范围：以内蒙古第五次草原普查确定的天然草原为依据，凡具有草原承包经营权证或联户经营权证，从事草原畜牧业生产的农牧民、农牧工均可享受禁牧、草畜平衡等补助。33个牧业旗县和其他地区牧业苏木（乡镇）和嘎查（村）优先全覆盖。

禁牧区主要分布在阿拉善盟、巴彦淖尔市、包头市、乌海市、鄂尔多斯市以及乌兰察布市部分地区。插花分布于呼伦贝尔市、赤峰市、通辽市、兴安盟、锡盟主要重度退化沙化区。草畜平衡区主要分布在呼伦贝尔市、兴安盟、锡盟、通辽市、赤峰市、鄂尔多斯市，西部有小面积分布。其中锡盟草地生态补奖的覆盖地区为：锡林浩特市、阿巴嘎旗、苏尼特左旗、苏尼特右旗、东乌珠穆沁旗、西乌珠穆沁旗、镶黄旗、正镶白旗、正蓝旗、太仆寺旗和乌拉盖管理区等11个旗（市、区）[①]。

草地生态系统保护补助奖励机制的实行，是制度创新的产物，不仅为了实现草地生态系统保护的目的，同时为了实现人、草、畜的和谐共处与发展，注重奖励与管理并重，渐进式的走上兼顾生态效益、经济效益和社会效益并

① 内蒙古自治区农牧业厅．内蒙古自治区草原生态保护补助奖励机制实施方案．2011，3.

重的发展道路，进入草地生态保护的综合治理阶段。

综上所述，从内蒙古建立以来至今，内蒙古为保护草地生态系统，治理并防治草地退化实施的一系列草地产权制度及政策，其整体特征以由上至下的强制性变迁为主导。从这一变迁过程可以捕捉到内蒙古牧区草地生态系统经历了破坏—治理、再破坏—再治理的历史演化过程，总体上是对草原生态和经济两个效益的不同认识发展的路径。

7.2　草地政策、制度与草地退化的关联性分析

草地资源是牧民生活与生计之本，是他们从事牧业生产的生产资料，而家畜既是他们的生产资料，也是他们的生活资料，牧民在单一的牧业生产经营目标下，最终目的是多饲养牲畜以获取更多的经济收益。政策制度既可以规范决策行为，也可能扭曲行为模式，可能出现的一个结果是：政策制度既可以鼓励家畜规模的扩大，也可能极大地阻碍家畜数量的发展。

依据第 4 章中对研究区草地退化指数的计算分析结果，及内蒙古第三、第四、第五次草普的部分数据，结合本章上述将改革开放新时期的草地政策、制度变迁过程分为三个阶段进行梳理，下面将按照这三个阶段的划分，分别对不同阶段的草地政策、制度与草地退化之间的关联性进行分析研究。

7.2.1　草畜双承包制度与草地退化的关联性分析

1. 草地“质”与“量”的变化

草地质的评价中，“等”[①] 是草群品质优劣的评价指标。从 20 世纪 80 年代中期到 2000 年（见图 7－1），优等牧草可利用草地面积由 80 年代占草地可利用总面积的 22.05%，发展到 2000 年全部消失殆尽，且向良等牧草退

---

① 一等是指优等牧草占 60% 以上；二等是指良等牧草占 60% 或优、中等占 40%；三等是指中等牧草占 60% 或良、低等占 40%；四等是指低等牧草占 60% 或中、劣等占 40%；五等是指劣等牧草占 60% 以上。

化，良等牧草向中等牧草退化。

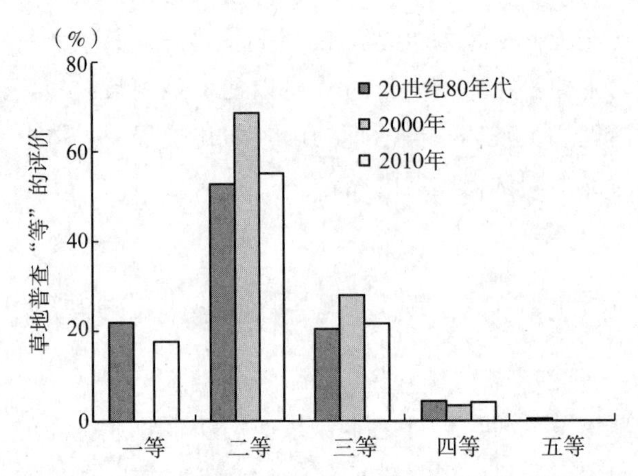

图7-1　锡盟第三、第四、第五次草地普查“等”的评价柱状图

评价草地生产力高低由“级”① 来表示，以草地牧草地上部生物量的高低而定。由第三、第四次草地普查整理数据分析，80 年代，667m^2 产 3 级可利用草地面积为 13.06 万 hm^2，667m^2 产 50kg 以下的草地可利用面积占总可利用草地面积的 2.44%，到 2000 年这两个“级”的可利用草地均减少为零，主要由于 80 年代中后期至今，国家较注重草地改良技术的应用，使得低产草地的生产力有所提高。但从 80 年代中期到 2000 年，4 级以上可利用草地面积减少了近 50 万 hm^2。另外，1982 年，草地鼠虫害面积为 177.67 万 hm^2，2000 年增加到 671.13 万 hm^2，鼠虫害面积以每年 15% 的速度增加。并且，1981~2000 年间，草地的高度、盖度和产量呈现不断下降的趋势。

2. 草畜双承包制度与草地退化的关联性分析

草畜双承包制度不仅取代了以集体制和国营农场形式运行的公社，而且带来了直接影响农民利益最深刻的体制变化[246]，同时草地从无排他性的公共产权到有限排他性的公共产权也是一种有效率的制度变迁[145]。但这些政

① 按亩产鲜草的数量划分，共分为 8 级：一级草地亩产鲜草 800kg 以上；二级草地亩产鲜草 600~800kg；三级草地亩产鲜草 400~600kg；四级草地亩产鲜草 300~400kg；五级草地亩产鲜草 200~300kg；六级草地亩产鲜草 100~200kg；七级草地亩产鲜草 50~100kg；八级草地亩产鲜草 50kg 以下。

策体制实施中，由于产权政策的缺陷造成了草地资源的极大损害。

20 世纪 80 年代中期至 90 年代末，锡盟家畜大量且无序的发展，其根本原因是在牧区产权制度的改革中，家畜承包与草地承包虽然在时间基本上同步进行，但在实践中，牲畜承包比较明确，草场承包难度较大，承包流于形式，家畜作价归户 1985 年已基本结束，而草场承包却到 1998 年才基本结束。先作价牲畜，后承包草地的制度变迁，致使草原生态环境恶化。在这期间，牲畜、草地产权制度改革的不同步，使得草地在此期间处于“牲畜私有，草场公用”的无人管理状态，牧户随意放牧于他人草场，追求个人利益最大化的牧民通过一味增加家畜头数达成愿望。从家畜承包开始到草地承包结束，大约经历了近 20 年时间，给草原生态造成极大的破坏，导致草牧场严重退化、沙化[247]。

草畜双承包制度在激发个体牧户生产积极性方面有一定的积极意义，牲畜头数持续增加。从 1978 ~ 1999 年锡盟牲畜头数的变动情况看：1949 年刚解放时，牲畜总量为 131. 93 万头（只），到 1978 年，牲畜头数为 448. 74 万头（只），30 年的时间增加大概 300 万头（只）。1980 年，锡盟试行牲畜承包到户，极大地调动了牧民的牧业生产积极性。此时，草牧场仍为共有公用，牧民们只关心扩大畜群规模，不关心过度放牧造成的草地退化后果。到 1999 年，牲畜头数高达 1 177. 36 万头（只），比 1980 年的牲畜增加 500 多万头（只）。另外，根据第 4 章的草地退化指数、草地退化程度的空间变化及草地平均退化等级的分析结果看，1981 ~ 2000 年间研究区草地退化指数不断增加，而且在这期间研究区草地处于退化加剧态势，退化面积所占比例持续攀升，是整个研究时期中草地退化不断加强，且涉及范围较广的时段。

牧区天然草地资源具有私人经济与生态环境的双重属性，存在经济发展与生态保护的矛盾。因此，从 1981 ~ 2000 年的 20 年里是锡盟牛羊数量增长最快，而且是该区域草地退化、沙化不断加强的时期。1986 ~ 1999 年，锡盟家畜从 1 174. 99 万羊单位（大牲畜按 1∶5 折算羊只）增长到 1 676. 16 万羊单位。这一时期，家畜大量且无序发展的根本原因是牧区在草地产权制度的改革中，家畜承包比草地承包结束的时间早了近 15 年的时间。家畜承包与草地承包时间上的错位，造成公共资源性质的草地使用超出合理的阈值，草地资源耗竭，使得草地处于放牧无界、使用无偿、建设无责的尴尬境地。因此，草地破坏严重，草地退化问题凸显。

7.2.2 草地强化管理政策与草地退化的关联性分析

在 2000 ~ 2010 年期间，草地强化管理的一系列政策制度的出台，有效地缓解与遏制了该区域长期以来草地退化的态势。而且，这期间研究区的草地退化指数在 2002 年达到最大，之后草地退化指数不断下降，草地生态系统状态逐步好转，草地退化总面积有所减少，退化由重度退化向中度退化和轻度退化转化。到 2010 年，优等牧草在可利用草地面积中的占比增加到 18.20%（见图 7 - 2）；同期，667m^2 产 3 级和 8 级可利用草地面积均为零，7 级可利用草地面积 2010 年比 2000 年下降 163.73 万 hm^2，2010 年比 2000 年草地的产草量普遍有所提高。

2000 年之后，草地鼠虫害发生面积呈不断减少的趋势，到 2010 年减少为 178.33 万 hm^2（见图 7 - 2），年均减少约 50hm^2。2001 ~ 2010 年，草地的高度、盖度和产量呈现先增加—降低—增加的波动变化趋势，但总体呈上升趋势。以 8 月为例，2001 年分别是 20cm、23% 和 426kg/hm^2，2010 年分别是 21.3cm、45.7% 和 699kg/hm^2（见图 7 - 3 ~ 图 7 - 5）。

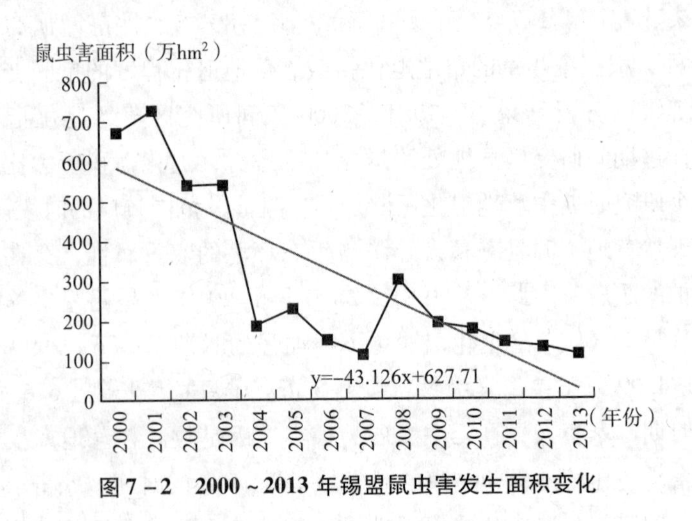

图 7 - 2　2000 ~ 2013 年锡盟鼠虫害发生面积变化

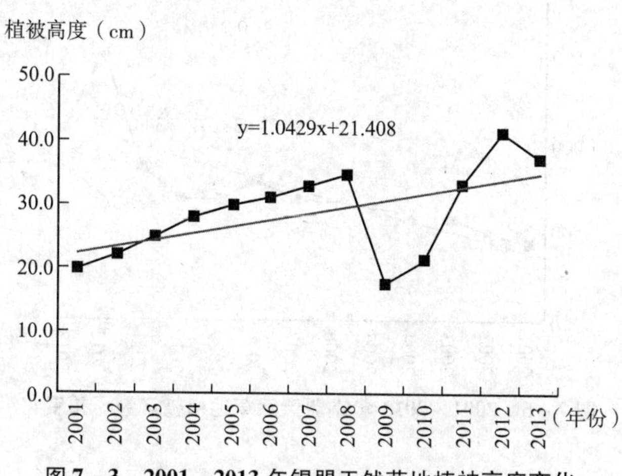

图 7－3　2001～2013 年锡盟天然草地植被高度变化

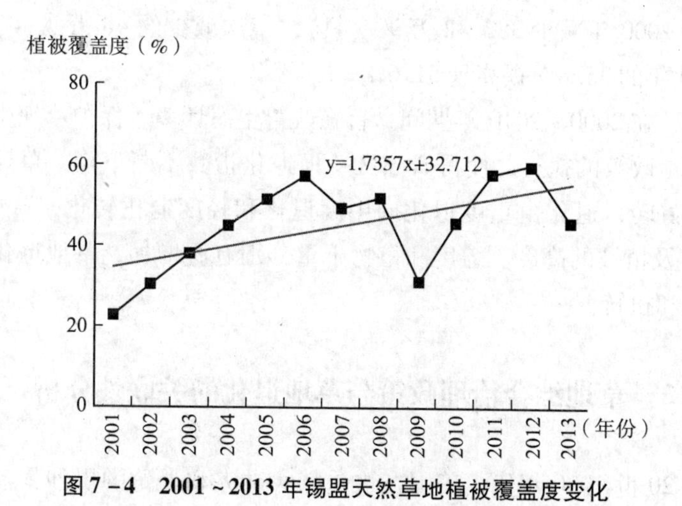

图 7－4　2001～2013 年锡盟天然草地植被覆盖度变化

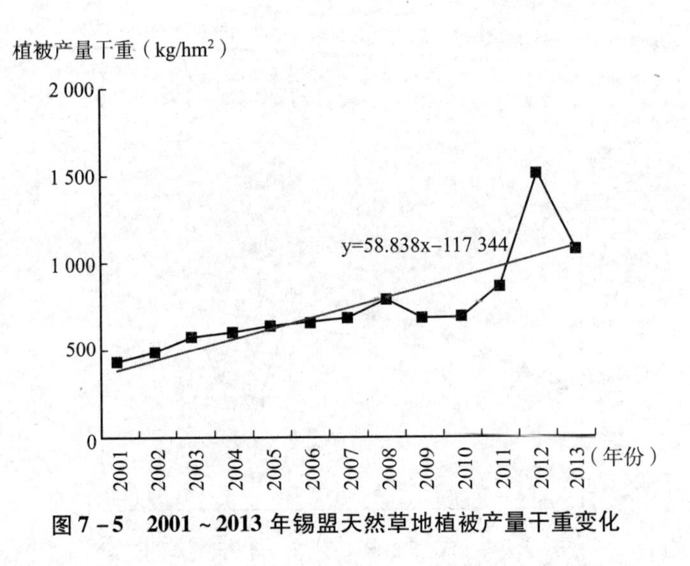

图 7－5　2001～2013 年锡盟天然草地植被产量干重变化

草地强化管理阶段的政策、制度的实施，推动了牧户生产经营方式的转变。少养、精养及加快周转等观念已达成共识[248]。2000～2010 年，牲畜存栏量发生显著变化，2010 年，该区域牲畜年末存栏头数为 634.71 万头（只），比 2000 年减少 382.42 万头（只），年均减少约 40 万头（只）；出栏率由 2000 年的 35.8% 提高到 51.6%。

因此，在 2000～2010 年期间，旨在改善生态环境、保护草地生态为目的一系列草地政策的执行，使得研究区草地退化指数不断下降，草地生态系统状况逐步好转，退化由重度退化向中度退化和轻度退化转化，草地的“质”与“量”及植被的高度、盖度和植物干重分别有所增加，草地退化的态势得到了遏制和扭转。

7.2.3　草地综合治理政策与草地退化的关联性分析

早在 20 世纪 30 年代，美国在遭受特大洪灾和严重的黑沙暴后选择了保护性退耕的政策。其是生态补偿的最早尝试，即为了保护生态系统，先前以种地经营收入为主转为弃耕的机会成本，全部由政府提供财政支持的过程[249]。

从 2011 年开始实施的草地生态系统保护补助奖励机制，草地退化的总体趋势得到遏制，而且研究区整体呈好转态势，草地生态系统明显改善。2011年至今草地退化指数明显下降，2011～2013 年的草地退化指数为 1.77，与 20 世纪 80 年代的草地退化指数几乎相当；从草地退化程度的空间变化特征来看，2011 年至今草地退化面积不断萎缩，而且在退化草地中，以中度、轻度退化草地占主导。另外，在 2011～2013 年期间，研究区鼠害发生面积持续下降，到 2013 年减少为 116.9 万 hm^2（见图 7－2），比 2010 年下降 61.43 万 hm^2。除草地植被的盖度变化较小外，植被高度和产量比 2010 年进一步提高，以 8 月为例，2013 年植被高度和产量分别为 37.1cm 和 1 078.5kg/hm^2，每年以 5.27cm 和 126.5kg/hm^2 的速度增加（见图 7－3～图 7－5）。

研究区在探索少养精养品牌发展路径中，按照“分户繁育、集中育肥”的原则，牧民收益不断提高。2013 年，锡盟农牧民人均纯收入达到 10 109 元，较上年增加 1 184 元。其中牧民人均纯收入 13 192 元，同比增长 14.2%。

草地生态补偿作为生态系统保护、生态文明建设、生态资源可持续开发的重要环境经济政策，是最有效和公平地解决生态环境保护资金供求矛盾的重要手段[250]。于 2011 年开始实施的草地生态补奖政策，对目前中国来说，是草地生态补偿的成功尝试，研究区作为中国草地生态补奖政策实施的主要区域之一，其草地生态系统功能在草地生态补奖政策的执行下逐步提升，草地生态加速退化的态势得以有效缓解和遏制。

7.3 本章小结

（1）自内蒙古成立以来，草地所有制经历了三次重大变化，包括 1947～1958 年的蒙古民族公有制、1958～1978 年的全民所有制及 1978 年至今改革开放新时期的全民所有制和牧民集体所有制两种所有制形式并存。改革开放 30 多年来中国的草地制度和政策又经历了三个阶段，分别为草畜双承包为主的“放任式”管理阶段、草地强化管理阶段和草地综合治理阶段。

（2）草畜双承包为主的“放任式”管理与草地退化的关联性分析。中国牧区先作价牲畜，后承包草地分两步进行的产权制度改革，使得研究区牲畜与草地产权制度改革在时间上的错位，出现了改革过程中的“牲畜私有、草地公用”的“公地悲剧”，致使草地生态环境恶化，草地退化问题凸显。

（3）草地强化管理政策与草地退化的关联性分析。2000～2010年，一系列旨在改善草地生态环境、保护草地生态系统为目的的草地政策的执行，使得研究区草地退化指数不断下降，草地生态系统状况逐步好转，退化由重度退化向中度退化和轻度退化转化，草地的“质”与“量”及植被的高度、盖度和植物干重分别有所增加，草地退化的态势得到了缓解和遏制。

（4）草地综合治理政策与草地退化的关联性分析。2011年进入草地综合治理阶段，草地生态补奖政策是制度创新的产物，它的执行使研究区草地退化的总体趋势得到遏制，草地生态系统明显改善，植被的高度和盖度明显增加，草地退化指数大幅下降，牧民人均纯收入不断提高，实现了人、草、畜的和谐共处与发展，注重奖励与管理并重，渐进式地走上兼顾社会效益、经济效益和生态效益并重的发展道路。

草地退化的时空变化格局及其驱动因素的实证研究
Chapter 8

第8章　草地退化驱动因素的综合实证分析

近半个世纪以来，在全球气候变化的大背景下，政策制度、生产经营活动与严酷的自然环境之间的相互作用，造成草地生态系统的恶化[251]。在草地生态系统退化的驱动因素中，草地政策、制度因素对草地的影响并不是直接驱动因素，草地政策、制度的执行是通过改变牧民的牧业生产行为，即主要由牧民放牧牲畜的规模大小得以体现。由此，草地退化的驱动因素可分为直接因素与深层因素，直接因素为自然环境的改变与生产经营活动对草地生态系统的直接作用机理，深层原因是草地政策、制度的执行影响牧民放牧牲畜规模的变化，但牧民放牧牲畜规模的变化除了草地政策、制度的影响外，还受到劳动力、物质要素投入及气候条件等因素的影响。因此，将本章的实证分为两部分，首先采用多元线性回归模型实证分析影响草地退化的直接驱动力，即气候变化、生产经营活动对草地退化影响的实证分析；其次是对草地退化的深层驱动因素进行实证分析，基于柯布—道格拉斯生产函数模型，构建“经济—政策—气候”模型，实证研究草地载畜量的驱动因素，挖掘草地载畜量背后、影响草地退化的真正原因。

8.1 草地退化驱动因素的实证分析

8.1.1 理论基础

近几十年来，许多学者对草地生态系统的保护和改善进行了大量研究。草地作为陆地生态系统的重要组成部分，是绿色植物资源中最大的可再生性的自然资源[251,252]。其作为重要的生态屏障，不仅具有调节气候、涵养水源、保持水土、防风固沙、改良土壤、维持生物多样性等生态功能，而且其作为一种特殊的生产资料，是广大牧民开展大面积畜牧业生产的重要基地[253]。但是，草地生态系统是一个复杂的系统环境，长期以来受到生产经营活动与自然因素的双重影响，出现了牧草生物量下降、植物种群劣化等表现出的草地退化[254]，呈现社会经济的发展受到资源约束和生态环境破坏的非可持续发展模式。如果将影响草地退化的自然及生产经营活动等各驱动因素进行定量研究，分离各驱动因素对草地退化的贡献大小，掌握草地退化的成因，对于了解草地退化的发生及发展规律、未来退化趋势以及制定草地退化综合治理措施具有重要的意义。

草地生态系统是牧区农牧民生存与发展的基础，它与自然气候及人工系统紧密结合在一起，构成了一个庞大的草地—大气—社会—经济的复杂生态系统。锡盟草地的退化过程也不可能仅仅受制于某一方面的驱动因素作用，而是众多驱动因素共同作用的结果。锡盟拥有丰富的草地资源，是中国四大草原之一，由于其独特的地理区位及气候、土壤和生态特征，区域内生态平衡功能脆弱，农牧业生产不稳定，区域社会经济的发展与生态系统保护之间的矛盾十分尖锐。即锡盟草地退化的发生正是气象因素与生产经营活动的相互作用和相互激发的过程。因此，可采用多元线性回归模型量化研究气象因素与社会经济活动对草地退化的影响，掌握草地退化各驱动因素的贡献大小。

草地退化主要是草地植被覆盖度、草地生产力等的下降所表现出的草地植被劣化。在对草地退化状况的监测中，传统的草地监测手段以野外实地采样法为主，此方法耗时耗力、成本高、效率低，而且受制于众多人为主观因素的限制，难以快速在大范围内进行草地生长状况的动态监测。另外，野外实地采样法常采用有限的监测站点来代表一个较大区域，因此，难以客观描述整个研究区内植被的变化状况[255,256]。具有集大范围、科学、快速等优点于一体的遥感技术，为大尺度的草地资源监测提供了强有力的保障。因此，本章采用遥感数据这种科学、客观的方法测度草地退化状况，应用植被 NDVI 遥感数据，大尺度的监测草地植被覆盖度的变化情况，计算草地退化指数作为衡量草地退化状况的指标。草地生态系统脆弱，极易受到外界的干扰，因而对全球气候和环境变化非常敏感[257]，锡盟作为气候变化的敏感区和生态脆弱区，气候变化已经、并将继续影响该区域植被的生长。同时，生产经营活动中的农业生产活动与非农业生产活动是对草地退化极其重要的两类驱动因素。其中，农业生产活动中主要包括种植业生产和放牧畜牧业生产，非农业生产活动则是如矿产开采、交通运输等经济活动。草地在长期不利的气候变化和过度的生产经营活动等情况的作用下，出现草地覆盖度下降，草地退化指数上升等方面表现的草地退化局面。区分草地退化驱动因素的贡献率是揭示区域内草地退化形成发展机制，并进一步采取正确防治措施的基本前提，也是目前草地退化研究的核心问题和热点。因此，本章采用草地退化指数作为衡量草地退化即草地生态系统质量状况的参数，这一指标在第4章已被量化。将草地退化指数作为草地生态系统中可量化的指标引入模型中，系统、科学地研究整个研究时段内草地退化的各驱动因素，并量化驱动力大小的研究具有重要的实证意义。

8.1.2 模型设定

1. 理论模型

(1) 理论模型的构建

回归分析模型中根据驱动因素的多寡及驱动因素与预测对象之间的相互关系，可将其分为一元线性回归分析、多元线性回归分析和非线性回归分析[258]。借助多元回归技术可针对诸多因素同时发生变化并共同对因变量产生影响的现实情况做研究，通过在模型中引入多个解释变量的方式来“控制”各个因素的作用，从而分离出每个因素对因变量的影响作用，以达到通过自然科学有控制的实验来测定每个影响因素作用的目的（田维明，2005）[259]。因此，本章采用多元线性回归模型分析研究影响草地退化的驱动因素。多元线性回归模型即根据相互影响、相互关联的两个或两个以上因素的实测或调查资料，由未确定的函数关系建立计量模型，确定方程中各解释变量的参数，从而建立函数关系的过程。多元线性回归模型中的参数估计是多元线性回归分析中解决的基本问题，采用的方法是统计学中最成熟、最广泛使用的最小二乘估计法[260]。

草地退化受农业经济生产与非农经济生产活动的双重影响，因此，可将影响草地退化驱动因素的研究建立如下多元线性方程：

$$Y = \alpha_0 + \alpha_1 X_{1i} + \alpha_2 X_{2i} + \cdots + \alpha_s X_{si} + \varepsilon_1 \quad i = 1,\ 2,\ \cdots,\ n \qquad (8-1)$$

式（8-1）中，Y为被解释变量即因变量；$X_i(i=1,\ 2,\ \cdots,\ n)$ 为解释变量即自变量；α_0 为常数项；$\alpha_i(j=1,\ 2,\ \cdots,\ s)$ 为各个解释变量的相关系数，分别表示当其他自变量保持不变时，X_i 每变化一个单位所对应的Y的变化量；ε_1 是随机误差项，或者是扰动项、残差项，其表示模型中除了所有的自变量对 Y 的影响外，其余因素对 Y 的影响程度；s 为数据样木的数量。

通过构建以上线性函数模型，可得农业与非农经济生产活动对草地退化的影响。除此之外，草地生态系统对气候变化极为敏感，随着对气候变化问题与草地生态系统之间关联性的不断认识，气候变化对草地生态系统的影响也逐渐成为研究的重点。草地生态系统受自然条件与农业、非农经济生产活动共同作用的影响。将气候因素作为影响草地退化的重要驱动因素加入模型中，构建草地退化的驱动因素模型，利用该模型对气候变化、农业经济生产与非农经济生产活动对草地退化的影响进行实证研究。设反映气候因素的模型参数为 C，则引入气候因素的模型表达式为：

$$Y = \alpha_0 + \alpha_1 X_{1i} + \alpha_2 X_{2i} + \cdots + \alpha_s X_{si} + \alpha_{(s+1)i} C + \varepsilon_2 \quad i = 1, 2, \cdots, n \tag{8-2}$$

式（8-2）中，X_1，X_2，$\cdots X_s$ 指代影响草地退化的农业与非农生产经济因素，C 为气候因素，α_{s+1} 表示当其他因素不变时，气候因素对草地退化的影响程度。

此外，为了使模型的参数计算估计能具备客观良好的性质，一般都会对多元线性回归模型提出规定的假设。基本假设包括：①自变量 X_1，X_2，X_3，$\cdots$，X_s，X_{s+1} 是非随机的，取固定值，相互之间无高度相关性，即自变量之间不存在严重的多重共线性，即任何一个解释变量都不能用另一个解释变量去说明和线性表示；②随机干扰项 ε 与解释变量 X_1，X_2，X_3，$\cdots$，X_s，X_{s+1} 之间不相关；③所有观测值的随机误差项 ε 应该有零均值和同方差的条件；④观测值的随机误差项 ε 服从均值为 0，即同方差的正态分布。

（2）面板单位根检验

面板单位根检验是对时间序列单位根检验理论的继续和发展，它综合了时间序列数据和横截面数据的特征，能更直接、更精确地推断单位根的存在。检验单位根的一种最简单方法是从 AR（1）模型开始：$y_{it} = \beta_i + \varphi_i t + \vartheta_i y_{i,t-1} + \upsilon_{it}$，式中，$i = 1, 2, \cdots, N$，i 为面板数据的 N 个不同的横截面；$t = 1, 2, \cdots, T$，t 为面板单位的观测期；$\upsilon_{it}$ 为独立同分布的扰动项；ϑ_i 是回归系数，假定其与扰动项 υ_{it} 相互独立，若 $\vartheta_i = 1$ 时，则序列 y_{it} 包括单位根，是非平稳序列。

面板数据存在单位根时，有较多的检验方法，其中，可根据截面个体自回归系数是否相同将其分为两类：一类假设所有个体均有相同的自回归系数，即对所有的横截面 i 都有 $\vartheta_i = \vartheta$，对于此类检验主要包括 Levin，Lin 和 Chu（LLC）检验、Breitung 检验、Hadri 检验；另一类检验则允许在不同横截面间发生变化，这类检验包括 Im，Pesaran 和 Shin（IPS）检验、Fisher - ADF 检验、Fisher - PP 检验、Maddala 和 Wu（MW）检验等方法。

（3）豪斯曼（Hausman）检验

目前，使用面板数据模型进行实证分析已成为经济分析的重点内容之一，而其中使用最广泛的便是个体效应模型，个体效应模型应选择固定效应模型还是随机效应模型，这对于正确进行数据分析至关重要，而且在实际应用中一直是争论的焦点。一般情况下，都应该把个体视作为随机的[261]。通常采用的是 Hausman 检验[262]，利用 Hausman 检验来检测过度识别的约束条件，从而选择具体的模型形式。

Hausman 检验构建的统计量为：

$$H = (b - B)'[Var(b) - Var(B)]^{-1}(b - B) \tag{8-3}$$

Hausman 检验原假设 H0：随机效应与解释变量无关，当 $nR^2 > \chi^2(k-1)$ 时，拒绝原假设 H_0，说明应使用固定效应模型，反之，则选择随机效应模型。

Hausman 检验的基本原理是：通过检验固定效应 u_i 与其他解释变量是否相关，进而判断应该采用固定效应还是随机效应。其遵循的思想是，在 u_i 与其他解释变量不相关的原假设下，用 OLS 估计的固定效应模型与用 GLS 估计的随机效应模型得到的参数一致，只是用 OLS 估计的固定效应模型不具有效应；反之，当 OLS 一致时，GLS 则不一定一致。

（4）多重共线性

线性回归模型已被广泛应用于解释变量间的关系研究，在多元线性回归模型的经典假设中，其重要假定之一是回归模型的各个解释变量之间应相互独立，即解释变量中的任何一个都不能是其他解释变量的线性关系。多重共线性只与多元回归模型有关，而且是多元线性回归模型中普遍存在的现象[259]。多重共线性的两种情况：一是完全的共线性，即解释变量之间存在着完全的线性关系，他们之间的复相关系数为 1；二是近似共线性，即解释变量之间得不到精确的线性组合，他们之间的复相关系数近似为 1。若违背了这一假定，即线性回归模型中某一个解释变量与其他解释变量间存在线性关系，则称线性回归模型中存在多重共线性。在多元线性回归模型中，产生多重共线性的可能原因包括：许多经济指标存在同步变化趋势；模型中引入解释变量的滞后值；模型中包括了过多的解释变量。若存在严重的多重共线性将产生以下后果：完全共线性下，模型参数将无法估计，这是一种不常见的极端情况；近似共线性下，将会降低 OLS 参数估计的有效性；参数估计量的经济含义不合理及变量的显著性检验和模型的预测功能将失去意义。

鉴于多重共线性的严重后果，在进行多元分析之前有必要对其进行多重共线性诊断，常见的诊断方法如下：

①简单相关系数检验：对于两个解释变量的线性模型，可以计算两个解释变量之间的相关系数 γ，$|\gamma|$越接近 1，二者的相关关系越强；对于多个解释变量的线性模型，利用相关系数矩阵快速判断。

②根据 R^2 值与 t 值诊断：共线性的一种典型症状是估计方程有一个很大的 R^2 值，但所有的估计参数都无法通过 t 统计检验的显著性标准。

③方差膨胀因子（VIF）或容许度（TOL）：方差膨胀因子是回归系数的估计量由于自变量的共线性使其方差增加的一个相对度量。对于第 n 个变量的方差膨胀系数为：

$$VIF_n = \frac{1}{1 - R_n^2} = \frac{1}{TOL_n} \tag{8-4}$$

式（8-4）中，R^2 是解释变量 X_n 对线性模型中其余自变量线性回归所得的决定系数，TOL_n 是 VIF_n 的倒数，称为容限或容许度。

④岭回归模型：岭回归模型是霍里尔（A. E. Hoerl，1962）针对出现共线性时 OLS 效果明显变差的问题而提出的一种回归估计方法。其核心思想是：设线性回归模型为 $Y = X\beta + \mu$，参数的最小二乘估计 $\beta = [X'X]^{-1}X'Y$。当解释变量间存在较强的共线性时，即$|X'X| \approx 0$，使得 β 很不稳定，给 $X'X$ 加上一个正常数矩阵 $KI(K>0)$，使得$|X'X + KI|^{-1} \approx 0$ 的可能性较$|X'X| \approx 0$ 要小得多，且比 OLS 估计的 β 稳定得多，从而消除共线性对参数估计的危害。

（5）异方差检验

在古典线性回归模型中，观测值的方差齐性是重要假定之一。当这一假定不成立时，存在大量的异方差数据，我们称为异方差。若违背了古典最小二乘法关于同方差性的假定，仍采用最小二乘法估计模型参数，模型的参数估计仍为无偏，但估计量的方差变得非有效，并对模型参数的统计显著性检验结果失去意义，因而模型的预测失效。因此在估计模型时有必要进行异方差检验，简单实用的检验方法包括：

①德菲尔德—匡特（Goldfeld - Quandt）检验：假设模型如下：

$$y_i = \beta_0 + \beta_1 x_{1i} + \cdots + \beta_{ki} x_{ki} + \mu_i,\ Var(\mu_i) = \sigma_i^2 = \sigma^2 x_i^2,\ (i = 1,\ 2,\ \cdots,\ n) \tag{8-5}$$

1）先将 x_i 按由大到小的顺序排序，并大致分为样本容量相等的两个子样本，样本容量分别为 n_1 和 n_2；

2）利用两个样本分别用 OLS 法估计回归方程，计算出各自误差项方差估计 V_1^2 和 V_2^2，利用两组的方差估计 V_1^2 和 V_2^2 定义 F 统计量如：$F = V_2^2/V_1^2$，统计量分别服从分子和分母自由度为（$n_2 - k - 1$，$n_1 - k - 1$）的 F 分布。

3）得到 F 值后，选定置信度 α，当 $F > F_\alpha$ 时，模型存在异方差性，且形式为 $Var(\mu_i) = \sigma_i^2 = \sigma^2 x_i^2$，当 $1 \leqslant F < F_\alpha$，则模型不存在异方差性。

②怀特（White）检验：这种检验方法在实际中较容易应用。下面以二元线性回归模型为例：$y_i = \beta_0 + \beta_1 x_{1i} + \beta_2 x_{2i} + \mu_i$，检验步骤如下：

1）首先采用 OLS 法估计前述回归方程，计算残差 $e_i = y_i - \hat{y}_i$；

2）估计如下辅助回归：$e_i^2 = d_0 + d_1 x_{1i} + d_2 x_{2i} + d_3 x_{1i}^2 + d_4 x_{2i}^2 + d_4 x_{1i} x_{2i} + v_i$，即作残差的平方 e_i^2 对所有原始变量、变量的平方以及变量的交叉乘积的回归；

3）求上述辅助方程的 R^2 值。在零假设 H_0 不存在异方差下，$nR^2 - x^2$（M）中，自由度 P 为辅助方程的解释变量个数（不包括截距项）；

4）由 $nR^2 - x^2(M)$ 式中得到的 x^2 值超过了所选显著水平下的 x^2 临界值，则拒绝零假设 H_0：不存在异方差，即二元线性回归模型中存在异方差。

③图示法：图示法是异方差性检验最原始的方法。对模型进行 OLS 估计，由此得到残差，制作解释变量与残差平方的散点图，然后依据图形的类型来判断是否存在异方差。若残差的平方不随解释变量的变化而变化，则表明模型中可能不存在异方差；若残差的平方随着解释变量的变化而发生变化，则表明数据中很可能存在异方差。

当模型中存在异方差性，必须进行异方差的修正，使模型具有同方差性，否则会对模型估计带来影响。异方差性的修正方法主要包括：加权最小二乘法（WLS），其是对原模型加权，使之变成一个新的不存在异方差性的模型，然后采用普通最小二乘法估计其参数的方法。

2. 实证模型的设定

草地退化是受气候条件、生产经营活动等多重驱动因素共同作用的结果，在研究草地退化驱动因素的问题时，需要了解和掌握影响草地退化的关键因素，以便采取相应措施，有效地保护和改善草地退化的局面。在众多的驱动因素中寻求关键驱动因素是一个非常复杂的问题，本部分采用多元线性回归模型实证研究各驱动因素对草地退化的影响程度，实证模型中的自变量包括气候要素和农业、非农业经济活动的变量。在气候因素的选择上，根据第 5 章中草地退化指数与不同时间尺度气候因素相关关系的分析，结果表明，草地退化指数与夏季气候要素的相关性比其他时间尺度气候因素的均高，并且夏季是草地植被的旺盛生长期和成熟期，该时期的气候条件是草地植被产草量高低的关键因子[263]。另外，夏季是包括放牧在内的多种经济活动强度最大的季节，是决定草地退化的关键性时期，因此，本节选择夏季降水量与夏季平均气温作为气候要素的解释变量引入方程。在牧区的农业生产中，由于草地畜牧业与种植业在土地资源上的竞争关系，因此选择这两类指标代表农业生产活动，并采用单位草地面积上羊单位年初承载量和人均耕地面积这两个反映牧区畜牧业和种植业生产活动综合性较强的指标来替代。人均非农 GDP 作为非农经济活动的解释变量引入模型。

本部分以前面构建的理论模型为基础，构建影响草地退化驱动因素的实证模型。草地退化指数是一个无量纲指标，为了研究草地退化驱动因素对草地退化指数的弹性影响作用，因此，本部分将草地退化指数作为被解释变量，选取气候变量（夏季降水量和夏季平均气温）以及生产经营活动中的农业经济活动（包括单位草地羊单位年初承载量与人均耕地面积）与非农业经济活动（人均非农 GDP）变量构建半对数多元线性回归方程。气候变量与农业、非农经济活动变量作为解释变量，并对农业、非农业经济活动变量进行对数化处理代入多元线性回归方程中进行回归分析。同时，最小二乘法（OLS）

回归得到的系数，即为各解释变量对草地退化指数的具体影响程度。本部分草地退化驱动因素的实证模型如下：

$$GDI_{it} = \alpha_0 + \alpha_1 lnalstock_{it} + \alpha_2 lnapland_{it} + \alpha_3 lnanonGDP_{it} + \alpha_4 st_{it} + \alpha_5 sp_{it} + \mu_i \quad (8-6)$$

式（8－6）中，i 和 t 分别代表第 i 个旗（市）的第 t 年份，其中，GDI 代表草地退化指数；alstock 代表单位草地面积上的牲畜（主要指：牛、绵羊和山羊）折算为羊只的年初承载量；apland 代表人均耕地面积；anon GDP 代表人均非农 GDP；sp 代表夏季降水量；st 代表夏季平均气温；μ 所指为回归误差，也被称为扰动项。

采用最小二乘法来计算上述方程。通过研究系数 α_i（i＝1，2，3，4，5）证明各解释变量作为草地退化指数的驱动因素，对草地退化指数的影响是否存在显著，如果显著其对草地退化指数的影响大小是多少。原假设为各解释变量对草地退化指数（GDI）没有影响，则其回归系数 α_i（i＝1，2，3，4，5）不显著（H_0：$\alpha_i=0$）。相反地，备择假设是各解释变量对草地退化指数（GDI）有影响，则其产出弹性显著（H_1：$\alpha_i \neq 0$）。如果拒绝原假设，则可证明各解释变量对草地退化指数有影响，即对草地退化有影响。另外，如果证明单位草地羊单位年初承载量对草地退化指数的影响显著，则可继续实证研究草地载畜量背后、影响草地退化的真正驱动因素。

8.1.3 数据来源与变量选取

由于数据可获得性的限制，本节以锡盟的阿巴嘎旗、锡林浩特市、苏尼特左旗、苏尼特右旗（为了保证数据的可比性，苏尼特右旗包括二连浩特市）、东乌珠穆沁旗、西乌珠穆沁旗、镶黄旗、正蓝旗和正镶白旗等 9 个纯牧业旗和太仆寺旗 1 个半农半牧旗作为研究区域，使用锡盟以上 10 个牧区旗市 1981～2013 年的面板数据，所用面板数据源于以下三个途径：

第一，草地退化指数（GDI）。

该指标采用 1981～2001 年的 NOAA/AVHRR NDVI 和 2001～2013 年的 MODIS NDVI 两个不同传感器的遥感数据，采用植被像元二分模型反演植被覆盖度，并以 1981～1985 年最大草地植被盖度作为“基准”，对锡盟 10 个牧区旗市 1981～2013 年的草地植被状况进行等级划分，并计算研究区草地退化指数，将此作为多元线性回归方程中的被解释变量。

第二，生产经营指标。

生产经营指标主要选取单位草地羊单位年初承载量、人均耕地面积和人均非农 GDP 三个指标，其中，单位草地羊单位年初承载量是由羊单位年初存栏量除以可利用草地面积计算所得，主要用来客观反映草地放牧压力的指标。研究期内，锡盟牧区的牲畜主要由牛、绵羊、山羊构成，占比最小为 91.80%，占比最大为 99.25%，因此，本节采用牛、绵羊、山羊的折算羊单位计算单位草地的载畜量；人均耕地面积是衡量农业中种植业发展规模的指标，在本节主要反映草地开垦的状况；人均非农 GDP 按可比价格计算并剔除通货膨胀对其的影响，将 1981 年的消费价格指数设为 1，对人均非农 GDP 进行数据处理，将处理后的人均非农 GDP 作为衡量第二、第三产业发展状况的指标，在本节主要反映矿产开采及交通运输等非农经济活动情况。

人口数量、耕地面积和第二、第三产业产值来源于《锡林郭勒盟统计调查资料汇编》（1947～2011 年）和《内蒙古统计年鉴》（2001～2014 年），人均耕地面积及人均非农 GDP 分别由前面的三个指标计算所得；牛、绵羊和山羊数量来源于《内蒙古畜牧业统计资料》（1949～2000 年）和《内蒙古统计年鉴》（2001～2014 年）。锡盟牧区旗市草地面积在研究期内一直处于波动变化，然而研究期内连续年份的草地面积无从获取，因此，用 2010 年内蒙古第五次草地资源普查的可利用草地面积作为研究期不变的可利用草地面积，计算牧区各旗市单位草地羊单位年初承载量，虽然结果存在偏差，但具有一定的依据和可操作性。

第三，夏季降水量和夏季平均气温。

夏季降水量和夏季平均气温的气象数据来源于锡盟气象局提供的 6 个基本气象站和一般气象站，以及从中国气象科学数据共享服务网下载获取的 9 个国家基准气候站共 15 个气象站点 1981～2013 年逐月平均气温及月降水量数据计算所得。

锡盟 10 个牧区旗市 1981～2013 年的基本统计量如下（见表 8－1）。

表 8-1　锡盟 1981~2013 年 10 个牧业旗市基本统计量

变量名称 代码 单位	草地退化 指数 GDI —	单位草地羊 单位年初承 载量 alstock （只/hm^2）	人均耕地面 积 apland （公顷/人）	人均非农 GDP anonGDP （元/人）	夏季平均 气温 st （℃）	夏季降水量 sp （mm）
阿巴嘎旗	2.07 （0.73）	48.73 （11.47）	0.016 （0.011）	68 777.37 （129 601.2）	19.46 （1.19）	163.02 （58.51）
苏尼特左旗	2.12 （0.74）	30.26 （6.94）	0.022 （0.024）	3 730.69 （5 720.39）	21.26 （1.24）	116.77 （42.49）
苏尼特右旗	2.37 （0.73）	33.57 （7.58）	0.056 （0.026）	5 069.63 （6 729.72）	21.92 （1.05）	112.01 （41.96）
东乌珠穆沁旗	1.69 （0.60）	47.16 （9.90）	0.079 （0.104）	4 772.14 （7 547.73）	19.24 （1.18）	207.55 （64.82）
西乌珠穆沁旗	1.57 （0.62）	79.07 （21.07）	0.055 （0.034）	4 146.04 （7 091.81）	18.79 （1.04）	223.71 （81.02）
锡林浩特市	1.94 （0.74）	61.80 （18.09）	0.152 （0.043）	5 468.85 （6 010.67）	20.19 （1.11）	185.13 （75.13）
镶黄旗	2.07 （0.76）	95.62 （22.47）	0.066 （0.026）	4 259.09 （7 619.52）	19.62 （0.99）	167.64 （55.50）
正镶白旗	2.05 （0.64）	128.12 （25.13）	0.238 （0.040）	1 185.82 （1 529.37）	18.47 （0.99）	217.89 （60.63）
正蓝旗	1.69 （0.58）	127.17 （25.91）	0.238 （0.033）	2 532.43 （3 879.51）	18.06 （0.93）	230.95 （69.21）
太仆寺旗	1.61 （0.60）	211.69 （35.306）	0.381 （0.065）	617.56 （737.15）	17.38 （0.86）	237.67 （64.58）

注：平均值、括号中的是标准差；人均非农 GDP 已按可比价格、$CPI_{1981}=1$ 进行处理。

变量的定义及描述性统计如表 8-2 所示：草地退化指数的最小值为 1.01，是 1994 年的镶黄旗，最大值为 3.94，是 2001 年的苏尼特右旗，标准差为 0.71；单位草地羊单位年初承载量的最小值为 20.56 只/km^2，是 1981 年的锡林浩特市，最大值为 277.11 只/km^2，是 2005 年的太仆寺旗，该旗是锡盟唯一的半农半牧旗；人均耕地面积最小值为 0.0007 公顷/人，是 1986 年的苏尼特左旗，最大值为 0.49 公顷/人，是 1999 年的太仆寺旗，标准差为 0.12 公顷/人，差异较大的原因主要是锡盟从东到西分布着三种草地类型、气候差异较大，尤其是降水量的波动较大，另外，太仆寺旗是锡盟唯一的半农半牧旗，与其他9个纯牧旗相比，耕地面积较大；人均非农GDP的最小值为84.88元/人，是1981年的太仆寺旗，最大值为29 354.11元/人，是2013年的东乌珠穆沁旗，标准差为5 843.62元/人，差异较大的原因：一方面，20世纪80年代初与2013年相比的经济发展水平已不能同日而语；另一方面，这两个旗资源禀赋差距较大；夏季平均气温最小值为16.00℃，是1992年的太仆寺旗，最大值为23.97℃，是苏尼特右旗，标准差为1.69℃；夏季降水量最小值是48.70mm，是2007年的镶黄旗，最大值为447.5mm，是1998年的西乌珠穆沁旗，标准差为75.39mm，差异较大的原因是锡盟降水量从东到西年际波动较大。

表8-2 变量的定义及描述性统计

变量	代码	单位	均值	标准差	最小值	最大值	样本数
草地退化指数	GDI	—	1.92	0.71	1.01	3.94	330
单位草地羊单位年初承载量*	alstock	只/人	86.32	57.34	20.56	277.11	330
人均耕地面积	apland	公顷/人	0.1301	0.1232	0.0007	0.4906	330
人均非农GDP	anonGDP	元/人	3 498.71	5 843.62	84.88	29 354.11	330
夏季降水量	sp	℃	186.23	75.39	48.70	447.50	330
夏季平均气温	st	mm	19.44	1.69	16.00	23.97	330

注：*代表牛按1:5折算羊只。

8.1.4 面板单位根检验

面板数据单位根检验的方法较多。考虑到面板数据的复杂性，本部分综合运用LLC检验、IPS检验及Fisher检验三种单位根检验的方法进行平稳性检验。其中，LLC检验假定所有的面板单位包含共同的单位根，原假设为存在单位根过程；IPS检验和Fisher检验则放松了面板单位之间的同质条件，允许面板单位中的回归系数不相等，并且其原假设是面板数据包含单位根过程。对锡盟牧区旗市相关变量的单位根检验结果见表8-3。

如表8-3所示，在包含常数项和趋势项的情况下，平稳性检验结果中，锡盟牧区相关变量值的三种平稳性检验表明，部分相关变量不能拒绝存在单位根的原假设；而对相关变量一阶差分值进行检验时，三种检验结果均表明，所有相关变量在1%的显著性水平上均拒绝单位根过程的存在。从而表明，相关变量是非同阶单整数列。

表8-3　锡盟牧区旗市相关变量的单位根检验结果

变量	LLC检验		IPS检验		Fisher检验	
	含常数项和趋势项		含常数项和趋势项		含常数项和趋势项	
	水平值	一阶差分	水平值	一阶差分	水平值	一阶差分
GDI	-20.400 (0.0000)	-22.334 (0.0000)	-6.296 (0.0000)	-6.716 (0.0000)	201.498 (0.0000)	321.058 (0.0000)
lnalstock	-6.009 (0.0071)	-1 760 (0.0000)	-2.085 (0.0021)	-4.259 (0.0000)	34.294 (0.0242)	144.790 (0.0000)
lnapland	-3.838 (0.3476)	-13.936 (0.0000)	-1.487 (0.5510)	-4.216 (0.0000)	24.513 (0.2207)	110.965 (0.0000)
lnanonGDP	-2.933 (0.9240)	-12.237 (0.0000)	-1.129 (0.9220)	-3.829 (0.0000)	0.2488 (1.0000)	68.574 (0.0000)
sp	-19.400 (0.0000)	-22.407 (0.0000)	-5.990 (0.0000)	-6.722 (0.0000)	292.670 (0.0000)	328.057 (0.0000)
st	-16.871 (0.0000)	-21.783 (0.0000)	-5.203 (0.0000)	-6.537 (0.0000)	128.568 (0.0000)	463.703 (0.0000)

注：表中（）内的数据为P值。

8.1.5　实证结果分析

1. 模型的估计结果及分析

为考察草地退化指数（GDI）与变量lnalstock、lnapland、lnanonGDP、sp、st之间的长期关系，本部分采用锡盟10个牧区旗市1981～2013年相关变量的面板数据，运用STATA12.0计量分析软件对方程进行线性回归估计，根据估计系数的结果，分析lnalstock、lnapland、lnanonGDP、sp、st等变量对草地退化指数的影响程度。

首先对回归方程进行豪斯曼（Hausman）检验，检验结果为：

$$chi^2(5)=3.32，Prob>chi^2=0.6513$$

由表得 $\chi^2_{0.05}(5)=11.07$，检验结果 $chi^2(5)=3.32<11.07$，而且，$Prob>chi^2=0.6513>0.1$，接受原假设，即对于此研究，应当使用随机效应模型及相应估计方法得到一致估计量。因此，方程采用随机效应模型进行研究，回归结果如表8-4所示。

表8-4　面板数据的随机效应方程回归估计结果

变量	回归系数	标准误	T量	P值
草地退化指数（GDI）				
单位草地羊单位年初承载量（lnalstock）	0.1822***	0.0515	3.54	0.000
人均耕地面积（lnapland）	0.0256	0.0268	0.95	0.340
人均非农GDP（lnanonGDP）	0.1141***	0.0220	5.17	0.000
夏季降水量（sp）	-0.0053***	0.0007	-7.16	0.000
夏季平均气温（st）	0.0528***	0.0190	2.78	0.005
常数项	0.1491	0.4880	0.31	0.760
观测值	330			
Chi^2（5）	1 503.5			
$Prob>chi^2$	0.0000			

注：（1）lnalstock表示对单位草地羊单位年初承载量取对数；lnapland表示对人均耕地面积取对数；lnanonGDP表示对人均非农GDP取对数；对单位草地羊单位年初承载量、人均耕地面积以及人均非农GDP分别取对数是为消除数据的非正态性及分别获取对草地退化指数的弹性影响；（2）***表示1%的显著水平。

（1）单位草地羊单位年初承载量

在回归方程中，单位草地羊单位年初承载量的回归系数为0.1822，在1%的水平上其对草地退化指数具有显著的正向作用，说明单位草地羊单位年初承载量越多，草地退化指数越高，即草地退化程度越严重。而且，单位草地羊单位年初承载量每上升1%，草地退化指数将会增加0.1822，这与王云霞等（2015）[62]、赵志平等（2013）[96]、成平等（2009）[88]、赵雪雁（2008）[71]等学者的研究结果一致，即草地载畜量是造成草地退化的主要关键因素，草地实际载畜量过大，超过草地的理论载畜量，会造成牲畜对草地的过度啃食，导致草地退化状况越严重。那么，影响草地承载量多寡的又是哪些因素？若能对草地载畜量的驱动因素进行实证研究，即可析出由草地载畜量作为传导、真正影响草地退化的幕后原因，这一问题将在8.2节中进行实证研究。

（2）人均耕地面积

从回归结果可以看出，人均耕地面积越多，草地退化指数会越高，草地退化状况越严重，这可能与农田灌溉对地下水的超采及草地开垦为农田等行为而影响草地退化指数有关，但其影响未通过10%水平的显著性检验。此研究结果与张希彪等（2016）[67]、辛友俊等（2005）[110]和李士冀（2015）[264]等学者的研究结果有所不同，他们的研究结果都证实了耕地资源规模对生态系统的影响显著，产生此差异可能的原因是研究时段以及研究区域不同造成，另外，可能由于锡盟牧区在研究期内人均耕地面积变化不大，并且耕地面积占农用地（包括草地与耕地）面积比重非常小（研究期内锡盟耕地最高年份占农用地比例不及1.5%）造成。

（3）人均非农GDP

人均非农GDP在回归方程中的回归系数为0.1141，在1%的水平上其对草地退化指数具有显著的正向影响，说明人均非农GDP越高，草地退化指数越大，而且人均非农GDP每上升1%，草地退化指数将会增加0.1141，草地退化趋向严重。人均非农GDP中，如作为第二产业的矿产开采和作为第三产业的交通运输等行业的经济发展对草地生态系统有很大的影响。其中，煤矿开采的发展对草地生态系统产生显著的负面影响，从而导致草地退化。在宝音都仍（2009）[265]与康萨如拉等（2014）[266]的研究中，虽然采用的研究方法有别，但研究结果均表明矿产资源的开发，或导致草地生态服务功能下降，或导致景观格局发生变化，初级生产力下降，最终导致草地退化。这两位学者的研究结果与本研究结果基本一致，即矿产开发是导致草地退化的主要驱动因素之一。因此，在地区矿业经济发展过程中，同时要兼顾地区草地生态系统的保护，始终是值得关注的问题。

（4）夏季降水量

在回归方程中，夏季降水量的回归系数为-0.0053，通过了1%水平下的显著性检验，表明夏季降水量对草地退化具有显著的负向影响，表明降水量增加，草地退化指数将下降，而且有研究表明[267]夏季的累积降水量与植被产草量存在显著正相关关系。本书的研究结果表示，在其他条件不变的情况下，研究区夏季降水量每增加 100mm，草地退化指数将下降 0.53，李林等（2002）[55]、王涛（2003）[268]和褚林等（2014）[269]等学者关于降水量对草地资源影响研究的时间尺度虽然有所区别，但研究结论一致，即降水量有利于草地质量状况好转，降水量增加则草地退化状况得到扭转。

（5）夏季平均气温

夏季平均气温对草地退化指数的回归系数为正，并且通过 1% 水平上的显著性检验，表明在其他因素不变的前提下，草地退化指数会随着夏季平均气温的升高而增加，而且，气温每上升 1℃，草地退化指数上升 0.0528。

王军邦等（2010）[270]利用 MODIS 250m 分辨率的 NDVI 遥感数据，在模拟计算年平均 NDVI 的基础上，分析了内蒙古中部植被 2000 ~ 2008 年的年际变化及其与气温、降水的关系，以及其受气温与降水的综合影响程度。结果表明，研究区内植被年际波动主要受暖干化气候影响，降水的作用要强于气温，是气温的 2.8 倍，锡林浩特地区降水的影响是气温的 11.5 倍。与本书在草地退化指数与气温、降水的关系研究结果中基本一致。就 |t| 值大小来看，本研究结果表明，降水量是决定研究区草地植被状况的关键变量。这可能由于研究时段、研究区域的不同，以及本书的被解释变量是由植被 NDVI 计算所得等原因造成影响程度上的差异。

2. 多重共线性检验

若产生多重共线性可能引起参数无法估计（在完全共线性下）、降低 OLS 参数估计的有效性（在近似共线性下）、参数估计量经济含义不合理及变量的显著性检验和模型的预测功能失去意义。因此，有必要对估计模型进行多重共线性检验。根据书中已介绍的三种多重共线性检验的方法，采用方差膨胀因子（VIF）法对线性回归模型进行检验，检验结果如下（见表 8 - 5）。

表 8-5　　模型共线性诊断结果

模型	多重共线性结果统计	
	容许度	VIF
常数项		
单位草地验单位年初承载量	0.347	2.88
人均耕地面积	0.487	2.05
人均非农产值	0.656	1.52
夏季降水量	0.453	2.21
夏季平均气温	0.284	3.53

注：被解释变量为草地退化指数。

经验判断方法表明：当 $0 < VIF < 10$，不存在较强的多重共线性；当 $10 \leq VIF < 100$，存在较强的多重共线性；当 $VIF \geq 100$，存在严重多重共线性。或者，容许度（TOL）小于 0.1，说明解释变量间存在多重共线性现象。由表 8-5 中容许度（TOL）与方差膨胀因子（VIF）的值可知，各变量的方差膨胀因子均远小于 10，且容许度均达到 0.284 以上，均远大于 0.1，因此，模型不存在较强的多重共线性。

3. 异方差检验

线性回归模型的重要假定之一是干扰项 μ_i 均具有相同的方差 σ^2。如果假定不成立，则说明有异方差性。若存在异方差性，即线性无偏但非最优。因此，出现异方差时使用 OLS 方法将会导致假设检验出现不准确的结果，统计推断可能产生严重误导。另外，值得注意的是，异方差性问题在面板数据中比时间序列数据中更为常见，并显得更复杂多变。因此，对线性模型进行异方差检验是非常有必要的。

原假设 H_0：模型不存在异方差，当 $nR^2 > \chi^2(k-1)$ 时，拒绝原假设 H_0，说明方程存在异方差。书中运用怀特检验法检验多元线性方程是否存在异方差，检验结果如下：

$$chi^2(1) = 2.18，Prob > chi^2 = 0.1400$$

由表得 $\chi^2_{0.05}(10) = 2.71$，检验结果 $chi^2(10) = 2.18 < 2.71$，而且，$Prob > chi^2 = 0.1400 > 0.1$，因此，模型不存在异方差性。

8.1.6 结论与讨论

本部分基于锡盟10个牧区旗市1981~2013年的统计资料/年鉴的面板数据，采用多元线性回归方程对影响草地退化的直接驱动因素进行研究，驱动因素主要集中于农业生产中的畜牧业生产和种植业生产、非农业生产及气候要素三大类，通过Hausman检验，方程适合采用随机效应模型进行研究，定量分析各因素对草地退化指数的影响程度。随机效应模型结果通过了多重共线性与异方差检验，因此，随机效应模型估计结果有效。

单位草地羊单位年初载畜量的增加、人均非农GDP的增加、降水量的减少及气温的升高等因素交织在一起，导致草地退化，并且是草地退化的主要驱动因素。研究结果表明，1981~2013年，研究区单位草地载畜量越多，草地退化越严重，即草地载畜量是草地退化的主要因素之一[271-273]。2000年至今，在中国和内蒙古草地政策的环境背景下，锡盟实施了一系列旨在保护和改善草地生态系统的草地政策，在一定程度上控制了单位草地面积上的载畜量规模，使草地退化的趋势逐步得以控制，并在局部区域得到了遏制和扭转。因此，若能实证研究单位草地载畜量的驱动因素，尤其是2000年后一些草地政策的实施对单位草地载畜规模的影响力如何，将在一定程度上为未来兼顾生态效益、经济效益和社会效益草地政策的出台提供指向性的重要作用。

耕地面积的多少，可能反映草地被开垦为农用地的规模，因此，此部分用人均耕地面积指标替代被开垦的草地面积指标来研究其对草地退化的驱动力强弱。结果显示，草地退化指数与人均耕地面积正相关，但未通过显著性检验。一方面，可能是除1980年中期至1990年初期，由于畜产品价格下行，购销体制下的粮食保护价收购，种粮比养畜更有利可图背景下的一次较大规模的草地开垦外，此后，严格禁止草地开垦，使得研究期内人均耕地面积的变化不大；另一方面，可能是由于本书对此因素的研究更关注的是持续时段内耕地规模对草地退化的驱动影响，而其他学者是从非连续时段[62]的实证研究或统计描述性关联分析角度[274]得出的研究结果。以上两个方面可能是导致人均耕地面积影响不显著的原因。

非农经济活动对草地退化有显著的推动作用，以矿产资源不合理的开发利用对草地生态系统的负面影响尤为突出，已从局部扩展至整体[271]，在不同种类的矿产资源中，能源矿产开发利用对环境的影响最大[272]。能源矿产品是草原牧区非农经济活动的主要对象之一，是典型的消耗性资源型产品。当代草原牧区少数民族的跨越式发展极不平衡，实施资源开发导向型战略，追求资本密集型技术路线，忽视少数民族发展的多样化、生态与环境的多样性特点[275]，如在煤炭、石油等地下矿产资源的采掘、洗选、冶炼以及矿产品生产、运输、加工和利用过程中，极易对牧区草地生态系统环境产生严重的负外部性问题，造成草地退化和沙化。原煤作为锡盟主要的能源矿产品，其产量从 1981 年的 38 万吨增加到 2014 年的 11 500 万吨，2014 年的产量是 1981 年的 302 倍多，过去的 34 年年产量的增长率为 18.90%，增速非常快。其对地方经济的增长和发展做出了巨大贡献，但由于矿产资源的不合理开采，导致了严重的生态环境问题，草地生态系统遭到了严重破坏，导致草地退化。

近年来草地退化驱动力的研究中，主要关注的一个方面是气候变化对其的影响研究，而且研究主要集中于温度与降水等水热因子的变化对草地退化的研究。因为在气候因素中，特别是温度和降水决定着草地的形态和发展。全球变暖与气候干旱对陆地生态系统的胁迫，被认为是造成草地退化的主要因素。实证结果表明，在 5 个解释变量的 $|t|$ 值中，夏季降水量的 $|t|$ 值最大，说明草地退化指数与夏季降水量的关系最明显，并且草地退化指数与夏季降水量存在负相关关系，即草地退化指数大小的关键因素之一是夏季降水量的多少；夏季降水量增加，则草地退化指数下降，草地质量状况好转，将会缓解或扭转草地退化的趋势。这与刘及东（2010）[219]的研究成果一致，干旱对草地退化有明显的影响，会加剧草地退化的程度。研究期内，夏季平均气温与草地退化正相关且影响显著，温度升高会使得草地退化指数增加，导致草地退化严重。

8.2 草地载畜量驱动因素的实证分析

由以上草地退化驱动因素的实证分析结果，草地载畜量、非农经济活动及夏季降水量与夏季平均气温是影响草地退化的关键因素。其中，夏季降水量与夏季平均气温等气候条件的变化，人类难以控制，因此，本书不对其进行深入研究；非农经济活动，如矿产开采等活动涉及宏观经济发展导向方面的因素众多，且涉及面广泛，地方政府的政策调控与牧区牧民的生产行为很少甚至无法影响或改变其发展导向，因此，对其的深入研究可能对提出防治地方草地退化的政策措施意义不大，基于以上原因，本书对影响非农经济活动的深层原因不做进一步的研究分析，可将此课题作为今后的研究方向进行深入探讨。基于以上分析，下面将针对草地载畜量的驱动因素进行实证分析，以厘清草地载畜量背后、真正影响草地退化的原因，有的放矢、更有针对性地提出治理和改善草地退化的政策、措施，促进草地资源的合理利用，保护和改善草地生态系统环境，形成草地生态与社会经济可持续发展的和谐局面。

8.2.1 理论基础

畜牧业是锡盟传统的重要经济部门，但由于草地退化，区域内社会经济的发展与生态系统之间的矛盾十分尖锐。因此，对锡盟草地退化驱动因素的探究就凸显其重要性，8.1 节已对此进行了实证研究。超载过牧是草地退化的罪魁祸首几乎成为许多研究者的共识[141,278]，是否超载过牧或超载过牧量的多寡与单位草地载畜量直接相关，通过前面的实证研究结果，已证实载畜量是导致草地退化的关键因素之一，而且，草地经济系统以放牧牲畜为主要的经济活动，并通过放牧活动影响草地植被，从而影响草地生态系统，放牧经济活动对草地资源的影响是草地研究的重点问题[253]。因此，若能实证研究影响草地载畜量的驱动因素，就能挖掘载畜量背后、影响草地退化的真正原因，有的放矢、更有针对性地提出治理和改善草地退化的政策、措施，以实现草地资源的永续利用。

超载过牧即牲畜一段时期内的载畜量超过草地实际的承载力所造成。载畜量的多寡受制于相应的投入要素、草地政策及气候条件。自 1992 年确立了市场经济体制，中国放开农副产品的市场价格后，市场成为引导中国畜牧业发展的主要力量，在市场的作用下投入到畜牧业生产的劳动力和资本投入不断增加，导致中国牲畜的出栏量和存栏量大幅增长。但从 2000 年开始，为了保护草地生态系统，中国实施了一系列强化草地管理的政策，这给牧区自由放牧的传统畜牧业生产带来了巨大的冲击。另外，传统畜牧业主要以牲畜采食天然牧草的方式进行生产，气候条件的变化直接影响牧草的生长条件，影响牧草的可采食量。另外，许多学者的研究也证实了畜牧业生产除了受制于劳动力和物质资本的投入外，草地政策及气候等因素对其也产生了显著影响，如薛建良等（2010）[279]的研究表明，禁牧和圈养政策在短期内对羊产业供给造成了较大影响；陈海燕等（2013）[280]的研究认为，由于禁牧政策的实施出现了羊存栏量下降及市场经营风险加大等不利影响；王士权等（2014）[281]的研究表明，草地保护政策体系影响羊肉供给，自然灾害对肉羊存栏与羊肉价格的影响有所差异；严雪（2012）[282]的研究表明，畜产品产量受气候变化影响明显。根据以上研究成果，载畜量主要受制于牧业生产的劳动力与物质要素的投入、草地政策及气候条件等三类因素的影响，将这三类因素纳入一个整体中研究影响载畜量的驱动因素，可厘清载畜量背后、影响草地退化的真正原因。因此，本书运用改进的柯布—道格拉斯生产函数，构建“经济—政策—气候”模型，实证研究影响草地载畜量的驱动因素。研究时，为了与本章草地退化驱动因素实证研究中反映的载畜量指标保持一致，采用单位草地羊单位年初承载量作为本实证研究的被解释变量。

根据以上论述，牧区的牧业生产活动是在既定的劳动力和物质资本投入、草地政策条件及气候环境下进行的，使得牧区牧业生产活动受制于既定的内外部条件，在此约束条件下，研究影响牧区单位草地羊单位年初承载量的驱动因素具有重要的现实意义，不仅可实证研究影响载畜量的驱动因素，而且也可进一步厘清载畜量背后、影响草地退化的真正原因，为治理草地退化提供更确切的着力点和入手点，从而为提出有效的草地退化政策和措施提供实证依据。

8.2.2 模型设定

1. 理论模型

柯布—道格拉斯（Cobb - Douglas）生产函数对于分析和描述生产要素和产量之间的关系有着非常重要的作用。种植业生产作为气候变化较为敏感的产业之一，已经逐渐成为学者们的研究重点，并已有许多关于气候变化对农作物生产方面的研究成果[283-287]。气候条件对畜牧业生产的影响与种植业生产有其一致性，牲畜生长以及作为牲畜主要饲料来源的牧草受制于一定的气温和降水量条件。此外，对于草原畜牧业的生产，草地政策的变化导向也会影响牲畜规模。因此，实证研究中将草地政策与气候要素作为外生变量引入柯布—道格拉斯生产函数模型中，构建一个"经济—政策—气候"的模型，将其称为C-D-P-C模型，利用此模型对劳动、资本、草地政策及气候因素对载畜量的影响程度进行分析研究。C-D-P-C模型将经济投入、草地政策及气候要素对草地载畜量的影响进行了关联分析，对传统的柯布—道格拉斯生产函数模型是一种改进。设反映草地政策变量及气候因素变量的模型参数分比为P和C，则模型的形式如式（8-7）所示：

$$Q = f(A, L, K, P, C) \tag{8-7}$$

式（8-7）中，Q代表载畜量，A代表可利用草地面积，L代表劳动投入，代表资本投入，P代表草地政策，C代表气候要素。用以上模型对载畜量的驱动因素进行实证研究。

2. 实证模型

为了较全面的研究载畜量的驱动因素，在经济学的生产函数模型中引入草地政策和气候要素变量，并对生产函数模型加以改进，从而使模型模拟结果与经济发展规律相符。将经济学研究与草地政策、气候要素的研究相结合，共同研究影响载畜量的驱动因素，可以反映草地畜牧业生产的经济理论与经济现实。

草地畜牧业生产受劳动力和物质资本投入、科技水平、草地政策及气候条件的共同影响。草地畜牧业生产不仅受制于物质投入要素的多寡，还受制于草地政策的发展导向及气候条件。本部分实证模型的自变量包括草地畜牧业生产中的投入变量、草地政策变量和气候要素变量，草地畜牧业生产投入变量包括可利用草地面积、牧业劳动力人数（采用乡村劳动力来替代）、饲草饲料投入数量、畜牧业机械总动力等物质资本投入要素，对于众多的物质资本投入要素，考虑到样本的有限性及为了简化模型，本节将物质投入要素用单位可利用草地面积上的金额形式替代；草地政策选取草地政策的虚拟变量；气候因素变量选取年夏季平均气温、夏季降水量以及作为替代其他气候要素影响的草地退化指数的滞后变量。本研究假定可利用草地面积对牲畜数量影响的规模报酬不变，使用单位草地羊单位年初载畜量作为被解释变量。为了研究解释变量与被解释变量间的弹性变化关系，以上述 C－D－P－C 生产函数模型为基础，构建双对数实证模型：

$$\begin{aligned} \text{lnalstock}_{it} = {} & \beta_0 + \beta_1 \text{lnl}_{i,t-1} + \beta_2 \text{lnc}_{i,t-1} + \beta_3 P_{i,t-1} + \beta_4 \text{st}_{i,t-1} \\ & + \beta_5 \text{sp}_{i,t-1} + \beta_6 \text{GDI}_{i,t-2} + u \end{aligned} \tag{8-8}$$

式（8－8）中，i 和 t 分别代表第 i 个旗市的第 t 年份；$\text{alstock}_{i,t-1}$ 代表上一期单位可利用草地的羊单位承载量；$l_{i,t-1}$ 代表滞后一期的乡村劳动力；$c_{i,t-1}$ 代表滞后一期的牧业生产物质要素投入额；$P_{i,t-1}$ 代表滞后一期的草地政策虚拟变量；$\text{st}_{i,t-1}$ 代表滞后一期的夏季平均气温；$\text{sp}_{i,t-1}$ 代表滞后一期的夏季降水量；$\text{GDI}_{i,t-2}$ 代表滞后两期的草地退化指数，以其替代除降水量与气温之外的未被考虑的其他气候要素；其中，草地政策（P）和气候因素（st，sp 和 GDI）虽然不是生产要素，但是它们会影响生产要素投入的数量。

3. 变量选取与说明

本部分主要对牧区畜牧业生产的驱动因素进行实证研究。单位草地羊单位年初承载量作为被解释变量，自变量包括：乡村劳动力和单位草地物质资本投入额、草地政策变量、气候要素中的夏季平均气温与夏季降水量三类，下面对各变量进行描述性统计分析。

（1）单位草地羊单位年初承载量（alstock）

研究期内研究区的牲畜主要包括牛、绵羊和山羊，因此，该研究的解释变量采用包括牛、绵羊和山羊在内的主要牲畜年初存栏量折算羊单位数替代，具体说明见 8.1.3。

（2）劳动力投入（l）及物质资本投入额（c）

书中的劳动力投入是指在畜牧业生产过程中投入的劳动力人数，该值无法准确获取，因此，书中采用研究区的乡村劳动力来替代。研究区大部分为纯牧旗，乡村劳动力从事的生产活动主要是牧业生产活动，其中，太仆寺旗是研究区唯一的半农半牧旗，但其畜牧业生产仍是乡村劳动力的主要生产活动。因此，采用乡村劳动力来替代从事畜牧业生产的劳动力具有其合理性与科学性。

关于物质资本投入额，采用概算法[①]计算获得。概算公式如下：

$$c = 物质资本投入总费用 \times \frac{牧业收入}{总收入}$$

式中，c 为物质资本总投入额，用其与 2010 年内蒙古第五次草地资源普查的可利用草地面积相除，计算单位可利用草地面积的物质资本投入额，并以 1981 年的 CPI 作为对比期，采用不变价格计算的方法对其消除通货膨胀因素后代入模型中；物质要素投入总费用按行业划分包括农、林、牧、渔、工、建筑、交通运输、商饮、服务及其他共 10 个行业的物质资本投入费用。

（3）草地政策变量（P）

本书第七部分系统梳理了自内蒙古 1947 年成立之初至今 70 多年内蒙古及锡盟的草地政策，其中改革开放新时期至今，在中国和内蒙古的引导下，草地政策发生了重大变革，概括起来将其划分为三个阶段：草畜承包为主的"放任式"管理阶段、草地强化管理阶段及草地综合治理阶段。1981 ~ 2013 年期间，草地政策发生实质性变革的转折点包括 2000 年和 2011 年，2011 年开始实施的草地生态补奖机制在 2000 ~ 2010 年草地政策的基础上更加关注牧民的民生问题，但是，两个阶段草地政策的实质都具有以草畜平衡、禁牧、休牧等为实现草地合理利用，而控制牲畜头数的目标。因此，草地政策采用虚拟变量进行实证研究时，虚拟变量的设置以 2000 年为节点，2000 年前和后（包括 2000 年）分别设置 0 和 1 变量值。

（4）气候要素数据

关于气候要素，首先采用 pearson 相关系数方法，计算单位草地羊单位年初承载量与年及季节尺度的气候要素变量的相关系数，结果表明，夏季气候要素变量与单位草地羊单位年初承载量的相关性最高。另外，为了与 8.1 节实证研究中气候要素变量保持一致性，气候要素变量选择夏季的进行分析。另外，除气温与降水量气候要素外，还有其他未被考虑的气候要素，此处用草地退化指数的滞后项来替代。

变量描述性统计如表 8 - 6 所示，锡盟 10 个牧区旗市 1981 ~ 2013 年单位可

---

① 内蒙古自治区经营管理站牧区单位可利用草地物质投入概算法。

利用草地羊单位年初存栏量平均为86.32只/km²，研究期内最小值是1981年的锡林浩特，为20.56只/km²，最大值为2005年太仆寺旗，为277.11只/km²；研究期内乡村劳动力平均为2.15万人，其中，最小值为1982年的锡林浩特市，为0.22万人，最大值为2000年的太仆寺旗，为9.26万人；研究期内单位可利用草地物质资本投入额平均值为1 325.29元/km²，投入额最小的是1982年的锡林浩特市，为21.45元/km²，投入额最大值是2013年的苏尼特右旗，为11 875.58元/km²；夏季平均气温、夏季降水量与草地退化指数在本章第一部分实证中已经描述，具体见8.1.3。

表8-6　变量的定义及描述性统计

变量	代码	单位	均值	标准差	最小值	最大值	样本数
单位草地羊单位年初承载量	alstock	只/km²	86.32	57.34	20.56	277.11	330
乡村劳动力	l	万人	2.15	2.01	0.22	9.26	330
物质要素投入额	c	元/km²	1 325.29	1 782.38	21.45	11 875.58	330
夏季平均气温	st	℃	19.44	1.69	16.00	23.97	330
夏季降水量	sp	mm	186.23	75.39	48.70	447.50	330
草地退化指数	GDI	—	1.92	0.71	1.01	3.94	330

注：物质要素投入额已剔除通货膨胀的影响。

8.2.3　实证分析结果

1. 模型的估计结果及分析

根据以上分析，本部分运用STATA12.0软件对实证方程进行估计，首先对回归方程进行豪斯曼（Hausman）检验。检验结果为：

$$chi^2(5)=77.48, \quad Prob>chi^2=0.0000$$

由表得$\chi^2_{0.05}(5)=11.07$，检验结果$chi^2(5)=77.48>11.07$，而且，$Prob>chi^2=0.0000<0.1$，这说明在1%的显著性水平下拒绝原假设，即对于此研究，应当使用固定效应模型及相应估计方法进行一致估计。因此，此部分采用固定效应模型进行分析，模型估计结果如表8-7所示。

表8-7　单位草地羊单位年初承载量驱动因素的固定效应方程估计结果

变量	回归系数	标准误	t值	P值
ln乡村劳动力（万人）	0.4430***	0.1388	3.19	0.002
ln物质资本投入额（元/km^2）	0.0872***	0.0175	4.97	0.000
草地政策虚拟变量	-0.2897***	0.0401	-7.23	0.000
夏季平均气温	-0.0001	0.0152	-0.01	0.994
夏季降水量	0.0003	0.0002	1.59	0.112
草地退化指数	-0.0581***	0.0190	-3.06	0.002
常数项	3.6823	0.3005	12.25	0.000
观测值数		310		
F值		77.83		
Prob>F		0.0000		

注：***表示1%的显著水平。

在显著性水平 $\alpha=0.01$ 时，查表可得 $F_{0.01}(9,294)=1.88<77.83=F$，则拒绝零假设，认为回归方程是显著的。t值和P值检验代表相应的解释变量是否对被解释变量有显著影响，通过P值检验结果可知，滞后一期的乡村劳动力、物质资本投入额、草地政策虚拟变量及滞后两期的草地退化指数对单位草地羊单位年初承载量均通过了显著性检验，而滞后一期的夏季平均气温、夏季降水量未通过检验。具体解释如下：

（1）乡村劳动力

从固定效应模型估计结果可知，滞后一期的乡村劳动力对单位草地羊单位年初承载量在1%显著性检验的水平上产生显著正向影响。说明牧区载畜量在一定程度上由从事牧业生产的劳动力规模来决定。随着中国城镇化发展，农区人口不断向城镇迁移，尤其是受教育水平较高、且年轻的农区人口向城镇迁移。与农区人口的大量迁移相比，土生土长于牧区由于语言交流的限制，长期生活在空旷牧区而很难适应城市的嘈杂，并由于长期从事牧业生产而很少具有其他劳动或服务技能的牧民来说，从事牧业生产是较佳选择。同时，草原畜牧业具有就业率偏高、转移后的劳动力稳定性较差、固化水平低的特征[288]，使得有限的草地资源空间长期承载相对较多的牧业劳动力，较多的牧业劳动力理性“经济人”的牧业经济生产行为，导致草地载畜量的居高不下。牧民长期从事牧业生产所形成的生产方式与理念，与现代畜牧业的理念不相匹配，导致牧业生产附加产值偏低，畜牧业生产中资源要素的合理转换率较小[288]。大量剩余劳动力滞留在牧区，使牧区畜牧业劳动生产率处于传统低水平。因此，稳步提升牧区劳动力的迁移，逐步提升牧业生产劳动力的牧业从业素质，以适应现代畜牧业发展的需要，从而提高草原畜牧业对草地资源的利用效率，并实现草地资源的可持续利用。

（2）物质资本投入额

滞后一期的物质资本投入额对单位草地羊单位年初承载量具有正向影响，且通过了1%水平上的显著性检验，与其他驱动因素的|T|值对比，其仅次于草地生态系统保护政策的影响，这说明牧区的畜牧业生产在一定程度还依赖于资本投入。如资本投入中的牧业机械投入，在牧区广阔的草地上，牧业机械的运用，无疑在一定程度上替代了原来的劳动力，减轻牧业生产的劳动强度，但这种机械替代劳动力可能并未真正提高牧业生产效率，而可能只是替代了迁移出的牧区劳动力，减轻从事牧业生产的劳动力的劳动强度。因此，随着现代畜牧业的构建，草原牧区逐步采用大型牧业机械作业，提高牧业劳动生产率，大型牧业机械化的实现是社会生产力发展到一定阶段的必然产物，牧业机械化也是中国构建现代畜牧业的重要内容和指标，和发达国家相比，中国目前的牧业机械化水平还有待提高，而且机械化的衡量要以大型牧业机械作为指标，将牧业机械更多的用于牧业生产中，提高牧业生产效率，充分发挥牧业机械在畜牧业生产中的有力作用。

（3）草地政策因素

滞后一期的草地政策因素对单位草地羊单位年初承载量在1%的显著性水平上产生负向影响。其主要原因包括：一方面，1981～1999年为牧区实行“草畜双承包”为主的“放任式”管理阶段，更注重放牧畜牧业的经济效应，而忽视了草地生态系统的保护，使得单位草地羊单位年末承载量不断扩大，1999年达到研究期最大的单位草地羊单位年初承载量；另一方面，2000年开始至今，进入草地强化管理阶段，一系列关于草地生态系统保护的政策开始实施，如草畜平衡及禁牧政策的严格执行使得单位草地面积上的放牧数量不断下降，并且原来放牧的草地现在全年禁牧或季节性禁牧，在一定程度上限制了牲畜的放牧空间，对单位草地羊单位年初承载量产生负向影响，单位草地年初载畜量逐步缩小，从而发挥了草地保护政策的激励作用，并不断向草畜和谐的发展方向迈进。

(4) 夏季平均气温

滞后一期的夏季平均温度对单位草地羊单位年初承载量产生负向影响，即夏季平均气温上升会使得单位草地羊单位载畜量下降。在草地退化驱动因素的实证研究中已经证实，夏季平均气温的升高会导致草地退化，而且，夏季是牧区草地植被覆被高低、产量多少的关键季节，因此，牧民草地载畜量的多少，可能根据上一年夏季平均气温的升高（或降低）来减少（或增加）当年年初的载畜量水平，以适应和调节由于气温升高而导致的产草量的下降。但夏季平均气温对年初载畜量的影响未通过10%显著性检验，且其系数与|T|值均较小。产生这一结果的原因，一方面可能由于研究期内研究区夏季平均气温整体为19.44℃，最小值为16℃，最大值也只有23.97℃，从各旗县夏季平均气温年际波动的长期变化趋势与牲畜适宜的生长温度相比，温度波动的长期趋势较缓，而且温度的波动均在牲畜生长的适宜温度范围；另一方面，研究区地处北方干旱半干旱区，长年的夏季平均气温上升幅度相对较小，而气温变化对载畜量的影响研究可能要求百年或几百年的时间看出其较明显的影响趋势。因此，夏季平均气温的上升对单位草地羊单位年初承载量的影响较小。

(5) 夏季降水量

滞后一期的夏季降水量对单位草地羊单位年初承载量产生正向影响，未能通过显著性检验，但其T值远大于夏季平均气温的，表明夏季降水量对载畜量影响虽不显著，但与夏季平均气温相比要大得多。按照降水与草地植被状况的关系推理，及本章草地退化驱动因素的实证研究结论，夏季降水量的增加有助于草地植被生长，提高草地植被覆被[289]、质量及产量[267]，从而可能提高单位可利用草地的牧草可采食量，与夏季降水量欠年相比，单位草地载畜量会增加，因此，牧民会根据上一年夏季降水量的丰欠来调整当年年初的载畜量规模，以适应由当年降水量的可能变化而带来的草地植被状况的变化。根据本书5.2.2.2中对1961~2013年夏季降水量长期变化趋势的分析，近53年来其变化呈现较平缓的下降趋势，这可能是导致夏季降水量系数估计结果不显著的主要原因。

(6) 草地退化指数

为了研究除夏季平均气温与夏季降水量之外的其他气候要素对载畜量的

影响，采用滞后于气温与降水量一期的草地退化指数来替代。根据研究结果表明，滞后两期的草地退化指数对单位草地羊单位年初承载量产生负向影响，且其通过了1%水平上的显著性检验。草地退化指数作为反映生态环境退化的指标[290]，能较准确地反映草地植被状况。因此，牧民在牧业生产中，可能根据草地植被状况的优劣与畜牧业生产的投入产出比，对可能由滞后两期草地退化指数影响决定的年初载畜量进行调整。

2. 多重共线性检验

如前所述，若产生多重共线性可能引起参数无法估计（在完全共线性下）、降低OLS参数估计的有效性（在近似共线性下）、参数估计量经济含义不合理及变量的显著性检验和模型的预测功能失去意义。因此，对估计模型进行多重共线性检验非常必要。书中运用方差膨胀因子（VIF）法对线性回归模型进行多重共线性检验，检验结果如下（见表8－8）。

表8－8　**模型共线性诊断结果**

模型	多重共线性结果统计	
	容许度	VIF
常数项		
草地政策虚拟变量	2.81	0.355
物质资本投入额	2.48	0.404
草地退化指数	1.50	0.665
夏季平均气温	1.21	0.823
夏季降水量	1.21	0.825
乡村劳动力	1.17	0.855

注：被解释变量：单位草地羊单位年初承载量。

由表8－8中的容许度（TOL）和方差膨胀因子（VIF）值可知，各变量的方差膨胀因子均远小于10，且容许度均达到0.355以上，远大于0.1，因此，模型不存在较强的多重共线性。

3. 异方差检验

采用怀特检验法检验固定效应模型是否存在异方差，检验结果如下：

$$chi^2(10)=63.05,\ Prob>chi^2=0.0000$$

由表得 $\chi^2_{0.05}(10)=18.31$，检验结果 $chi^2(10)=63.05>18.31$，而且，$Prob>chi^2=0.0000<0.1$，因此，模型存在异方差性。

4. 序列相关检验

序列相关是指前后期误差项的值之间出现相关的情况，也称自相关。在面板数据的研究中，经济变量由于其自身的惯性或黏滞发展原因，或模型中存在应含而未含变量出现模型的设定偏误，设定了不正确的函数形式以及经济问题中的蛛网现象等，使得序列相关问题普遍存在。序列相关的出现不会影响模型估计量的线性无偏性，但会使模型估计结果失去有效性，而且参数的显著性检验也受到影响。

Wooldrige 检验是伍德里奇（Wooldrige）于 2002 年提出的一种检验固定效应模型序列相关的方法，运用 Wooldrige 检验对方程进行序列相关检验。检验结果如下：

$$F(1,\ 9)=23.657,\ Prob>F=0.0009$$

查表得 $F(1,\ 9)=5.12$，检验结果 $F(1,\ 9)=23.567>5.12$，而且 $Prob>F=0.0009<0.1$，故方程存在自相关。

通过以上检验，方程同时存在异方差与序列相关问题，因此，对固定效应模型采用 Driscoll – Kraay 标准误的方法进行修正，该方法是由德里斯考和克雷（Driscoll，John C. & Aart C. Kraay）于 1998 年提出。用 Driscoll – Kraay 标准误方法同时修正模型异方差与序列相关，修正后的模型结果如表 8 – 9 所示。

表 8 – 9　　模型修正结果

变量	回归系数	标准差	t 值	P 值
ln 乡村劳动力（万人）	0.4430*	0.2443	1.81	0.080
ln 物质资本投入额（元/km^2）	0.0872**	0.0229	3.80	0.001
草地政策虚拟变量	−0.2897***	0.0711	−4.07	0.000
夏季平均气温	−0.0001	0.0225	−0.01	0.996
夏季降水量	0.0003**	0.0001	2.75	0.010

续表

变量	回归系数	标准差	T值	P值
草地退化指数	-0.0581**	0.0230	-2.52	0.017
常数项	3.6823	0.4006	9.19	0.000
观测值数	310			
F值	11.42			
Prob > F	0.0000			

注：*、**、***分别表示10%、5%、1%的显著水平。

在显著性水平 $\alpha=0.01$ 时，查表可得 $F_{0.01}$（6，30）$=3.47<11.42=F$，则拒绝零假设，修正后的模型总体通过了1%水平的显著性检验，回归方程显著。F检验、t值检验总体显著性有所改善。通过修正模型的F检验、T值检验结果可知，滞后一期的乡村劳动力、物质资本投入额、草地政策虚拟变量、夏季降水量及滞后两期的草地退化指数对单位草地羊单位年初承载量均通过显著性检验，而夏季平均气温未通过检验，即对单位草地羊单位年初承载量的影响并不显著，这有可能是由于研究时期及样本数据的有限性造成。具体来讲，滞后一期的劳动力每增加1%，将引起的单位草地羊单位年初承载量增加0.4430%；滞后一期的物资资本投入额每增加1%，将引起单位草地羊单位年初承载量上升0.0872%；滞后一期的草地生态系统保护政策将会引起年初承载量下降0.2897%；滞后一期的降水量每增加100mm时，羊单位年初载畜量将增加0.03%；滞后两期的草地退化指数每增加1单位时，羊单位年初载畜量将减少0.0581%；滞后一年夏季平均气温对单位草地羊单位年初承载量的影响未通过显著，但其估计系数是一个显著不为零的值，因此，其估计系数也具有意义，即夏季平均气温每升高1℃，羊单位年初载畜量将会下降0.0001%。

8.2.4 结论与讨论

通过对实证模型进行异方差与序列相关的修正，得到更稳定的模型估计结果：牧区劳动力对年初载畜量产生10%水平下的显著影响，物质要素投入额、夏季降水量、草地退化指数对年初载畜量产生5%水平下的显著影响，而草地生态系统保护政策的实施则对年初载畜量产生 1% 水平下的显著影响。因此，任何影响牧区劳动力数量、物质资本投入额及草地生态系统保护政策的因素都会影响到单位草地羊单位年初承载量，这样会发现更多影响载畜量的驱动因素，从而为保护草地生态系统及治理草地退化提供更多有效的对策。近年来，中国陆续出台多项保护草地生态系统的政策，但由于忽视了牧区第一性生产要素——牧民在政策制定中参与的重要性，使得政策执行效果有限。因此，研究草地生态系统保护政策对羊单位年初载畜量的影响，对治理由超载过牧而引起的草地退化问题、保护草地生态系统有重要作用。

牧区劳动力的增加，使得载畜量增加。但随着中国人口红利贡献率持续降低，劳动力供给不断减少，可能带来经济增长下降的局面；再者，由于牧区劳动力产出效率低，附加产值低的局面[288]，有序实现牧区劳动力的迁移与固化，提高牧业机械化水平，有效提高牧区劳动力的整体素质，培育新型职业牧民，提高牧民个体的产出效率，是在实现草地生态系统保护的基础上，同时兼顾社会经济的发展、牧民收入水平提高的良策。

强化管理的草地生态系统保护政策的实施，使得自由放牧的草地面积或单位草地面积上可放牧的牲畜数量减少，牧民整体降低羊单位年初载畜量规模，使得草原牧区的载畜量不断趋于合理，降低由载畜量带来的对草地生态系统的压力。因此，在今后相当长时期，兼顾生态效益、社会效益、经济效益的发展思路还有赖于有效的草地生态保护政策的出台和执行。

由本部分的实证结果可知，降水量对草地载畜量的影响大于平均气温对其的影响，这一研究结果与伏兵哲（2012）[291]的结果相一致，虽然在气候要素的研究中时间尺度存在差异，但这并不影响研究结果的一致性。降水量是影响草地质量的主要因素[292,293]，但冬季降水量有别于夏季降水量，冬季降水量的增多，即表现为降雪的增多，这有可能导致气温的急剧下降，不利于孕产畜的生长，从而可能导致单位草地羊单位年初承载量的下降。如 1977 年 10 月，锡盟牧区遭遇的特大白灾，死亡牲畜 310 万头（只），占当地牲畜总数的 2/3，造成近 60 多年来最大的一次损失[294]。但由于冬季降雪的增加导致冬季平均气温的下降可能缩短草地微生物生长季节，减少繁殖代数，减缓种群增长率，有利于疾病的控制[295]。因此，模型中仅引入平均气温与降水量两个气候要素不全面，所以将滞后两期的草地退化指数引入模型，来研究其作为未考虑的气候要素对载畜量的影响具有一定的科学性。

综上所述，在全球气候变化的大背景下，随着经济发展与草地生态系统状况的变化，物质资本投入量及草地政策会发生相应改变，必将对单位草地羊单位年初承载量产生重要影响。因此，运用生产函数理论，采用改进的柯布—道格拉斯生产函数模型，构建“经济—政策—气候”模型，研究滞后一期的乡村劳动力、物质资本投入、草地政策、夏季降水量、夏季平均气温及滞后两期的草地退化指数对单位草地羊单位年初承载量的影响程度。结果表明，草地强化管理政策的实施及物质资本投入量的下降是控制单位草地羊单位年初承载量的主要手段。但物质资本投入量的下降并不意味着实际投入量的下降，而是追求投入的物质资本生产效率的不断提高。这些对治理牧区由载畜量过高而引起的草地退化问题提供决策依据，更好地保护草地生态系统，促进牧区畜牧业经济的健康发展。

8.3 本章小结

草地退化是由众多因素共同作用的结果，其直接驱动因素概括起来包括农业经济活动、非农经济活动及气候变化三方面。8.1 节采用半对数多元线性回归模型从这三方面入手，对草地退化的直接驱动因素进行实证分析，结果发现，替代农业经济活动之一的草地载畜量、替代非农业经济活动的人均非农 GDP 及替代气候变化的夏季降水量与夏季平均气温均是影响草地退化的主要驱动因素。因此，本章认为要抑制和治理草地退化，可以从不断优化并严格控制草地载畜量和发展采矿经济要兼顾生态系统的发展模式为入手点，并常抓不懈。

在草地退化驱动因素的实证研究中，证实载畜量是草地退化的主要驱动因素之一，因此，为了挖掘草地载畜量背后、影响草地退化的真正因素，即可针对未来草地退化的抑制及治理提出切实有效、更有针对性的政策建议，基于此目的，8.2 节对草地载畜量的驱动因素进行了实证研究。本章采用改进的柯布—道格拉斯生产函数模型，构建“经济—政策—气候”模型，实证分析单位草地羊单位年初承载量的驱动因素，结果表明，滞后一期的劳动力、物质资本投入、草地政策、夏季降水量及滞后两期的草地退化指数对单位草地羊单位年初承载量的影响显著，即是草地载畜量背后、影响草地退化的真正因素。

基于以上两个实证结果，草地退化的驱动因素不仅包括气候因素和非农GDP，还包括草地载畜量背后、真正影响草地退化的草地政策、牧业劳动力及物质资本投入。

草地退化的时空变化格局及其驱动因素的实证研究
Chapter 9

第9章 主要内容与结论及政策建议

9.1 主要内容与结论

国内外学者在草地退化方面已经有许多研究成果[33,62,71,296,297]，中国在治理草地退化问题方面也做了许多努力与探索，草地退化程度趋缓，但依然严重，尤其是中国北方干旱、半干旱草原牧区，草地退化问题关系着生态系统与社会经济效应的和谐发展，那么，草地退化的关键驱动因素是什么？草地载畜量是草地退化的主要因素得到了学者们的公认，那么，草原牧区载畜量背后的真正驱动因素是什么？针对这些问题，本书以草地退化作为研究对象，从反演植被覆盖度、计算草地退化指数开始，对草地退化与气候变化、生产经营活动及草地政策、制度的相关关系及关联性进行简要分析；然后，就气候变化及生产经营活动对草地退化的影响程度强弱进行实证分析，结果表明，草地载畜量是影响草地退化的主要因素之一。因此，为了挖掘载畜量背后、影响草地退化的真正因素，对载畜量的驱动因素进行实证分析。研究的主要内容与结论包括以下几方面：

（1）对内蒙古草地资源状况及其草地退化的现状和退化的历史演进轨迹进行了分析研究；并对锡盟的草地资源状况、自然及社会经济概况进行了分析，将此作为研究锡盟牧区草地退化驱动因素研究的基础和背景。

（2）锡盟草地退化的时空变化格局。以锡盟 10 个牧区旗市作为研究区域，利用锡盟 1981～2001 年分辨率为 2km 的年最大 NOAA/HAVRR NDVI 和 2001～2013 年分辨率为 500m 的年最大 MODIS NDVI 遥感数据，将 NOAA/AVHRR 运用空间尺度转换的方法匹配于 MODIS NDVI，采用植被像元二分模型反演植被覆盖度，以 1981～1985 年的最大植被覆盖度为“基准”，获取以植被覆盖度反应的草地退化数据，并计算草地退化指数，分析 1981～2013 年锡林郭勒盟牧区草地退化的时空变化格局。结果表明：

从草地退化的时间变化特征来看，锡盟草地长期处于退化态势，且退化等级接近中度退化，但 2000 年是草地退化程度变化的转折点。2000 年之前，锡盟草地处于退化加剧态势，退化面积所占比例持续攀升，在整个研究时期内，草地退化强度较严重且涉及范围较广的时段。2000 年之后，草地生态系统状况逐步好转，尤其是 2010 ~ 2013 年期间，草地退化面积不断萎缩，而且在退化草地中，以中度、轻度退化草地占主导，草地退化趋势得到缓解与遏制，局部区域出现逆转。从草地退化的空间变化特征来看，发展变化较复杂。1981 年草地状况最好，仅有局部区域有轻度、中度退化，苏尼特左旗的西北部、二连浩特和阿巴嘎旗有少量重度退化草地，大部分草地均处于未退化状态；2005 年草地退化最严重，重度退化草地主要集中于西部地区，中部地区主要是中度、轻度退化，东北部地区大部分草地处于未退化状态。2010 ~ 2013 年间，草地状况整体好转。

（3）过去 53 年来，锡盟年与四季（春、夏、秋、冬）平均气温均呈上升趋势，其上升速率分别为 0.35℃/10a，0.34℃/10a、0.36℃/10a、0.35℃/10a 和 0.36℃/10a；增温最显著的区域发生在中西部地区，增温最小的区域为乌拉盖管理区；冬季平均气温温差最大，秋季的平均气温差异最小。锡盟多年年降水量年际间呈现明显的振荡，但年际变化呈不明显的减少趋势；从季节降水量的变化看，夏季降水量呈下降趋势，春季降水量上升较明显，且波动最大。从总体来看，锡盟整体呈现暖干化气候变化趋势。不同时间尺度的平均气温、降水量与草地退化指数的相关关系表明，降水量与草地退化指数的相关系数总比同一时间尺度平均温度预期的大，并且，夏季降水量、夏季平均气温与草地退化指数的相关系数较其他时间尺度的均高。

（4）1949 年至今，锡盟牧区人口数量、人口密度、牲畜数量及耕地面积均不断增加，人口增加与牲畜数量及耕地面积增长的长期趋势具有一致性。在 1981 ~ 2013 年期间，非农 GDP 快速增长，其中第二产业 GDP 占 GDP 的比例不断增加。研究区草地退化与其社会经济的发展关系密切。

（5）自内蒙古自治区成立以来，草地所有制经历了三次重大的变化，包括 1947 ~ 1958 年的蒙古民族公有制、1958 ~ 1978 年的全民所有制及 1978 年至今改革开放新时期的全民所有制与牧民集体所有制两种形式并存。改革开放 30 多年来，中国的草地制度和政策又经历了三个阶段，分别为草畜双承包为主的“放任式”管理阶段、草地强化管理阶段和草地综合治理阶段。其中，在“放任式”管理阶段，草原牧区先作价牲畜、后承包草地分两步进行的产权制度改革，使研究区牲畜与草地产权制度改革在时间上错位，出现改革过程中“牲畜私有，草地公用”的“公地悲剧”，致使草地生态系统恶化，草地退化问题凸显；在草地的强化管理政策阶段，一系列旨在改善草地生态系统、保护草地生态系统为目的的草地政策的执行，使草地生态系统状况逐步好转，退化由重度退化向中度、轻度退化转化，草地退化态势有所缓解和遏制；在草地的综合治理政策阶段，草地生态补奖机制的执行使草地退化总体趋势得到遏制，局部区域出现逆转，渐进式地走上兼顾社会效益、经济效益和生态效益并重的发展道路。

（6）草地退化驱动因素的实证研究。以前面的研究为基础，第4章中计算的草地退化指数作为被解释变量，农业经济活动（单位草地羊单位年初载畜量与人均耕地面积）、非农经济活动（人均非农GDP）与气候要素（夏季降水量与夏季平均气温）等指标作为解释变量，构建研究草地退化驱动因素的半对数多元线性回归模型，实证模型通过Hausman检验，方程适合采用随机效应模型进行实证研究，实证模型通过了多重共线性与异方差检验，估计结果有效。结果表明：夏季降水量对草地退化指数产生极显著负向影响，研究区夏季降水量每增加100mm，草地退化指数将下降0.53，降水量有利于草地质量状况好转，降水量增加则草地退化状况得到遏制。单位草地羊单位年初承载量、人均非农GDP、夏季平均气温对草地退化指数产生极显著正向影响。并且，单位草地羊单位年初承载量与人均非农GDP每上升1%，草地退化指数分别增加0.1822和0.1141，草地实际载畜量过大，超过草地的理论载畜量，会造成牲畜对草地的过度啃食，导致草地退化状况越严重。人均非农GDP中，如作为第二产业的矿产开采和作为第三产业的交通运输等行业的经济发展对草地生态系统有很大的影响。因此，在主要拉动牧区经济上行的非农经济发展过程中，要兼顾地区草地生态系统的保护，始终是值得关注的问题。草地退化指数会随着夏季平均气温的升高而增加，而且，夏季平均气温每上升1℃，草地退化指数上升0.0528。人均耕地面积对草地退化指数产生正向影响，虽然未通过10%水平上的显著性检验，但其对草地退化指数也产生了一定的影响，人均耕地面积越多，草地退化指数会越高，草地退化状况越严重。

（7）草地载畜量驱动因素的实证研究。根据草地退化驱动因素实证分析的结果，草地载畜量是影响草地退化的主要因素之一，若能实证分析载畜量的驱动因素，就能挖掘载畜量背后、影响草地退化的真正原因。为此，采用柯布—道格拉斯生产函数，构建改进的“经济—政策—气候”模型。并且，为研究解释变量与被解释变量间的弹性变化关系，对生产函数新模型做双对数处理，根据Hausman检验结果，适合采用固定效应模型进行结果估计。经检验，方程存在异方差与序列相关问题，因此，采用Driscoll－Kraay标准误方法对固定效应模型进行修正，修正后的结果表明：滞后一期劳动力数量、物资资本投入额每增加1%，将引起当年的单位草地羊只年初载畜量分别增加0.4430%和0.0872%；滞后一期的草地生态系统保护政策将会引起年初承载量下降0.2897%；滞后一期降水量每增加100mm，羊单位年初载畜量将增加0.03%；滞后两期草地退化指数每增加1时，羊单位年初载畜量将较少0.0581%；滞后一期的夏季平均气温对单位草地羊单位年初载畜量的影响未通过显著性检验，但其估计系数是一个显著不为零的值，因此，其估计系数也具有意义，即夏季平均气温每升高1℃，羊单位年初载畜量将会下降0.0001%。

基于以上两个实证结果表明，草地退化的驱动因素不仅包括气候因素和非农GDP，还包括草地载畜量背后、真正影响草地退化的草地政策、牧业劳动力及物质资本投入对其的影响。因此，为抑制与治理草地退化，可以从加强草地生态系统保护的政策、制度创新、稳步推进劳动力转移与牧区现代畜牧业进程、加强草原区耕地与工矿业的科学管理和建立草地生态系统与气候变化的适应性机制着手。

9.2 政策建议

锡盟地处北方干旱、半干旱气候带，使得草地生态系统极易受到气候因子，尤其是降水量的影响，再加上该区域人口的不断增加，为满足由人口不断增长而增加的物质生活需求，及牧民对收入增加的需求，人、草、畜三者间的矛盾不断凸显，草地超载过牧问题严重。另外，为了实现区域内宏观经济的快速发展，粗放式的矿产资源开采，造成大面积植被破坏和土地裸露，草地出现不同程度的退化。进入2000年后，中国、内蒙古及锡盟地方政府在草地生态保护与建设上做了大量工作，在一定程度上，草原生态系统有所改善。但在区域内降水量剧烈波动的暖干化气候变化背景下，人口的不断增长、粗放式的传统牧业经营及工矿业的粗放式开采等因素的共同作用，草地生态系统“局部改善、总体遏制、长期恶化”的趋势仍未根本扭转，并已成为制约区域内经济社会可持续发展的绊脚石，并对周边区域乃至国家的整体生态安全构成了威胁。因此，切实加强草地生态系统的保护和建设凸显其迫切性和重要性，以实现兼顾区域内草地退化的治理与草原畜牧业的健康发展为目标，构建生态效益、经济效益及社会效益和谐发展的局面。

9.2.1 建立草地生态系统动态监测体系

草地资源监测系统主要包括以下几方面的功能：长期定时、定点对草地生态系统中的大气环境、土壤结构、植物种群结构、植被演替、生产力、生产量、动物种群结构、种群变化等动态发展进行观测监控，对一定时间内草地生态系统、草地资源、草地发育的变动趋势进行动态掌握，以便为干旱、半干旱区草地生态系统的建设规划提供基本数据。同时，也为进一步采取可行的生物措施和工程措施提供科学依据，以保证草地生态系统稳定的顺向演替，顺利地进行草地生产力的年际变化和中长期变化规律及草地环境的监测。因此，建立干旱、半干旱区草地生态环境动态监测体系，可准确掌握干旱、半干旱区草地植被演替、草地生态系统状况变化、畜群结构变化、水土流失、草地灾害（旱灾、火灾、雪灾及鼠虫害）监测与灾害预警、草地退化等草地动态变化信息，并将此工作作为政府相关部门的常规性工作。草地动态监测体系建设以旗县为单位，采用“3S”技术为基础，与地面调查信息相结合，对草地生态系统进行长期、动态监测，使两种途径获取的动态信息相互验证，互相补充，从而保证动态监测结果的准确性和可靠性；并实现监测、评估和公布三个工作程序上的联动效应。对草地生态系统状况的监测由旗县级政府相关部门负责组织开展，地区相关部门负责提供技术指导、技术的不断改进完善、监督及监测结果审核；利用两种手段的检测结果对草地生态系统状况进行分析、评估，并由地区政府部门定期向公众发布草地生态系统的评估结果。建立集草地生态系统信息采集、传输、存储、管理、分析及应用于一体的自治区、盟市、旗县三级草地生态系统检测网络体系，以确保动态监测信息的准确、及时和畅通，并为科学研究提供可靠信息源，从而形成全方位的草地生态系统的动态监测体系，准确、及时地为草地生态系统的保护建设提供可靠的技术支持，为自治区、盟市及旗县等各级政府的宏观决策提供依据，为广大牧民的牧业生产提供技术服务，实现区域内草地资源的永续利用。

9.2.2 不断进行草地生态系统保护制度/政策的创新探索

从制度经济学的角度，制度与政策本身属于一种资源范畴。要实现草地生态系统的保护目标，需要更有效的政策供给。制度是一个社会的博弈规则，即是一些人为设计、型塑人们互动关系的约束。因此，要强调牧民在草地政策制定中的参与度，实现草原共管。另外，如何保证草地生态系统对草原牧区经济发展的支撑作用？怎样才能使草地生态系统在经济发展的同时得到不断改善？草地生态补偿是必由之路。书中的实证结果证明，一系列强化管理的草地生态系统保护政策对控制牲畜规模、降低草地载畜量起到了积极的作用，尤其是2011年开始实施的草地生态补奖机制对草地生态系统的恢复和改善发挥了重要作用，也证明了草地生态补偿在草地生态系统保护中的积极作用。

1. 强调牧民在草地生态系统保护政策制定中的参与度

草地制度是型塑人、草、畜互动关系的约束，在这一互动关系中，人占主导地位，具有完全的主观能动性。因此，任何制度创新都不能忽视人的参与性。而对草原牧区来说，草地资源是牧民生活与生计之本，是他们从事牧业生产的生产资料，而家畜既是他们的生产资料，也是他们的生活资料，对常年生长与生活在牧区的牧民来说，如果牧民在管理他们的草地中被赋予更高的地位，他们将更愿意接受与正式资源使用权制度相联系的责任。随着地位的升高，他们可能更加意识到其放牧行为的长期影响，并采取可持续的草地利用方式。并且，在草地资源的管理中牧民更高的地位也可以驾驭欲望[298]。

一些决策最好在区域一级制定，一些最好在牧场一级制定，但是许多决策，尤其是与草地资源的地方管理相关的决策，可能最好由依靠资源而生的牧民来制定，强调牧民在草地政策制定中的参与度，实现草原共管。因为，除非牧民感觉在未来的资源中他们有重大利益，否则他们在做出目前的放牧决策时不可能考虑资源的前景，不可能具有极高的保护草地的主人翁责任感和使命感。

在草地资源管理中赋予牧民更高的地位，提高牧民在草地政策制定中参与度的一个前提是：在牧民自身对草地资源重要性认识的基础上，还应进一步加强牧民对草地退化的危害宣传，提高牧民更加保护草地资源的意识。针对牧民群体中部分牧民对保护草地的淡薄意识，各级草地资源相关部门，结合苏木、甚至嘎查当地牧区农牧民牧业生产经营的客观实际，采取农牧民能够理解和接受的方式宣传保护草地资源的重要性，把草地生态系统保护的政策给农牧民讲清，把其好处给农牧民讲明，把政府提出的相关草地生态系统保护政策给农牧民讲通。可为牧区农牧民量身定做生动活泼的宣传册和宣传单，可以组织人员深入苏木、嘎查开展草地生态系统保护的宣讲活动，使农牧民真正的认识和提高“草原是我家，人人爱草原”的责任感和使命感，使每位农牧民不仅从意识上，而且从行动上积极主动地参与到草地生态系统的保护中来。

2. 不断细化和完善草地生态保护补偿机制

草原生态补偿机制是以对实施禁牧休牧、草畜平衡的牧民给予补偿为工作重心，在实现维护国家生态安全目标的同时，在“禁牧不禁养、减畜不减肉、牧民不减收”的指导下，确保牧民收入不减少、生活水平不下降。国家早在2000年初就开始推行的退牧还草、京津风沙源治理等工程实施中，已经开始推行生态补偿，尤其是2011年开始实施的草原生态补奖机制后，将单纯的、无条件的经济补偿逐步转变为有约束有条件的补偿。因此，需要逐步细化草原生态补奖机制实施方案。例如，在研究制定禁牧补助、草畜平衡奖励等具体措施时，应结合不同草原区的实际情况而定。对禁牧区划定明确界限，设立明显标志，公示责任人。草原牧区要科学核定适宜载畜量，制订明确的减畜计划，杜绝超载过牧，实现草畜平衡。建立绩效考核目标责任制，把禁牧效果和草畜平衡落实情况纳入各级政府的考核体系，强化监督检查，以确保政策执行的效果。

3. 实行草地生态系统保护政策的合法性与长效性

草地、森林与农田是地球上三个最重要的绿色光合物质来源。其中，草原与森林是一个巨大的生态系统，具有不可低估的生态效益。由于草地独特的生态地理位置，使其在环境与生物多样性保护方面具有极其重大和不可替代的作用，尤其在防止土地风蚀沙化、水土流失和盐渍化等方面，草地具有森林所不及的作用。草地又有别于耕地，其不能仅仅被看待为生产要素。因为，牧民采取保护草地资源的生产方式进行畜牧业生产时，不仅保护了他们赖以生存的生产与生活资料，同时也维护了草地生态系统的平衡。目前，中国执行的草地生态补奖机制作为对牧民维护生态平衡的成本支付，对草地保护起到了积极的作用，但5年的政策期显然太短，使已退化几十年的北方干旱、半干旱区草地在5年内恢复生态功能时间显然太短，即使取得了一定的生态成效，也禁不起二次利用[299]。草地生态系统的恢复需要几十年甚至更长时间，5年的禁牧期不利于草地生态的恢复。为保障草地生态功能的长治久效，应从法律上确定草地生态补偿机制的合法性与长效性，将对有效防治草地退化发挥非常积极的作用。

4. 建立动态型和市场化的补贴标准

锡盟牧区牧民收入水平出现明显的两极分化①，但草原生态补奖政策并未考虑此情况，实行的是人人有份的“普惠型”和“无差异性”政策。锡盟禁牧区补助标准为6.36元/km^2；草畜平衡1.71元/km^2（乌拉盖管理区3元/km^2），但羊肉价格却从2011年的48.04元/kg上涨为2013年内的63.26元/kg②，增长了31.7%，补贴标准无法调动农牧民自愿参与项目的积极性。为此，为了治理草地退化，应加大生态保护补贴力度，解决牧民生产和生活问题，确保禁牧后牧民收入增加[300]。同时，根据牧区主要畜产品市场价格的变化，及

① 中国国际扶贫中心关于“草原生态保护补助奖励及牧民多维贫困调查”的数据，在锡盟被调查的包括锡林浩特市、正蓝旗、正镶白旗、东乌珠穆沁旗和西乌珠穆沁旗五个旗市中，2012年牧户户均收入分别为108 880.5元、55 335.5元、21 131.8元、79 447.2元和59 679.4元，锡林浩特市牧户收入是正镶白旗的5倍多。

② 内蒙古自治区发展和改革委员会关于“内蒙古自治区牛羊肉市场价格情况调查”报告。

时调整禁牧和草畜平衡的补贴标准，以调动牧民积极参与草地生态保护政策的行为响应，达到生态保护与牧民民生共赢的目标。

9.2.3 实施牧区劳动力的良性“迁移”

人口数量规模是草原牧区生态足迹变化的主要驱动力之一。人口数量变化与环境变化保持同向近同比例变化的趋势[301]，所以，区域内常住人口的减少，理论上会在一定程度上减轻人口迁出地生态系统的压力[264]。对于干旱、半干旱草原牧区，人口压力的减轻，一方面会减少由人口而产生的生态足迹；另一方面可能降低草原牧区牲畜的放牧规模，这可能有利于草地植被状况的改善，提高草地生态系统服务功能，从而遏制、甚至扭转草地退化的趋势。因此，实施牧区劳动力的良性转移具有积极意义。如何实现牧区劳动力的良性转移？首先，由于牧民自身语言能力及生活环境的特性，其不及农民对城市的适应性，牧民的城镇化可能需要更长的时间。对此，可以挖掘畜牧业生产内部的自身潜力，针对目前牧业生产附加值不高，主要集中于第一性畜产品生产的现状，可延长畜产品生产链条，实现牧民的“迁移”，增加其附加产值，发展养畜及其畜产品的深加工，如根据锡盟地理品牌效应，对畜肉精细化分部位售卖，以羊肉为例，可以分为羊肉卷、羊排、羊脊骨、羊腿、羊筋、羊内脏等，提高其分部位后的价值。其次，延长畜牧业生产上游与下游的产业链条，如种草、养畜、畜产品加工、饲料加工等方面的分工协作，促进劳动力的就地转产就业，实现牧民的“迁移”。最后，广大牧民自身的科学文化素质对牧区的产业发展起着至关重要的作用，为了适应畜牧业产业发展对牧民综合素质的需求，地方政府要努力做好各项相关培训工作，加强牧区牧民成人教育和职业教育，利用当地教育资源硬件设施，以夜校等形式定期开办连续性的脱盲半，针对不同牧民的需求开展畜牧业产品、产业链条延伸方面的免费职业培训，逐步提高牧民的综合素质，形成牧民“懂科技、学技术、促生产、增收入”的良好局面，为其转产就业提供有力保障。

9.2.4 加快推进草原牧区现代畜牧业进程

在当前资源环境约束趋紧的情况下，牧区畜牧业正由传统畜牧业向现代畜牧业转型。针对这一现状，要加快推进草原牧区供给侧结构性改革，加快草原畜牧业转型升级，提高其劳动生产率、资源转化率和牲畜生产力，不断增强综合生产能力、市场竞争能力与可持续发展能力，加快推进现代畜牧业进程。主要做法：一方面，采用“草原区繁育，农区育肥”的两区耦合模式。将牧区畜牧业与农区种植业相结合，发挥牧区饲养成本低廉和农区饲草、粮食丰富的优势，实现牧区“减畜不减产、减畜不减收”的发展目标，实现牧区畜牧业生产在平稳中调整，在调整中优化，大幅提高畜产品的数量和质量，加快草原畜牧业由数量增长型向有机、绿色和个体增产型转化[302]，在价格“天花板”、成本“地板”以及资源环境的硬约束下，真正实现牧业节本增效、牧民生活改善、牧区生态良好的发展局面；另一方面，在科技服务方面，以牧业机械为例，对不适于草地保护的机械设备及时淘汰，并由自治区农牧业厅牵头，在科技及其相关部门执行下，根据地区牧业生产特点及情况，研究适宜地区畜牧业发展的现代牧业机械，使牧业机械向系列化、标准化、通用化、节能高效、优质安全、高科技方向发展。以现代草原畜牧业装备与设施的共性关键技术为突破口，适应地区畜牧业装备发展的规律，有力推进草原畜牧业装备制造模式向集成化、模块化、组合化、标准化方向发展。以实现牧区现代草原畜牧业装备的发展，这是建设资源节约、环境友好型社会不可缺少的手段。

9.2.5 加强草原工矿业管理和新增草原工矿业的限制

草原区工矿业的无序发展造成草地地表土壤被剥离，植被完全消失，彻底毁坏了草地土壤与植被；工矿业生产产生大量的固体废弃物、砂石、生活垃圾及有毒有害的污水，对草地生态系统造成严重污染，并且危害人、畜和野生动物；工矿企业超量抽取地下水，使得地下水位大面积下降、小河断流，湿地干涸，导致草地旱化、退化，造成严重的草原生态系统问题。因此，要建立草地开发利用管理制度，尤其要加强草原工矿业管理和限制新增草原工矿业，应从源头上控制工矿企业数量，加强工矿企业的生产管理，坚持“在保护中生产，在生产中保护”的工矿企业生产管理与草原生态系统保护的原则，从重审批向重管理、重监督转变，将草原生态系统保护与矿业勘查开发等工作科学、有效、和谐地结合起来，对现有工矿企业强化监管，从严从紧审批新增工矿企业，以工矿业与草地生态系统包容性发展为终极目标，实现草地生态系统保护与矿产资源开发双赢的局面。

9.2.6 建立草地生态系统与气候变化的适应性机制

在全球尺度的气候变化背景下，对区域内草地生态系统退化的影响应对一定要落实在地方尺度。国际社会和政府等外界对地方系统的干预需要顺势而为，不可逆势而上，要防止外界的不当干预最终导致系统的崩溃。在充分意识到现代科学技术局限性的情况下，运用现代科学技术的同时，并尊重、汲取本土知识与地方非正式制度的安排，也许是人类社会应对气候变化的根本出路。同时，在气候变化不可预测的条件下，顺应比抗衡的代价可能要小得多。气候变化可能会带来很大程度的草地生态系统的不确定性，与其挣扎于不确定的环境中以试图达到确定性，不如接受不确定的事实，重新思考并定位应对措施，做好草原地区的基础建设工作。

1. 加强智慧气象信息网络平台建设与气候变化的科学研究

发展观测智能、预报精准、服务开放、管理科学的智慧气象[315]是提高政府部门及牧民防灾、抗灾行动的先决条件。而气候在时间尺度上的变化趋势对草地生态系统的影响是一个较为缓慢的过程，但极端气候的影响则是快速的、严重的。因此，牧区智慧气象的发展应加强对灾害性天气的精准监测与预报，并建立应对气候变化的预警机制，在牧民中普及气候变化知识，使他们及时得到充分的、准确的气候信息。同时，加强对基层管理者与农牧民的培训，让他们始终具有应对气候变化的心理准备。另外，气候变化对草地生态系统的影响过程是复杂的：既有渐变，又有突变；既有正面的响应，又有负面的影响。仅凭个别例证难以解释一般性的问题，而且，运用普遍性的规律也难以去解释越来越多的极端现象。因此，对草原区气候变化问题的科学研究还需下大力气，开展持久深入的草地生态系统与气候变化的响应研究，为草地生态系统的健康发展提供足够的理论与实证支持。如组织多学科的综合科研团队，增加由政府主导的专项资金研究项目；并且，要加大国际合作力度，在更广泛的领域形成资源与成果的共享机制。

2. 加快建立和实施牧区饲草料储备制度

剖析草地生态系统对气候变化的适应机制，事实上，是实现畜牧业发展对气候变化的适应机制，即在气候变化造成草地生产力波动的情况下，如何在保护草地生态系统的同时实现减轻畜牧业的损失？怎样减轻牧民负担？如何提高政府的抗灾能力？通过加快建立和实施牧区饲草料储备制度可解决以上三个问题。如何建立和实施牧区饲草料储备制度？首先，通过科学技术进步，延长饲草料保存期至 2 ~ 3 年，并且不降低牲畜对其的适口性；其次，发展饲草物流产业，以市场为导向，引进物流企业，政府给予适当奖励，形成一定范围内牧草的无障碍流通机制。2012 年内蒙古“草都农牧业发展有限责任公司”在锡林浩特市建立了牧草交易市场，发展物流试点，取得了较好效果。

9.3 进一步研究的展望

第一，草地退化指标的测定。书中采用植被像元二分模型反演植被盖度，并计算草地退化指数，用其来衡量研究区草地退化的发展变化特征，并将其作为实证研究草地退化驱动因素的被解释变量。书中已借助前人文献充分论证了该方法在一定程度上能客观反映草地退化状况的事实，但如果将多指标结合来测算草地退化指数，将会更科学合理的呈现研究时段内草地退化的变化状况，同时，将进一步提高草地退化驱动因素实证结果的科学性。

第二，草地确权后草地退化驱动因素的实证研究。2014 年“中央一号”文件中提出：“抓紧抓实农村土地承包经营权确权登记颁证工作”。结合内蒙古实际，内蒙古人民政府办公厅印发《内蒙古自治区完善牧区草原确权承包试点工作实施方案》（内政办发［2014］98 号），确定了包括新巴尔虎右旗在内的 10 个牧区旗作为试点，于 2014 年年底首战告捷。为进一步完善草原确权承包工作，2015 年 3 月启动，在内蒙古全面推开了草原确权承包工作，预计于 2016 年年底完成。新一轮草原确权工作完成后，草地退化的驱动因素会有何变化？各驱动因素对草地退化的影响程度将会发生何种改变？

第三，基于微观角度的草地退化驱动因素的实证研究。在今后的研究中，采用入户调查问卷的方法收集第一手资料，并结合遥感数据的反演优势，采用空间插值的方法将可能的驱动因素插值到空间尺度上，可更科学、更准确地研究草地退化的驱动因素及各驱动因素的影响程度。

参考文献

[1] 祝小妮．一场历史上罕见的沙尘暴——1993年‘5·5’沙尘暴纪实［J］．档案，2005（4）：23.

[2] 金铭．地球荒漠化威胁人类生存［J］．生态经济，2012，257（9）：12－17.

[3] 焦超卫，赵牡丹，汤国安等．基于GIS的植被空间格局特征与地形因子的相关关系——以陕西省耀县为例［J］．水土保持通报，2005，25（6）：19－23.

[4] 杨汝荣．中国西部草地退化原因及可持续发展分析［J］．草业科学，2002，19（1）：23－27.

[5] 乌兰吐雅，刘爱军，高娃．内蒙古天然草原植被20年动态遥感监测［J］．草业科学，2009，26（9）：40－42.

[6] 张振敏．内蒙古牧区生态减贫研究［D］．北京：中国农业科学院，2013.

[7] 阎建忠，喻鸥，吴莹莹，张镱锂．青藏高原东部洋埭农牧民生计脆弱性评估［J］．地理科学，2011，31（7）：858－867.

[8] 敖淑清．草原地带动态相对贫困化及对策研究［C］．额尔敦布和，恩和，双喜．内蒙古草原荒漠化问题及其防治对策研究．呼和浩特：内蒙古大学出版，2002：264－273.

[9] 保罗A. 萨缪尔森、威廉D. 诺德豪斯：《经济学》（十四版），胡代光等译，北京经济学院出版社1996年版，第571页。

［10］奥尔森：《集体行动的逻辑》，陈郁、郭宇峰、李崇新译，上海三联书店、上海人民出版社，1995：13。

［11］布坎南：《民主财政论》，穆怀朋译，商务印书馆，1999：20.

［12］敖仁其，额尔敦乌日图．牧区制度与政策研究［M］．呼和浩特：内蒙古教育出版社，2009：69.

［13］郑秉文．外部性的内在化问题．管理世界，1992（5）：189－198.

［14］Thorstein B. Veblen. The Theory of the Leisure Class：An Economic Study of Institutions［M］. Delhi：Aakar Books（Indian Edition），2005：46－82.

［15］［美］道格拉斯·C·诺斯．杭行译，韦森译审．制度、制度变迁与经济绩效［M］．上海：格致出版社、上海三联书店、上海人民出版社，2014.

［16］Humphrey T. M. Algebraic production functions and their uses before Cobb－Douglas［J］. *Economic Quarterly*，1997（83）：51－83.

［17］Ackerberg D.，Caves K.，Frazer G. Structural identification of production functions［R］. Working paper submitted to Econometrica，Univereity of California，Los Angeles，2005.

［18］联合国关于在发生严重干旱和（或）荒漠化的国家特别是在非洲防治荒漠化的公约（中文版），1994：7－8.

［19］黄文秀等．西南牧业资源开发与基地建设［M］．科学出版社，1991：67－69.

［20］H. S. Thind，M. S. Dhillon. Degraded lands of pan jab and their development through agroforestry［J］. Agroforestry Systems for Degraded Lands. Oxford & IBH Publishing Co. Pve Ltd. 1994（1）：13－12.

［21］陈敏．改良退化草地与建立人工草地的研究［M］．呼和浩特：内蒙古人民出版社，1998.

［22］严作良，周华坤，刘伟等．江河源区草地退化状况及成因．中国草地，2003，25（1）：122－127.

［23］何兴元．应用生态学．北京：科学出版社，2004.

［24］章祖同．草地资源研究：章祖同文集．呼和浩特：内蒙古大学出版

社，2004.

［25］高清竹，李玉娥，林而达等．藏北地区草地退化的时空分布特征［J］．地理学报，2005，60（6）：965-973.

［26］李世英．内蒙呼盟莫达木吉地区羊草草原放牧演替阶段的初步划分［J］．植被生态与地植物学丛刊，1965，3（2）：78.

［27］陈佐忠．中国天然草地生态系统的退化及其调控．中国土地退化防治研究［M］．中国科技出版社，1988：86-89.

［28］李绍良．内蒙古草原土壤退化过程及其评价指标体系的研究．国家自然科学重大基金项目“北方草地优化生态模式研究”学术讨论会论文，1995.

［29］李绍良，贾树海，陈有君．内蒙古草原土壤退化过程及自然保护区在退化土壤恢复与重建中的作用［J］．内蒙古环境保护，1997（1）：17-18.

［30］任继周．草业科学研究方法［M］．北京：中国农业出版社，1998.

［31］祝延成．论草原退化与兴办草业［J］．农业现代化研究，1986（1）：10-13.

［32］李博．中国的草原［M］．北京：科学出版社，1990：234-235.

［33］李博．中国北方草原退化及其防治［J］．中国农业科学，1997，30（6）：1-9.

［34］陈佐忠，汪诗平．中国典型草原生态系统［M］．北京：科学出版社，2000：307-320.

［35］魏兴琥，杨萍，李森等．超载放牧与那曲地区高山嵩草草甸植被退化及其退化指标的探讨［J］．草业学报，2005，14（3）：41-49.

［36］IPCC 第五次评估报告第一组报告摘要［N］．中国气象报，2013，10，23（3）：1-6.

［37］李青丰，李福生，乌兰．气候变化与内蒙古草地退化初探［J］．干旱地区农业研究，2002，20（4）：98-102.

［38］方精云．全球生态学：气候变化与生态响应［M］．北京，中国高等教育出版社，2000.

［39］牛建明．气候变化对内蒙古草原分布和生产力影响的预测研究

[J]. 草地学报, 2001, 9 (4): 277-282.

[40] 李林, 王振宇, 秦宁生, 汪青春. 环青海湖地区气候变化及其对荒漠化的影响 [J]. 高原气象, 2002, 11 (1): 59-65.

[41] 王馥堂, 赵宗慈, 王石立等. 气候变化对农业生态的影响 [M]. 北京: 气象出版社, 2003.

[42] 丁勇, 牛建明, 杨持. 北方草地退化沙化趋势、成因与可持续发展研究——以内蒙古多伦县为例 [J]. 内蒙古大学学报 (自然科学版), 2006, 37 (5): 580-586.

[43] 郭洁, 李国平. 若尔盖气候变化及其对湿地退化的影响 [J]. 高原气象, 2007, 26 (2): 422-428.

[44] 王建兵, 王振国, 吕虹. 黄河重要水源补给区草地退化的气候背景分析——以玛曲县为例 [J]. 草业科学, 2008, 25 (4): 23-27.

[45] 郭连云, 熊联胜, 王万满. 近50年气候变化对塔拉滩草地荒漠化的影响 [J]. 水土保持研究, 2008, 15 (6): 57-63.

[46] 周伟, 刚成诚, 李建龙, 章超斌, 穆少杰, 孙政国. 1982~2010年中国草地覆盖度的时空动态及其对气候变化的响应 [J]. 地理学报, 2014, 69 (1): 15-30.

[47] 褚林, 黄翀, 刘高焕, 刘庆生. 2000~2010年黄河源玛曲高寒湿地生态格局变化 [J]. 地球科学进展, 2014, 33 (3): 326-335.

[48] 孙政国, 陈奕兆, 居为民, 周伟, 李建龙. 中国南方不同类型草地生产力及对气候变化的响应 [J]. 长江流域资源与环境, 2015, 24 (4): 609-616.

[49] Xianfeng Liu, Xiufang Zhu, Yaozhong Pan, Wenquan Zhu, Jinshui Zhang et al. Thermal growing season and response of alpine grassland to climate variability across the Three-Rivers Headwater Region, China. Agricultural and Forest Meteorology, 2016, 220 (15): 30-37.

[50] 李晓兵, 陈云浩, 张云霞等. 气候变化对中国北方荒漠草原植被的影响 [J]. 地球科学进展, 2002, 17 (2): 254-261.

[51] 吕晓英. 西部主要牧区气候暖干化及草地畜牧业可持续发展的政策建议 [J]. 农业经济问题, 2003 (7): 51-56.

[52] 李镇清，刘振国，陈左忠，杨宗贵．中国典型草原区气候变化及其对生产力的影响 [J]. 草业学报，2003，12 (1)：4－10.

[53] 边多，李春，杨秀海，边巴次仁，李林．藏西北高寒牧区草地退化现状与机理分析 [J]. 自然资源学报，2008，23 (2)：254－262.

[54] Thorpe J，Wolfe SA，Houston B. Potential impacts of climate change on grazing capacity of native grasslands in the Canadian prairies. *Canadian Journal of Soil Science*，2008 (88)：595 609.

[55] 曹立国等．锡林郭勒盟草地对气候变化的响应及其空间差异分析 [J]. 干旱区研究，2011，28 (5)：789－794

[56] 张存厚，王明玖，乌兰巴特尔等．内蒙古典型草原地上净初级生产力对气候变化响应的模拟 [J]. 西北植物学报，2012，32 (6)：1229－1237

[57] 陈辰，王靖，潘学标，潘志华，魏玉蓉．气候变化对内蒙古草地生产力影响的模拟研究 [J]. 草地学报，2013，21 (5)：850－861.

[58] Zhiyong Li，Wenhong Ma，Cunzhu Liang，Zhongling Liu，Wei Wang，Lixin Wang. Long-term vegetation dynamics driven by climatic variations in the Inner Mongolia grassland：findings from 30－year monitoring [J]. *Landscape Ecology*，2015，30 (9)：1701－1711.

[59] 郑伟，朱进忠．新疆草地荒漠化过程及驱动因素分析 [J]. 草业科学，2009，29 (9)：1340－1351

[60] Baoxiong Chen，Xianzhou Zhang，Jian Tao，Jianshuang Wu，Jingsheng Wang et al. The impact of climate change and anthropogenic activities on alpine grassland over the Qinghai－Tibet Plateau. *Agricultural and Forest Meteorology*，2014，189－190 (6)：11－18.

[61] Wei Zhou，Chengcheng Gang，Liang Zhou，Yizhao Chen，Jianlong et al. Dynamic of grassland vegetation degradation and its quantitative assessment in the northwest China [J]. *Acta ecologica*，2014，55 (2)：86－96.

[62] 王云霞，修长柏，曹建民．气候因子与过度放牧在内蒙古牧区草地退化演变中的作用 [J]. 农业技术经济，2015 (8)：112－117.

[63] Meinzen－Diek R，R Pradhan，M D Gregorio. Understanding Property

rights Collective action and Property rights for sustainable rangeland management [R]. *CAPRI Brief*, 2005: 3-4.

[64] 盖志毅. 草原生态经济系统可持续发展研究 [M]. 北京: 中国林业出版社, 2007.

[65] 毛继荣, 廉宁霞, 侯新锋, 王绍明. 新疆阿勒泰地区草原变化特征及其原因分析 [J]. 江苏农业科学, 2014, 42 (6): 345-349.

[66] 李洁, 赵锐锋, 谢作轮. 甘肃省区域社会——生态系统脆弱性综合评价 [J]. 经济地理, 2015, 35 (12): 168-175.

[67] 张希彪, 张多勇, 上官周平, 毛宁. 1949~2013 年甘肃省环县土地沙漠化驱动因素研究 [J]. 干旱区资源与环境, 2016, 30 (1): 130-136.

[68] 暴庆武. 草原生态经济协调持续发展 [M]. 呼和浩特: 内蒙古人民出版社, 1997: 210-213.

[69] 慈龙骏, 刘玉平. 人口增长对荒漠化的驱动作用 [J]. 干旱区资源与环境, 2000, 14 (1): 28-33.

[70] 包玉山, 周瑞. 内蒙古草原牧区人地矛盾的加剧及缓解对策 [J]. 内蒙古大学学报 (人文社会科学版), 2001, 33 (2): 93-98.

[71] 赵雪雁. 高寒牧区草地退化的人为因素分析——以甘南牧区玛曲县为例 [J]. 土壤, 2008, 40 (2): 312-318.

[72] 杨久春, 张树文. 近50年呼伦湖水系草地退化时空过程及成因分析 [J]. 中国草地学报, 2009, 31 (3): 13-19.

[73] 闫慧颖, 胡小霞. 基于灰色关联法的甘南草地退化影响因素分析——以碌曲县为例 [J]. 生态经济, 2010 (2): 135-137+143.

[74] 师定华, 周锡饮, 孟凡浩, 白鹤鸣. 30 年来蒙古国和内蒙古的 LUCC 区域分异 [J]. 地球信息科学学报, 2013, 15 (5): 719-725.

[75] 刘兴元. 藏北高寒草地生态系统现状及发展态势 [J]. 草业科学, 2012, 29 (9): 1352-1358.

[76] Oldeman. World Map of the Status of Human Induced Soil Degradation: An explanatory note, Wageningen: International Soil Reference and Information Center, United Nations Environment Program, 1981.

[77] 姜恕. 草原的退化及其防治退化策略 [J]. 自然资源, 1988 (2):

54, 60.

[78] 李博. 中国草地资源现况、问题及对策 [J]. 中国科学院院刊, 1997a (1): 49 - 57

[79] Hiernaux P. Effects of grazing on plant species composition and spatial distribution in rangelands of the Sahel [J]. *Plant Ecol*, 1998 (138): 191 - 202.

[80] Papanastasis, V. P. Livestock grazing in Mediterranean ecosystems: An historical and policy perspective. In Ecological Basis of Livestock Grazing in Mediterranean Ecosystems, Proceedings of the EU International Workshop, Thessaloniki, Greece, 1997 (10): 23 - 25.

[81] 李胜功, 赵哈林, 何宗颖, 常学礼, 原圜芳信等. 不同放牧压力下草地微气象的变化与草地荒漠化的发生 [J]. 生态学报, 1999, 19 (5): 698 - 704.

[82] 许志信, 赵萌莉. 内蒙古的生态环境退化及其防止对策 [J]. 中国草业, 2001, 23 (5): 59 - 63.

[83] 王玉辉, 何兴元, 周广胜. 放牧强度对羊草草原的影响 [J]. 草地学报, 2002, 10 (1): 45 - 49.

[84] 摆万奇, 张镱锂, 谢高地, 沈振西. 黄河源区玛多县草地退化成因分析 [J]. 应用生态学报, 2002, 13 (7): 823 - 826.

[85] 张培栋, 介小兵. 黄河上游甘肃段草地退化的现状及机理研究 [J]. 草业科学, 2007, 24 (9): 1 - 4.

[86] Brekke K A, Qksendal B, Stenseth N C. The effect of climate variations on the dynamics of pasture-livestock interactions under cooperative and non cooperative management. PNAS, 2007, 104 (37): 14730 - 14734.

[87] Ibañez, J., Martinez, J. Schnabel, S. Desertification due to overgrazing in a dynamic commercial livestock-grass-soil system. *Ecol. Model*, 2007 (205): 277 - 288.

[88] 成平, 干友民, 张文秀, 郑华伟, 匡瑜. 川西北草地退化现状、驱动力及对策分析 [J]. 湖北农业科学, 2009, 48 (2): 499 - 503.

[89] Sonneveld B G J S, Pande S, Georgis K. Land degradation and overgrazing in the afar region, Ethiopia: a spatial analysis. Land Degradation and Deser-

tification：Assessment，Mitigation and Remediation，2010，part 2，97 - 109，DOI：10.1007/978 - 90 - 481 - 8657 - 0_8.

[90] 樊江文，邵全琴，王军邦，陈卓奇，钟华平．三江源草地载畜力时空动态分析［J］. 中国草地学报，2011，33（3）：64 - 72.

[91] 杨松武．草原过度放牧的一个演化博弈分析［J］. 开发研究，2013，167（4）：95 - 98.

[92] Min-yun Xu，Fan Xie，Kun Wang. Effects of Grazing Intensity on Semi-Arid Grasslands of Northern China［J］. Plos One，2014，9（5）：1 - 9.

[93] Hilker，Thomas；Natsagdorj`，Enkhjargal；Waring，Richard H. Satellite observed widespread decline in Mongolian grasslands largely due to overgrazing［J］. Global Change Blology，2014，20（2）：418 - 428.

[94] Costas Kosmas，Vassilis Detsis，Mina Karamesouti，Kate Kounalaki，Penny Vssiliou *et al.* Exploring ong-term inpact of grazing management on land degradation in the Socio - Ecological system of Asteroussia Mountains，Greece. Land，2015（4）：541 - 559.

[95] 王鑫厅，王炜，梁存柱，刘钟龄．从正相互作用角度诠释过度放牧引起的草原退化［J］. 科学通报，2015，60（Z2）：2794 - 2799.

[96] 赵志平，吴晓莆，李果，李俊生．青海三江源区果洛藏族自治州草地退化成因分析［J］. 生态学报，2013，33（20）：6577 - 6586.

[97] Tian - Li Bo，Lin - Tao Fu，Xiao - Jing Zheng. Modeling the impact of overgrazing on evolution process of grassland desertification［J］. Elsevier，2013（9）：183 - 189.

[98] 姜晔，毕晓丽，黄建辉，白永飞．内蒙古锡林河流域植被退化的格局及驱动力分析［J］. 植物生态学报，2010，34（10）：1132 - 1141.

[99] 王亦风．黄土高原地区植被资源及其合理利用［M］. 中国科学技术出版社，1991：94 - 95.

[100] 张白平，张雪芹，郑度．关于严格限制西北干旱区荒地开垦的若干对策与建议［J］. 干旱区研究，2013，30（1）：1 - 4.

[101] 包玉山．内蒙古草原畜牧业的历史与未来［M］. 呼和浩特：内蒙古教育出版社，2003：83 - 86.

［102］ http：//nfgis. nsdi. gov. cn.

［103］ http：//www. alswh. com.

［104］ 色音．蒙古游牧社会的变迁［M］．呼和浩特：内蒙古人民出版社，1998：26－29.

［105］ 内蒙古草地资源编委会．内蒙古草地资源［M］．呼和浩特：内蒙古人民出版社，1990：463.

［106］ 董光荣，靳鹤龄，陈惠忠，张春来．中国北方半干旱和半湿润地区沙漠化的成因［J］．第四纪研究，1998，(2)：136－144.

［107］ 陈海燕，邵全琴，安如．1980s～2005年内蒙古地区土地利用/覆被变化分析［J］．地球信息科学学报，2013，15（2）：225－231.

［108］ 刘纪元，刘明亮，庄大方，张增祥，邓祥征．中国近期土地利用变化的空间格局分析［J］．中国科学（D辑），2002，32（12）：1031－1040.

［109］ 刘纪元，张增祥，徐新良，匡文惠，周万村等．21世纪初中国土地利用变化的空间格局与驱动力分析［J］．地理学报，2009，64（12）：1411－1420.

［110］ 辛友俊，严振英，尚永成．青海省天然草地开垦与草地退化［J］．四川草原，2005，113（4）：38－40.

［111］ 王晨野，汤洁，李昭阳，毛子龙，汪雪格．吉林西部土地利用/覆被时空变化驱动力分析［J］．生态环境，2008，17（5）：1914－1920.

［112］ 张国坤，邓伟，张洪岩，宋开山，李恒达．新开河流域土地利用格局变化图谱分析［J］．地理学报，2010，65（9）：1111－1120.

［113］ Lin Huang，TongXiao，Zhiping Zhao，Chaoyang Sun，Jiyuan Liu et al. Effects of grassland restoration programs on ecosystems in arid and semiarid China［J］. Journal of Environmental Management，2013，117（3）：268－275.

［114］ 杨依天，郑度，张雪芹，刘羽．1980～2010年和田绿洲土地利用变化空间耦合及其环境效应［J］．地理学报，2013，68（6）：813－824.

［115］ 张蕊，曹静娟，郭瑞英，龙瑞军，尚占环．祁连山北坡亚高山草地退耕还林草混合植被对土壤碳氮磷的影响［J］．生态环境学报，2014，23（6）：938－944.

［116］ 晶晶．内蒙古煤炭资源开发利用的负面影响及其对策研究［D］.

内蒙古师范大学，2009.

[117] 国家特邀国土资源监察专员赴内蒙古调研组．内蒙古尾矿利用和矿山地质环境恢复治理的调研报告 [J]. 中国国土资源经济，2009 (1)：7－12.

[118] 王关区．有效推进内蒙古生态文明建设的探讨 [J]. 北方经济，2013，3 (上半月)：4－9.

[119] 杨艳，牛建明，张庆，张艳楠．基于生态足迹的半干旱草原区生态承载力与可持续发展研究——以内蒙古锡林郭勒盟为例 [J]. 生态学报，2011，3 (17)：5096－5104.

[120] 臧淑英，那晓东，李雁，冯仲科．大庆地区草地退化驱动机制分析 [J]. 北京林业大学学报，2007，29 (2)：217－223.

[121] 吴健生，宗敏丽，彭建．基于景观格局的矿区生态脆弱性评价——以吉林省辽源市为例 [J]. 生态学杂志，2012，31 (12)：3213－3220.

[122] G. S. Dai，S. Ulgiati，Y. S. Zhang，B. H. Yu，M. Y. Kang *et al*. The false promises of coalexploitation：How mining affects herdsmen well-being in the grassland ecosystems of Inner Mongolia [J]. *Energy Policy*，2014，67 (4)：146－153.

[123] N. Li，C. Z. Yan，J. L. Xie. Remote sensing monitoring recentrapid increase of coal mining activity of an important energy base innorthern China，a case study of Mu Us Sandy Land [J]. *Resources*，*Conservation and Recycling*，2015，94 (1)：129－135.

[124] 马世斌，李生辉，安萍等．青海省聚乎更煤矿区矿山地质环境遥感监测及质量评价 [J]. 国土资源遥感，2015，27 (2)：139－145.

[125] 朱震达．中国北方沙漠化现状及发展趋势 [J]. 中国沙漠，1985，5 (3)：3－11.

[126] 丁一汇．中国西部环境变化的预测 [M]. 北京：科学出版社，2002：103－104.

[127] 吴波，慈龙骏．毛乌素沙地荒漠化的发展阶段和成因 [J]. 科学通报，1998，43 (22)：2437－2440.

[128] 张春来，董光荣，邹学勇，程宏，杨硕．青海贵南草原沙漠化影

响因子的贡献率［J］. 中国沙漠，2005，25（4）：511－518.

［129］李静霞，殷秀琴，包玉海. 农牧交错带土地荒漠化及其影响因子研究——以扎鲁特旗为例［J］. 干旱区研究，2007，24（2）：146－152.

［130］次仁. 流域土地荒漠化现状与成因研究——兼论人为因素在荒漠化中的作用［J］. 西藏研究，2003（1）：44－47.

［131］韦丽军，卞莹莹，宋乃平. 宁夏盐池县草场退化因素分析［J］. 水土保持通报，2007，27（1）：123－127.

［132］姚玉璧，王润元，尹东，邓振镛，张秀云. 黄河首曲草地气候变化及生态效应［J］. 冰川冻土，2007，29（4）：571－578.

［133］姚玉璧，王润元，尹东，邓振镛，张秀云，李俠. 气候变化对黄河首曲地区草地生态退化的影响［J］. 资源科学，2007，29（4）：128－134.

［134］董光荣，吴波，慈龙骏，周欢水，卢琦，罗斌. 中国荒漠化现状、成因与防治对策［J］. 中国沙漠，1999，19（4）：318－332.

［135］戚登臣，陈文业，郑华平等. 甘南黄河上游水源补给区“黑土滩”型退化草地现状、成因及综合治理对策［J］. 中国沙漠，2008，28（6）：1058－1063.

［136］姜冬梅. 草原生态恶化的制度因素探析［A］统筹城乡经济社会发展研究——中国农业经济学会2004年学术年会论文集［C］. 2004.

［137］Hardin G. The Tragedy of the Commons［J］. *Science*，1968（162）：1243－1248.

［138］约翰 W. 朗沃斯格里格 J. 威廉目森. 中国的牧区［M］. 甘肃文化出版社，1995.

［139］世界银行“中国：空气、土地和水”项目组编：《中国：空气、土地和水——新千年的环境优先战略》（余岚等译），北京：中国环境科学出版社，2001年10月版.

［140］Wang，R.（1995）‘the practice of Grassland Tenureship to strengthen Management and Construction of Grassland Resources［J］. Grasslands of china，1995（1）：59－63.

［141］额尔敦扎布. 草原荒漠化的制度经济学思考［J］. 内蒙古大学学报（人文社会科学版），2002，4（5）：8－12.

[142] 敖仁其，尔查．内蒙古草原牧区现行放牧制度评价与模式选择[J]．内蒙古社会科学（汉文版），2007，28（3）：90－92.

[143] 吕晓英，吕胜利．中国主要牧区草地畜牧业的可持续发展问题[J]．甘肃社会科学，2003（2）：115－123.

[144] 赵成章，龙瑞军，马永欢，吉生柱．草地产权制度对过度放牧的影响——以肃南县红石窝乡的调查为例［J]．草业学报，2005（2）：1－5.

[145] 刘俊浩，王志君．草地产权、生产方式与资源保护［J]．农村经济，2005（8）：101－103.

[146] 盖志毅．英国圈地运动对中国草原生态可持续发展的启示［J]．内蒙古社会科学（汉文版），2006，27（6）：93－97.

[147] 敖仁其．草原产权制度变迁与创新［J]．内蒙古社会科学（汉文版），2003，24（4）：116－121.

[148] 谭淑豪，王济民，涂勤，曲福田．公共资源可持续利用的围观影响因素分析［J]．自然资源学报，2008，23（2）：194－203.

[149] 高雷，张陆彪．草地产权制度变革与草地退化关联性分析［J]．武汉科技大学学报（社会科学版），2012，14（6）：618－621.

[150] 杨阳阳．青藏高原不同放牧模式对草地退化影响研究［D]．兰州大学，2012.

[151] 李金亚，薛建良，尚旭东，李秉龙．基于产权明晰与家庭承包制的草原退化治理机制分析［J]．农村经济，2013（10）：107－110.

[152] 叶晗，朱立志．内蒙古牧区草地生态补偿时间评析［J]．草业科学，2014，31（8）：1587－1596.

[153] 曹鑫，辜智慧，陈晋，刘晋，史培军．基于遥感的草原退化人为因素影响趋势分析［J]．植物生态学报，2006，30（2）：268－277.

[154] Evans J，Geerken R. Discrimination between climate and human_induceddryland degradation. *Journal of Arid Environments*，2004（57）：535－554.

[155] 许端阳，康相武，刘志丽，庄大庆，潘剑君．气候变化和人类活动在鄂尔多斯地区沙漠化过程中的相对作用研究［J]．中国科学，2009，39（4）：516－528.

[156] 徐广才，康慕谊，李亚飞．锡林郭勒盟土地利用变化及驱动力分

析［J］. 资源科学，2011，33（4）：690－697.

［157］张登山．青海共和盆地土地沙漠化影响因子的定量分析［J］. 中国沙漠，2000，20（1）：59－62.

［158］周华坤，赵新全，周立，唐艳鸿，刘伟，师燕．层次分析法在江河源区高寒草地退化研究中的应用［J］. 资源科学，2005，27（4）：63－70.

［159］王云霞．内蒙古草地资源退化及其影响因素的实证研究［D］. 内蒙古农业大学，2004.

［160］闫颖慧，胡小霞．基于灰色关联法的甘南草地退化影响因素分析［J］. 生态经济，2010，221（2）：135－138.

［161］赵志平，吴晓莆，李果，李俊生．青海三江源区果洛藏族自治州草地退化成因分析［J］. 生态学报，2013，33（20）：6567－6576.

［162］崔庆东，刘桂香，卓义．锡林郭勒盟草原冷寂牧草保存率动态研究［J］. 中国草地学报，2009，31（1）：102－103.

［163］赵萌莉，许志信．内蒙古草地资源合理利用与草地畜牧业持续发展［J］. 资源科学，2000，22（1）：73－76.

［164］康爱民，刘俊琴．锡林郭勒草原治理刻不容缓［J］. 中国水土保持，2003（4）：5－6.

［165］张连义，刘爱军，邢旗，刘德福，高娃．内蒙古典型草原区植被动态与植被恢复［J］. 干旱区资源与环境，2006，20（2）：185－190.

［166］郭铌．植被指数及其研究进展［J］. 干旱气象，2003，21（4）：71－75.

［167］Baret F，Guyot G. Potential sand limits of vegetation indices for LAI and APAR assessment. Remote Sensing of Environment，1991，35（2）：161－173.

［168］梅安新，彭望禄，秦其明，刘慧平．遥感导论［M］. 北京：高等教育出版社，2008.

［169］Wittieh K P，Hansing O. Area-averaged vegetative cover fraction estimated from satellite data［J］. Intemational Journal of Biometeorlogy，1995，38（3）：209－215.

［170］LePrieur C，Kerr Y H，Mastorehio S，et al. Monitoring vegetation cover across semi-arid regions; ComParison of remote observations from various scales [J]. International Journal of Remote Sensing, 2000, 21 (2): 281 - 300.

[171] 彭道黎. 几种植被指数探测低植被盖度能力的研究 [J]. 福建林学院学报. 2009, 29 (1): 11 - 16.

[172] A. Anyamba, C. J. Tueker. Analysis of Sahelian vegetation dynamics using NOAA - AVHRR NDVI data from 1981 to 2003 [J]. Journal of arid environment, 2005 (63): 596 - 614.

[173] 邓飞, 全占军, 于云江. 20 年来乌兰木伦河流域植被盖度变化及影响因素 [J]. 水土保持研究, 2011, 18 (3): 137 - 140.

[174] 王海梅, 李政海, 韩国栋, 许田, 阎军. 锡林郭勒地区植被覆盖度的空间分布及年代变化规律分析 [J]. 生态环境学报, 2009, 18 (4): 1472 - 1477.

[175] 梁爽, 彭书时, 林鑫, 丛楠. 1982 ~ 2010 年全国草地生长时空变化 [J]. 北京大学学报 (自然科学版), 2013, 49 (2): 311 - 320.

[176] 何立恒, 周寅康, 杨强. 延安市 2000 ~ 2013 年植被覆盖时空变化及特征分析 [J]. 干旱区资源与环境, 2015, 29 (11): 174 - 179.

[177] 吴春波, 刘瑶, 江辉. 鄱阳湖区植被覆盖度的遥感估算 [J]. 人民长江, 2006, 37 (6): 47 - 48.

[178] 刘广峰, 吴波, 范文义等. 基于像元二分模型的沙漠化地区植被覆盖度提取——以毛乌素沙地为例 [J]. 水土保持研究, 2007, 14 (2): 268 - 271.

[179] 李琳, 谭炳香, 冯秀兰. 北京郊区植被覆盖变化动态遥感监测——以怀柔区为例 [J]. 农业网络信息, 2008 (6): 38 - 41.

[180] 李红, 李德志, 宋云, 周燕, 柯世朕, 王春叶, 孙玉冰, 李立科, 赵鲁青. 快速城市化背景下上海崇明植被覆盖度景观格局分析 [J]. 华东师范大学学报 (自然科学版), 2009 (6): 89 - 100.

[181] 郭芬芬, 范建容, 严冬, 郭祥, 官奎芳等. 基于像元二分法模型的昌都县植被盖度遥感估算 [J]. 中国水土保持, 2010 (5): 65 - 67.

[182] 王浩, 李文龙, 许静, 朱晓丽. 基于遥感技术的高寒草地覆盖度变化 [J]. 草业科学, 2011, 28 (6): 1124 - 1131.

［183］马娜，胡云峰，庄大方，张学利. 基于遥感和像元二分模型的内蒙古正蓝旗植被覆盖度格局和动态变化［J］. 地理科学，2012，32（2）：251－256.

［184］罗慧芬，苗放，叶成名，赵国祥. 汶川地震前后茂县植被覆盖度变化研究［J］. 水土保持通报，2013，33（3）：202－205，327.

［185］李凯，孙悦迪，姜宝骅，郭建军，江玉琼等. 基于像元二分法的白龙江流域植被覆盖度与滑坡时空格局分析［J］. 兰州大学学报（自然科学版），2014，50（3）：376－382.

［186］杨峰，李建龙，钱育荣，杨齐，金国平. 天上北坡典型退化草地植被覆盖度监测模型构建与评价［J］. 自然资源学报，2012，27（8）：1340－1348.

［187］李素英，李晓兵，王丹丹. 基于马尔柯夫模型的内蒙古锡林浩特典型草原退化格局预测［J］. 生态学杂志，2007，26（1）：78－82.

［188］夏照华. 基于 NDVI 时间序列的植被动态变化研究［D］. 北京林业大学，2007.

［189］杜子涛，占玉林，王长耀. 基于 NDVI 序列影像的植被覆盖变化研究［J］. 遥感技术与应用，2008，23（1）：47－50.

［190］高清竹，李玉娥，林而达，江村旺扎，万运帆等. 藏北地区草地退化的时空分布特征［J］. 地理学报，2005，60（6）：965－973.

［191］边多，李春，杨秀海，边巴次仁，李林. 藏西北高寒牧区草地退化现状与机理分析［J］. 自然资源学报，2008，23（2）：254－262.

［192］臧淑英，那晓东，冯仲科. 基于植被指数的大庆地区草地退化因子遥感定量反演模型的研制［J］. 北京林业大学学报，2008，30（S1）：98－104.

［193］陈涛，杨武年，徐瑶. 基于 RS 和 GIS 的藏北地区草地退化动态监测与驱动力分析——以申扎县为例［J］. 西南师范大学学报（自然科学版），2011（5）：134－139.

［194］徐瑶，何政伟，陈涛. 西藏班戈县草地退化动态变化及其驱动力分析［J］. 草地学报，2011，19（3）：377－380.

［195］戴睿，刘志红，娄梦筠，梁津，于明洋. 藏北那曲地区草地退化

时空特征分析 [J]. 草地学报，2013，21 (1)：37 -42.

[196] Land processes distributed active archive center，NASA，USGS science for a changing world. Vegetation Indices 16 - Days L3 Global 250m (MOD13Q1). [EB/OL]. [2008 - 11 - 19]. https//lpdaac. usgs. gov/lpdaac/products/modis_products_table/vegetation_indices/16_day_l3_global_250m/v5/terra.

[197] Land processes distributed active archive center，NASA，USGS science for a changing world. Surface Reflectance 8 - Day L3 Global 500m (MOD09A1). [EB/OL]. [2008 - 11 - 19]. https//lpdaac. usgs. gov/lpdaac/products/modis_products_table/surface_reflectance/8_day_l3_global_500m/v5/terra.

[198] 刘玲玲，刘良云，胡勇. 基于AVHRR和MODIS数据的全球植被物候比较分析 [J]. 遥感技术与应用，2012，27 (5)：754 -762.

[199] 刘惠敏，黄勇，何彬方. 基于MODIS与AVHRR数据的安徽省覆被变化比较 [J]. 中国农业气象，2007，28 (3)：338 -341.

[200] 张树誉，李登科，景毅刚. 基于MODIS时序植被指数的陕西植被季相变化分析 [J]. 中国农业气象，2007，28 (1)：88 -92.

[201] Carlson T. N.，Ripley D. A. 1997. On the relation between NDVI，fractional vegetation cover，and leaf area index. *Remote Sensing of Environment*，62 (3)，241 -252.

[202] Qi J.，Marsett R. C.，Moran M. S.，Goodrich D. C.，P. Heilman，Y. H. Kerr，G. Dedieu，A. Chehbouni and X. X. Zhang. Spatial and temporal dynamics of vegetation in the San Pedro River basin area. *Agricultural and Forest Meteorology*，2000 (105)，55 -68.

[203] 中华人民共和国国家标准GB19377：天然草地退化、沙化、盐渍化化的分级指标. 中华人民共和国国家质量监督检验检疫总局，2003.

[204] 张镱锂，刘林山，摆万奇，沈振西，阎建忠等. 黄河源地区草地退化空间特征 [J]. 地理学报，2006，61 (1)：3 -14.

[205] 辜智慧，史培军，陈晋，葛怡. 基于植被—气候最大响应模型的草地退化评价 [J]. 自然灾害学报，2010，19 (1)：13 -20.

[206] 董永平，吴新宏，李新一，单丽燕，宋雪峰. 3S技术在草原资源与生态状况研究中的应用——以内蒙古镶黄旗为例 [J]. 草地学报，2004，

12 (4): 327 - 331.

[207] 艳燕, 阿拉腾图雅胡云峰, 刘越, 于国茂. 1975 ~ 2009 年锡林郭勒盟东部地区草地退化态势及其空间格局分析 [J]. 地球信息科学学报, 2011, 13 (4): 549 - 555.

[208] 季劲钧, 黄玫, 刘青等. 气候变化对中国中纬度半干旱草原生产力影响机理的模拟研究 [J]. 气象学报, 2005, 63 (3): 257 - 266.

[209] 李霞, 李晓兵, 王宏等. 气候变化对中国北方温带草原植被的影响 [J]. 北京师范大学学报 (自然科学版), 2006, 42 (6): 618 - 624.

[210] 韩国栋. 降水量和气温对小针茅草原植物群落初级生产力的影响 [J]. 内蒙古大学学报 (自然科学版), 2002, 33 (1): 84 - 88.

[211] 徐海量, 宋郁东, 胡玉昆. 巴音布鲁克高寒草地牧草产量与水热关系初步探讨 [J]. 草业科学, 2005, 22 (3): 14 - 17.

[212] 李启良. 气温和降水与天然草地牧草产草量的关联度分析 [J]. 青海草业, 2009, 18 (2): 12 - 15.

[213] 李生辰, 徐亮, 郭英香等. 近 34 年青藏高原年气温变化 [J]. 中国沙漠, 2006, 26 (1): 27 - 34.

[214] Oliver M. A. Kriging: a method ofinterpolation for geographical information systems [J]. *International Journalof Geographic Information Systems*, 1990, 49 (4): 313 - 332.

[215] 李朝奎, 陈良, 王勇. 降雨量分布的空间插值方法研究——以美国爱达荷州为例 [J]. 矿产与地质, 2007, 21 (6): 684 - 687.

[216] 张仁铎. 空间变异理论及应用 [M]. 北京: 科学出版社, 2005.

[217] 邹伦, 刘瑜, 张晶等. 地理信息系统——原理、方法和应用 [M]. 北京: 科学出版社, 2001: 180 - 191.

[218] 王海霞, 王东云, 孔强, 陈艳玲, 兰剑. 宁夏天然草地气象环境质量与草地初级生产力的关系 [J]. 北方园艺, 2012 (8): 9 - 13.

[219] 刘及东. 基于气候产草量模型与遥感产草量模型的草地退化研究 [D]. 呼和浩特: 内蒙古农业大学, 2010: 57.

[220] Ehrlich, P. R., D. E. Breedlovep., F. Brussarda., NDM. A. Sharp. Weather and the "regulation" of subalpine populations [J]. *Ecology*, 1972 (53):

243 -247.

[221] 约翰·W·朗沃斯，格里格·J·威廉森，刘玉满．中国牧区发展的人口制约因素［J］．中国农村经济，1994（8）：55 -62.

[222] 周兴民，王启基，张堰青等．不同放牧强度下高寒草甸植被演替规律的数量分析［J］．植物生态学和地植物学学报，1987，11（4）：276 -285.

[223] 李永宏．内蒙古锡林河流域羊草草原和克氏针茅草原在放牧影响下的分异和趋同［J］．植物生态学和地植物学学报，1988，12（3）：189 -196.

[224] 王德利，吕新民，罗卫生．不同放牧密度对草原退化群落恢复演替的研究Ⅰ. 退化草原的基本特性和恢复常规演替动力［J］．植物生态学报，1996，20（5）：449 -460.

[225] 刘昊，赵宁，曹喆等．干扰对草地植被与土壤的影响之研究进展［J］．中国农学通报，2008，24（5）：8 -16.

[226] 汪诗平，李永宏．内蒙古典型草原退化机理的研究［J］．应用生态学报，1999，10（4）：437 -441.

[227] 恩和，额尔敦布和．"内蒙古草原荒漠化问题及其对策中日学术研讨会"综述［J］．内蒙古大学学报（人文社会科学版），2002（6）：113 -116.

[228] 达林太．草原畜牧业的理论与实践［C］．呼和浩特市：内蒙古人民出版社，2004：154.

[229] 齐林海，李苹．锡盟国土资源局——"办成事"——任务落到实处"不出事"——建设和谐矿区［J］．西部资源，2013（2）：14.

[230] 白中科，赵景逵，李晋川等．大型露天煤矿生态系统受损研究——以平朔露天煤矿为例［J］．生态学报，1999，19（6）：870 -875.

[231] 李双成，许月卿，周巧富，王磊．中国道路网与生态系统破碎化关系统计分析［J］．地理科学进展，2004，23（5）：78 -86.

[232] 车登扎布．巴彦塔拉草原历史变迁纪实（蒙文）［M］．呼和浩特：内蒙古人民出版社，2011：1 -9.

[233] 内蒙古自治区畜牧业厅修志编史委员会编著．内蒙古畜牧业发展

史［M］. 内蒙古人民出版社，2000：12.

［234］任治. 中国牧区畜牧业经营形式的历史沿革、分析及改革思路［J］. 中国畜牧杂志，2006，42（10）：18－20.

［235］内蒙古自治区畜牧业厅修志编史委员会编著. 内蒙古自治区志. 畜牧志［M］. 内蒙古人民出版社，2000：1.

［236］额尔敦扎布. 草牧场所有制问题［J］. 内蒙古经济研究（专刊），1982.

［237］张正明. 内蒙古草原所有权问题面面观［J］. 内蒙古社会科学，1981（4）：23－44.

［238］锡盟畜牧志. 内蒙古人民出版社，1997：251.

［239］范远江. 西藏草场制度变迁的实证分析［J］. 华东经济管理，2008，22（7）：35－39.

［240］陈全功. 关键场与季节放牧及草地畜牧业的可持续发展［J］. 草地学报，2005，14（4）：29－34.

［241］贾幼陵. 关于与草畜平衡的几个理论和实践问题［J］. 草地学报，2005，13（4）：265－268.

［242］布和朝鲁. 关于围封转移战略的研究报告［J］. 内蒙古社会科学（汉文版），2005，26（2）：137－141.

［243］李东. 中国生态移民的研究——一个文献的综述［J］. 西北人口，2009（1）：32.

［244］内蒙古：计划投资上亿元，6年生态移民65万人［N］. 人民日报海外版. 2002－12－02.

［245］John W. Longworth 等著. 丁文广等译. 中国的牧区［M］. 兰州：甘肃文化出版社，1995：9.

［246］王宝山，简成功，简成贵. 由政策制度失配造成草原大面积退化的回顾与反思［J］. 草原与草坪，2006（4）：66－68.

［247］杨理，侯向阳. 以草定畜的若干理论问题研究［J］. 中国农学通报，2005，21（3）：346－349.

［248］达林太. 制度与政策的历史演变对内蒙古草原生态环境的影响［M］. 北京社会科学文献出版社，2007：176－192.

[249] 魏琦，侯向阳．建立中国草原生态补偿长效机制的思考 [J]．中国农业科学，2015，48 (18)：3719 - 3726.

[250] 任继周，梁天刚，林慧龙，冯琦胜，黄晓东等．草地对全球气候变化的响应及其碳汇潜势研究 [J]．草业学报，2011，20 (2)：1 - 22.

[251] 冯琦胜，高新华，黄晓东，于慧，梁天刚．2001 ~ 2010 年青藏高原草地生长状况遥感动态监测 [J]．兰州大学学报（自然科学版），2011，47 (4)：75 - 81.

[252] 任继周，王钦，牟新待，胡自治，符义坤等．草地生产流程及草原季节畜牧业 [J]．中国农业科学，1978 (2)：87 - 92.

[253] 任继周，沈万颖．中国草地资源面临的生态危机及对策 [J]．农业现代化研究，1990，11 (3)：9 - 12.

[254] 陈云浩，李晓兵，史培军．基于遥感的植被覆盖变化景观分析：以北京海淀区为例 [J]．生态学报，2002，22 (10)：1581 - 1586.

[255] 牛宝茹，刘俊蓉，王改伟．干旱区植被盖提取模型的建立 [J]．地球信息科学，2005，7 (1)：84 - 86 + 97.

[256] Pei，Z. Y.，Ouyang，H.，Zhou，C. R. et al. Carbon balance in an alpine steppe in the Qinghai—Tibet Plateau [J]. *Journal of Integrative Plant Biology*，2009，51 (5)：521 - 526.

[257] 丁士水．城市供水水量预测模型研究及案例分析 [J]．山西建筑，2007，33 (14)：164 - 165.

[258] 田维明．计量经济学 [M]．北京：中国农业出版社，2005.

[259] 李红艳，崔建国，张星全．城市用水量预测模型的优选研究 [J]．中国给排水，2004 (2)：27 - 28.

[260] Mundlak. On the Pooling of Time Series and Cross Section Data，*Econometrica*，1978a (46)：69 - 85.

[261] Jerry A. Hausman and William E. Taylor. Panel Data and Unobservable Individual Effects，*Econometrica*，1981，49 (6)：1377 - 1398.

[262] 郭强，米福贵，殷国梅，张富贵．气候因子对内蒙古四子王旗草原退化的影响 [J]．畜牧与饲料科学，2008，29 (6)：28 - 30.

[263] 李士冀，李秀彬，谈明洪．乡村人口迁出对生态脆弱地区植被覆

被的影响 [J]. 地理学报, 2015, 70 (10): 1622-1631.

[264] 宝音都仍. 内蒙古矿产开发与草原生态服务关系的实证分析 [J]. 呼和浩特市: 内蒙古大学, 2009: 139-143.

[265] 康萨如拉, 牛建明, 张庆, 韩硕君, 董建军等. 草原区矿产开发对景观格局和初级生产力的影响——以黑岱沟露天煤矿为例 [J]. 生态学报, 2014, 34 (11): 2855-2867.

[266] 张存厚. 内蒙古草原地上净初级生产力对气候变化响应的模拟 [D]. 内蒙古农业大学, 2012.

[267] 王涛, 吴薇, 薛娴, 张伟民, 韩致文, 孙庆伟. 中国北方沙漠化土地时空演变分析 [J]. 中国沙漠, 2003, 23 (3): 24-29.

[268] 褚林, 黄翀, 刘高焕, 刘庆生. 2000~2010 年黄河源玛曲高寒湿地生态格局变化 [J]. 地理科学进展, 2014, 33 (3): 326-335.

[269] 王军邦, 陶健, 李贵才等. 内蒙古中部 MODIS 植被动态监测分析 [J]. 地球信息科学学报, 2010, 12 (6): 835-842.

[270] 李政海, 鲍雅静, 王海梅, 许田等. 锡林郭勒盟草原荒漠化状况及原因分析 [J]. 生态环境, 2008, 17 (6): 2312-2318.

[271] 李政海, 鲍雅静, 张靖等. 内蒙古草原退化状况及驱动因素对比分析——以锡林郭勒草原与呼伦贝尔草原为研究区域 [J]. 大连民族学院学报, 2015, 17 (1): 1-5.

[272] 李青丰, 胡春元, 王明玖. 锡林郭勒草原生态环境劣化原因诊断及治理对策 [J]. 内蒙古大学学报 (自然科学版), 2003, 34 (2): 166-172.

[273] 王关区. 中国草原退化加剧的深层次原因探析 [J]. 内蒙古社会科学 (汉文版), 2006, 27 (4): 1-6.

[274] 张思冲, 胡海清, 王微. 大兴安岭矿产开发的生态破坏及其恢复方向 [J]. 自然灾害学报, 2005, 14 (3): 99-103.

[275] 陈军, 成金华. 中国矿产资源开发利用的环境影响 [J]. 中国人口·资源与环境, 2015, 25 (3): 111-119.

[276] 郭晓川, 赵海东等. 中国牧业旗县区域经济发展 [M] 北京: 民族出版社, 2004: 7-8.

[277] 修长柏. 试论牧区草原畜牧业可持续发展——以内蒙古为例 [J].

农业经济问题，2002（7）：31－35.

［278］薛建良，李秉龙．禁牧政策下中国羊产业供给研究［J］．农业技术经济，2010（12）：78－83.

［279］陈海燕，肖海峰．禁牧政策对中国养羊业的影响及对策［J］．农业经济与管理，2013（3）：62－68.

［280］王士权，李秉龙，耿宁．羊肉价格快速上涨为什么没带来供给大幅提升——基于十余年来羊肉价格上涨背景［J］．农业现代化研究，2014，35（6）：743－749.

［281］严雪．基于气候变化的畜牧业发展影响因素分析［D］．南京农业大学，2012.

［282］Jinxia Wang，Robert Mendelsohn，Ariel Dinar，Jikun Huang，Scott Rozelle *et al.* The impact of climate change on China's agriculture［J］. *Agricultural Economics*，2009（40）：323－337.

［283］崔静，王秀清，辛贤，吴文斌．生长期气候变化对中国主要粮食作物单产的影响［J］．中国农村经济，2011（9）：13－22.

［284］周文魁．气候变化对中国粮食生产的影响及应对策略［D］．南京农业大学，2012.

［285］Huang J. K.，Jiang J.，Wang J. X.，Hou L. L. Crop diversification in coping with extreme weather events in China［J］. *Journal of Integrative Agriculture*，2014（13）：677－686.

［286］陈帅．气候变化对中国小麦生产力的影响［J］．中国农村经济，2015（7）：4－14.

［287］苏树军，刘新辉．西部民族地区牧区劳动力转移与畜牧业可持续发展［J］．新疆社会科学，2009（12）：17－20.

［288］王海梅．锡林郭勒地区气候变化规律与植被覆盖变化驱动机制研究［D］．内蒙古农业大学，2009.

［289］仝川．草地退化指数的研究［J］．内蒙古大学学报（自然科学版），2000，31（5）：508－512.

［290］伏兵哲，兰剑，李小伟．宁夏天然草地气象因子与草地初级生产力关系研究［J］．草地学报，2012，20（3）：407－412.

［291］王海霞，王东云，孔强，陈艳玲，兰剑．宁夏天然草地气象环境质量与草地初级生产力的关系［J］．北方园艺，2012（8）：9－13.

［292］侯光良，陈沈斌，刘允芬．宁夏天然草场产量与气候因子关系及人工草地产量估算［J］．自然资源学报，1989，4（1）：54－59.

［293］格日勒．遵循气候规律、合理利用锡林郭勒草原资源［J］．内蒙古草业，2006，18（4）：40－43.

［294］杭栓柱，单平，王明玖．内蒙古适应气候变化战略评估——以草原畜牧业与水资源为例［M］．北京：科学技术文献出版社，2014：22－24.

［295］Nick Brooks，Isabelle Chiapello，Savino Di Lernia，Nick Drake，Michel Legrand *elt*. The climate-environment-society nexus in the Sahara from prehistoric times to the present day［J］. *journal of North African*，2007，10（3－4）：253－292.

［296］Narcisa G. Pricope，Gregory Husak，David Lopez－Carr，Christopher Funk，Joel Michaelsen. The climate-population nexus in the East African Horn：Emerging degradation trends in rangeland and pastoral livelihood zones［J］. *Global Environmental Change*，2013（23）：1525－1541.

［297］Rik Thwaites，Terry de Lacy，Li Yong Hong，Liu Xian Hua. Property rights，social change，and grassland degradation in Xilingol Biosphere Reserve，Inner Mongolia，China，*Society & Natural Resources*，1998，11（4）：319－338，DOI：10.1080/08941929809381085.

［298］杨轩，苏爽，刘岳明等．草原生态补奖机制实施过程中存在的问题及对策研究［J］．当代畜禽养殖业，2013（12）：39－42.

［299］海力且木·斯依提，朱美玲，蒋志清．草地禁牧政策实施中存在的问题与对策建议——以新疆为例［J］．农业经济问题，2012（3）：105－109.

［300］Xu Zhongmin，Cheng Guodong. Impacts of population and affluence on environment in China. *Journal of Glaciology and Geocryology*，2005，27（5）：767－773.

后　记

本书的写作与完稿是在博士研究生学业结束后，在博士论文的基础上完善而成的，因此对所有指导及帮助过我的老师、同学、朋友与家人表示衷心感谢。是你们的谆谆教诲与慷慨解囊，让我渡过一个个关卡，使我在感激与感动中勇敢前行。

特别感谢我的导师乔光华教授！是您纳我入师门，让我有机会踏上专业学习的又一个征程，领略别样风景，体受别样心境！从选题开始，直至论文的完成和修改都得到了导师的悉心指导与鼓励。导师严谨的学术研究态度、忘我的工作投入，让我敬仰，并激励我要不断前行。在此，向我的导师献上最诚挚的谢意！

感谢经济管理学院的修长柏、张心灵、刘秀梅、乌云花、盖志毅、赵元凤、包庆丰、宝音都仍、杜福林、刘玉春、王林静、石芳、李占江、张博、冯静蕾、梁润秀、张春梅、贾凤菊等老师在课程学习、论文开题、写作方面给予我的指导、启迪、鼓励与帮助。感谢经管院资料室的田瑞芳、云东、黄华、陈晓红及我校图书馆的李新、秀敏等老师给我提供方便的文献资料查阅及帮助。感谢学院领导赵国年、王智广、王瑞梅等老师在论文写作中对我的关心和支持。

在论文构思、写作及资料、数据收集中，有很多需要我感恩与感谢的人：感谢美国奥本大学的张耀启教授、美国密西根大学的陈吉泉教授给我选题上的灵感和指导；感谢中国农业大学的田维明教授在论文架构及修改中给我的全面、细致的意见和建议；感谢我校生态学院的韩国栋教授、李青丰教授、王明玖教授及内蒙古草原勘察设计规划院的刘爱军研究员对我论文的可操作性评价，并给予大力帮助；感谢内蒙古气象局应用气象高级工程师张存厚给予我有问必答的知识传授和鼓励；感谢内蒙古草原勘察设计规划院的常淑娟，不仅给我提供了有关内蒙古草地资源方面的数据资料，而且在论文写作中给予合理的建议；感谢内蒙古统计局史润林总统计师在社会经济数据收集方面给予的莫大帮助和支持；感谢锡林郭勒盟草原监测管理局张艳臣局长，在我到锡林浩特市收集资料与数据的过程中给予的大力相助，让我顺利从锡林郭勒盟草原站、气象局等部门获取了相关数据；感谢大连民族大学资源与环境学院的李政海教授给我无偿提供的珍贵的遥感数据；感谢内蒙古农业大学水利与土木建筑工程学院的张圣微老师与山西大学生命科学学院董刚老师给我提供的气象数据；感谢内蒙古农牧业经营管理站吉日嘎拉站长与敖登高娃在指标计算与相关数据获取中的大力帮助；感谢中国科学院草原研究所刘桂香研究员、内蒙古物价局塔娜、锡林郭勒盟草监局李纯刚以及锡林郭勒盟农牧业局、锡林郭勒盟草原站的红梅以及锡林郭勒盟气象局、锡林郭勒盟统计局、锡林浩特市农牧业局等部门的相关人员在我数据收集中给予的大力帮助；另外，感谢我校水利与土木建筑工程学院的张琴老师、内蒙古草原勘察设计规划院的王保林、中国农科院草原所的李元恒、乔江对我的指点与帮助。

感谢我的同学柴智慧、闫晔、胡海川、杜哲、包慧敏、赵大军，师兄弟薛强、高博、王彦东、赵辉、史平平，师姐妹于洪霞、王海春、祁晓慧、王芬、谭明达，在论文写作中给予我的帮助、支持及鼓励。感谢我好友向荣、鲁娜、王海春给予我精神上的慰藉。

特别感谢我校水利与土木建筑工程学院的张圣微教授，在我进行草地退化测定举步维艰时对我的倾力帮助与支持，在多次的请教、探讨中让我收获多多；特别感谢我院的周杰、柴智慧两位老师给予我一直以来的大力相助与鼓励，独到的观点、中肯的意见、娴熟的计量，使我受益匪浅；特别感谢兰州大学资源环境学院的博士研究生魏宝成同学在遥感数据处理中给予我的热心以及极其耐心的指点、帮助与鼓励，让我对草地退化的状况从抽象感官到具体认识，祝愿他学业有成，前程似锦！特别感谢我院的白静、许黎莉两位美女老师，不仅陪吃、陪聊，还有苦闷时的开导，写作中的帮助；特别感谢我的好朋友，曾经的好同事——刘亚钊，对我的鼓励、关心与帮助。衷心的感谢各位的大力相助，在此献上我最诚挚的祝福，祝大家如意、幸福！

最后，感谢我的父母双亲，他们不仅把我养大成人，而且，在我论文写作的两年多时间里承担了看护我儿子的艰巨任务，尤其是我的母亲，熬过了许多个夜不能寐的日子照顾一个妈妈不在身边而啼哭累人的婴儿，同时，感谢我的弟弟一家给予我儿子的爱、照顾与关心；感谢小姨一家对我的生活、学习及工作的关心和支持，以及对我们一家三口的照顾；感谢三姑一家，感谢我的舅舅、舅妈、弟弟、妹妹们，感谢我的所有亲人们在我一路走来给予我的无私的帮助、鼓励和关怀；感谢我的爱人和儿子，是他们让我为人妻、为人母，让我更懂得责任、感恩、理解及爱与被爱。

致谢至此，还有许多帮助过我的亲朋好友未能一一提及，在此向他们深表谢意！

感谢经历，丰富了我的人生，绚烂了我的过往！

感谢一路走来与内蒙古农业大学的缕缕情思，它是我人生转折的起点，不仅教给了我知识，还让我有所依、有所托！感谢内蒙古农业大学！